SUPER SIMPLE
수학

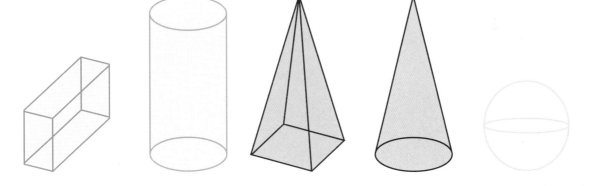

Original title: Super Simple Maths: The Ultimate Bitesize Study Guide
Copyright © 2021 Dorling Kindersley Limited
A Penguin Random House Company
www.dk.com

SUPER SIMPLE 01 수학

초판 1쇄 인쇄 | 2024년 9월 1일
초판 1쇄 발행 | 2024년 9월 5일

지은이 | DK 슈퍼 심플 편집위원회
옮긴이 | 양동규, 황성문
펴낸이 | 조승식
펴낸곳 | 도서출판 북스힐
등록 | 1998년 7월 28일 제22-457호
주소 | 서울시 강북구 한천로 153길 17
전화 | 02-994-0071
팩스 | 02-994-0073
인스타그램 | @bookshill_official
블로그 | blog.naver.com/booksgogo
이메일 | bookshill@bookshill.com

ISBN 979-11-5971-602-7
정가 18,000원

• 잘못된 책은 구입하신 서점에서 교환해 드립니다.

DK 북스힐

SUPER SIMPLE 01
수학

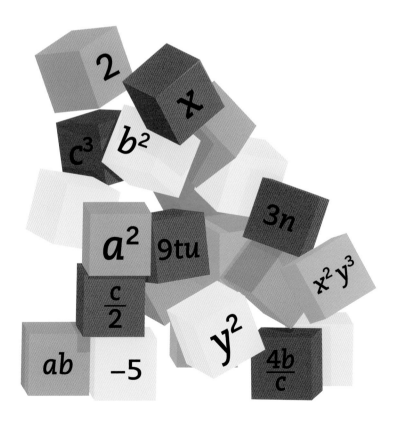

차례

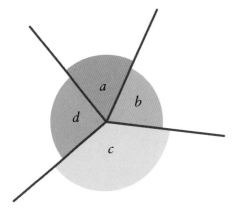

측정

대수학의 기초

거듭제곱과 계산

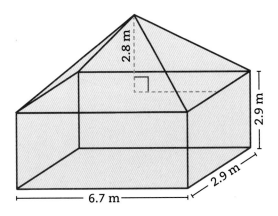

방정식과 그래프

비와 비율

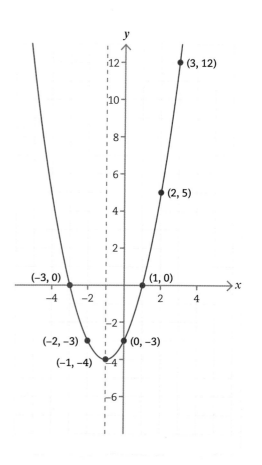

기하

삼각비

확률

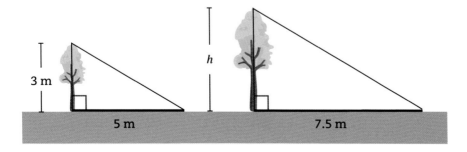

통계

수열

복잡한 그래프

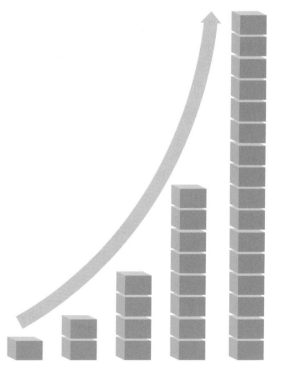

수와 연산

여러 가지 수

수는 수학의 기초를 이룬다. 현재 우리가 사용하는 수 체계는 십진법으로 수를 10개씩 묶어서 세는 방식으로 이루어져 있다.

수의 유형

십진법 체계에서 모든 수는 다음과 같은 10개의 '숫자'로 표현된다.

$$0, 1, 2, 3, 4, 5, 6, 7, 8, 9$$

이 숫자들을 다르게 조합하여 0부터 무한대까지의 모든 수를 표현할 수 있다. 이 숫자들은 음수, 분수, 소수와 같은 수들을 표현할 때도 사용된다.

핵심 요약

- ✓ 십진법 체계에 있는 모든 수는 0부터 9까지의 조합으로 표현된다.
- ✓ 수는 양수이거나 음수일 수 있다. (0은 양수도 아니고 음수도 아니다.)
- ✓ 이웃한 정수 사이의 수는 ¾과 같은 분수나 0.75와 같은 소수로 표현된다.
- ✓ 정수는 양수, 음수, 0을 포함하며 분수와 같이 이웃한 정수 사이의 일부분은 포함하지 않는다.

0 이상의 정수 (범자연수)
0 이상의 정수는 가장 단순한 유형의 수이다. 이것은 자연수와 0을 포함한다.

음수
양수는 0보다 큰 모든 수를 나타낸다. 예를 들어 2는 0보다 크므로 양수이다. 반면 음수는 0보다 작은 모든 수를 나타낸다. 예를 들어 -2는 음수이다.

분수
분수는 범자연수 사이에 있는 모든 수를 표현한다. 예를 들어 1이 전체를 나타낸다면, ¼은 전체를 4등분했을 때 1개의 부분을 의미한다.

소수
소수는 범자연수 사이에 있는 수를 표현하는 다른 방법이다. 소수점 오른쪽에 있는 숫자들은 1보다 작은 수를 표현한다.

영(0)
0도 하나의 수이다. 또한 0은 다른 숫자들과 함께 쓰여 '자릿수'를 표현한다. 예를 들어 0을 이용하면 4, 40, 400을 구분할 수 있다.

🔍 자연수, 0 이상의 정수 (범자연수), 정수

여기에서는 자연수, 0 이상의 정수(범자연수) 그리고 정수를 소개한다. 이 용어들 사이에는 미묘하지만 중요한 차이가 있다. 이들 중 어느 것도 이웃한 수들 사이의 일부분을 표현하지는 못한다.(이웃한 수들 사이의 일부분을 표현할 때는 분수와 소수를 사용할 수 있다.)

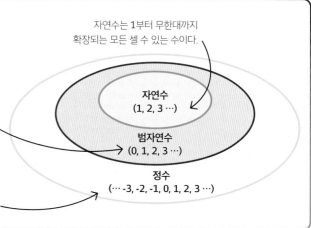

자연수는 1부터 무한대까지 확장되는 모든 셀 수 있는 수이다.

범자연수는 0을 포함한 모든 자연수이다.

정수는 0을 포함한 모든 범자연수와 그 수에 대응하는 음수를 나타낸다.

자연수
(1, 2, 3 …)

범자연수
(0, 1, 2, 3 …)

정수
(… -3, -2, -1, 0, 1, 2, 3 …)

소수 표현

분수처럼 소수는 정수가 아닌 수들을 나타낼 수
있는 방법이다. 소수는 1보다 작은 부분을 포함
하는 수이다. 소수에서 1보다 큰 부분과 1보다
작은 부분은 '소수점'이라 불리는 점으로 구분하
여 표시한다.

핵심 요약

✓ 소수는 1보다 작은 부분을 포함하는 수를 표현할 수
있다.

✓ 정수에 해당하는 부분은 소수점 왼쪽에, 1보다 작은
부분을 나타내는 수는 소수점 오른쪽에 쓴다.

✓ 소수를 크기 순서로 나열할 때 같은 자릿수를 기준으로
왼쪽부터 오른쪽으로 비교한다.

소수와 자릿값

각 자릿수의 숫자가 표현하는
값을 다음과 같이 자릿값을 기
준으로 표현하면 소수의 의미
를 쉽게 이해할 수 있다.

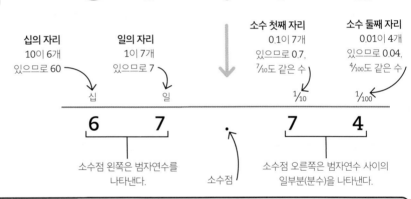

소수의 대소 관계

소수를 크기 순으로 나열할 때 같은
자릿수를 기준으로 왼쪽부터
오른쪽으로 비교하면 편리하다.

문제

다음은 3명의 달리기 선수의 경기
결과이다.

선수 A	9.4초
선수 B	9.37초
선수 C	9.42초

선수들을 1등부터 기록 순으로
배치하시오.

풀이

3. 9.4는 9.40과 같다.
0.00은 0.02보다 작으므로
선수 A가 2등이다.
2등: 선수 A 9.4초
3등: 선수 C 9.42초

1. 모든 선수가 9초를
기록했으므로 소수 첫째
자리를 확인한다.

	일		$\frac{1}{10}$	$\frac{1}{100}$
A	9	.	4	0
B	9	.	3	7
C	9	.	4	2

2. 0.3은 0.4보다 작으므로
선수 B가 가장 빠르다.
1등: 선수 B 9.37초

큰 수의 덧셈과 뺄셈

큰 수의 덧셈 또는 뺄셈을 할 때 자릿수가 같은 수들을 같은 열에 배치하면 편리하다(11쪽 참조). 계산을 하기 전에 먼저 대략적인 답을 추정하고 계산 후에 답을 확인해 보는 습관을 들이면 계산을 정확하게 수행하는 데 도움이 된다.

핵심 요약

- ✓ 덧셈과 뺄셈을 세로로 계산할 때 윗줄의 수와 아랫줄의 수는 자릿수를 맞추어 배열한다.
- ✓ 각 자릿수끼리 더하거나 빼서 답을 구한다.
- ✓ 일의 자리부터 차례대로 왼쪽으로(높은 자릿수 방향으로) 계산한다.

큰 수의 덧셈

342와 297을 더해보자. 대략적인 값으로 결과의 근삿값을 추정하면 340 + 300 = 640이다.

	백	십	일
	3	4	2
+	2	9	7

1. 일의 자리, 십의 자리, 백의 자리를 세로로 맞추어 두 수를 각각 한 줄씩 쓴다.

2. 일의 자릿수부터 각 자릿수의 수를 더한다. 2 + 7 = 9이므로 일의 자리 맨 아래에 9를 쓴다.

	3	4	2
+	2	9	7
			9

오른쪽 열부터 왼쪽으로 차례로 계산한다.

3. 다음으로 십의 자리를 더한다. 4와 9의 합은 13이 되어 두 자릿수이므로 두 번째 숫자인 3을 십의 자리 맨 아래에 쓴다. 그리고 첫 번째 숫자인 1을 백의 자리로 옮긴다.

	3	4	2
+	2	9	7
		3	9

1을 옮긴다.

4. 백의 자리에 있는 두 수 3과 2를 더하고 십의 자리에서 옮겨온 1을 더한다. 답은 639로 처음에 추정한 값과 가깝다는 것을 알 수 있다.

	3	4	2
+	2	9	7
	6	3	9

옮겨온 1을 더한다.

큰 수의 뺄셈

927에서 195를 빼보자. 대략적인 값으로 결과의 근삿값을 추정하면 930 − 200 = 730이다.

	백	십	일
	9	2	7
−	1	9	5

1. 일의 자리, 십의 자리, 백의 자리를 세로로 맞추어 두 수를 각각 한 줄씩 쓴다. 빼지는 수를 위에, 빼는 수를 아래에 쓴다.

2. 일의 자릿수부터 위의 수에서 아래의 수를 뺀다. 7 − 5 = 2이므로 일의 자리 맨 아래에 2를 쓴다.

	9	2	7
−	1	9	5
			2

3. 십의 자리에서는 2에서 9를 뺄 수 없으므로 백의 자리에서 1을 빌려와서 십의 자릿수를 2 대신 12로 생각한다. 12 − 9 = 3 이므로 십의 자리 맨 아래에 3을 쓴다.

	⁸9̸	¹2	7
−	1	9	5
		3	2

백의 자릿수에서 1을 빌려주므로 9가 8이 된다.

4. 윗줄에 있는 수의 백의 자릿수가 9에서 8로 바뀌었으므로 8에서 1을 뺀 7을 백의 자리 맨 아래에 쓴다. 답은 732로 처음에 추정한 값과 유사하다.

	⁸9̸	¹2	7
−	1	9	5
	7	3	2

소수의 덧셈과 뺄셈

소수의 덧셈과 뺄셈에서도 12쪽에서 설명한 것과 마찬가지 방법을 사용한다. 이때 자릿수는 소수점을 기준으로 배열한다.

핵심 요약

✓ 소수의 덧셈과 뺄셈을 할 때는 소수점을 기준으로 자릿수에 맞게 수를 세로로 배열한다.

✓ 소수점을 기준으로 수를 배열할 때 빈자리는 0으로 표시한다.

소수의 덧셈

26.97 + 14.8을 구해보자. 소수점을 기준으로 각 자릿수를 맞추어 두 수를 세로로 쓴다. 각각의 수에 가까운 정수를 이용하여 대략적인 값을 구해보면 27 + 15 = 42이다. 따라서 답은 42 근처의 값이 될 것이다.

십　일　.　¹⁄₁₀　¹⁄₁₀₀

1. 자릿수의 값 중 빈자리를 채우기 위해 14.8의 소수 둘째 자리에 0을 쓴다. 오른쪽부터 왼쪽 방향으로 각 자릿수의 값을 더한다. 7 + 0 = 7이므로 소수 둘째 자리의 맨 아래에 7을 쓴다.

```
  2 6 . 9 7
+ 1 4 . 8 0
───────────
        . 7
```
(맨 아래 소수 둘째 자리에 7)

2. 소수 첫째 자리의 수를 더한다. 9 + 8 = 17이므로 1을 일의 자리로 옮긴다.

```
  2 6 . 9 7
+ 1 4 . 8 0
───────────
        . 7 7
```
1을 옮긴다. → 1

3. 소수 첫째 자리에서 옮겨온 1을 포함하여 일의 자리의 수를 더한다. 6 + 4 + 1 = 11이므로 다시 1을 십의 자리로 옮긴다.

```
  2 6 . 9 7
+ 1 4 . 8 0
───────────
      1 . 7 7
```
1을 다시 옮긴다. → 1 1

4. 일의 자리에서 옮겨온 1을 포함하여 십의 자리의 수를 더한다. 답은 41.77로 앞서 추정했던 42와 가까운 값임을 확인할 수 있다.

```
  2 6 . 9 7
+ 1 4 . 8 0
───────────
  4 1 . 7 7
  1  1
```

소수의 뺄셈

5유로짜리 지폐 한 장으로 1.34유로짜리 초코바를 사면 얼마를 거슬러 받을 수 있을까? 각 자릿수를 맞추기 위해 5를 5.00으로 쓸 수 있다. 따라서 5.00 − 1.34를 계산하면 된다. (※ 유로: 유럽의 화폐 단위)

일의 자리에서 1을 빌려준다.

1. 소수 둘째 자리부터 계산하자. 0에서 4를 뺄 수 없으므로 소수 첫째 자리에서 값을 빌려와야 하는데 소수 첫째 자리도 0이므로 일의 자리에서 값을 빌려와야 한다.

```
 ⁴5 . ¹0 0
- 1 . 3 4
──────────
       .
```

2. 일의 자리에서 1을 빌려와 소수 첫째 자리의 수가 10이 되었으므로 여기서 1을 빌려올 수 있다. 따라서 소수 둘째 자리의 수는 10 − 4 = 6이다.

```
 ⁴5 . ⁹¹0 ¹0
- 1 . 3  4
──────────
       .  6
```

3. 소수 첫째 자리에서 1을 빌려주었으므로 9 − 3을 계산하면 소수 첫째 자리의 수는 6이다.

```
 ⁴5 . ⁹¹0 ¹0
- 1 . 3  4
──────────
       . 6 6
```

4. 마지막으로 일의 자리의 수를 계산하면 4 − 1 = 3이므로 거스름돈은 3.66유로이다.

```
 ⁴5 . ⁹¹0 ¹0
- 1 . 3  4
──────────
  3 . 6  6
```

음수

음수란 0보다 작은 수를 뜻한다. 0°C보다 낮은 온도를 표시할 때처럼 우리는 실생활에서 음수를 많이 사용하고 있다. 음수는 마이너스 부호를 이용하여 −7과 같은 방법으로 표시한다.

핵심 요약

✓ 수직선을 이용하면 음수의 덧셈과 뺄셈을 쉽게 이해할 수 있다.

✓ 부호가 같은 두 수를 곱하거나 나누면 결과는 양수이다.

✓ 부호가 다른 두 수를 곱하거나 나누면 결과는 음수이다.

덧셈과 뺄셈

다음 그림과 같은 수직선을 이용하면 음수의 덧셈과 뺄셈을 쉽게 이해할 수 있다. 덧셈을 할 때는 수직선의 오른쪽으로 이동하고, 뺄셈을 할 때는 수직선의 왼쪽으로 이동한다.

양수를 더할 때는 수직선을 따라 오른쪽으로 이동한다. 음수에서 양수를 더할 때 더하는 양수에 의해 처음 음수의 위치보다 수의 위치가 더 많이 오른쪽으로 이동하면 덧셈의 결과는 양수가 된다.

$$-4 + 5 = 1$$
오른쪽으로 5칸 이동한다.

음수를 더하는 것은 그 음수에 대응하는 양수를 빼는 것과 같다.

$$9 + -1$$
$$= 9 - 1 = 8$$
왼쪽으로 1칸 이동한다.

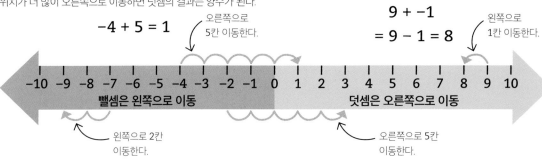

-10 -9 -8 -7 -6 -5 -4 -3 -2 -1 0 1 2 3 4 5 6 7 8 9 10
뺄셈은 왼쪽으로 이동   덧셈은 오른쪽으로 이동

왼쪽으로 2칸 이동한다.

오른쪽으로 5칸 이동한다.

양수를 뺄 때는 수직선을 따라 왼쪽으로 이동한다.

$$-7 - 2 = -9$$

음수를 뺄 때는 마이너스 부호가 두 번 나온다. 마이너스 부호가 두 번 나오면 서로 상쇄되어 더하기가 된다.

$$-2 - -5$$
$$= -2 + 5 = 3$$

곱셈과 나눗셈

음수의 곱셈과 나눗셈은 다음과 같은 규칙을 기억하면 간단하게 할 수 있다. 곱셈 또는 나눗셈을 하는 두 수의 부호가 같으면 결과는 양수이고, 두 수의 부호가 다르면 결과는 음수이다.

양수에 음수를 곱하거나 나누면 음수가 나온다.	**+ − 는 −**	$2 × -3 = -6$ $6 ÷ -3 = -2$
음수에 양수를 곱하거나 나누면 음수가 나온다.	**− + 는 −**	$-2 × 3 = -6$ $-6 ÷ 3 = -2$
음수에 음수를 곱하거나 나누면 양수가 나온다.	**− − 는 +**	$-2 × -3 = 6$ $-6 ÷ -3 = 2$

10, 100, 1000의 곱셈과 나눗셈

음이 아닌 정수에 10, 100 또는 1000을 곱하는 것은 간단하다. 주어진 숫자의 오른쪽에 0을 1개, 2개 또는 3개를 추가하기만 하면 된다. 예를 들어 $5 \times 10 = 50$이고, $62 \times 100 = 6200$이다. 소수에 10, 100 또는 1000을 곱하는 것은 조금 더 까다롭지만 몇 가지 규칙만 기억하면 된다.

핵심 요약

✓ 10, 100, 1000을 곱할 때는 소수점 기준으로 숫자들을 왼쪽으로 한 자리, 두 자리, 세 자리씩 이동한다.

✓ 10, 100, 1000으로 나눌 때는 소수점 기준으로 숫자들을 오른쪽으로 한 자리, 두 자리, 세 자리씩 이동한다.

✓ 결과적으로 10, 100, 1000의 곱셈과 나눗셈은 소수점을 각각 한 자리, 두 자리, 세 자리씩 이동하는 것과 같다.

10, 100, 1000의 곱셈

수에 10을 곱하면 소수점을 기준으로 모든 숫자의 자릿값이 왼쪽으로 한 자리씩 이동한다. 이것은 주어진 수의 소수점이 오른쪽으로 한 자리 이동하는 것과 같다. 100과 1000을 곱하는 것도 같은 방식이다. 곱하는 수에 포함된 0의 개수만큼 모든 숫자의 자릿값이 왼쪽으로 이동한다.(소수점이 오른쪽으로 이동하는 것과 같다.) 이때 비어 있는 자릿수가 있으면 0을 써준다.

10의 곱셈

$$2.82 \times 10 = 28.2$$

소수점이 오른쪽으로 한 자리 이동한다.

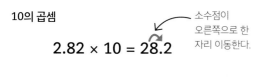

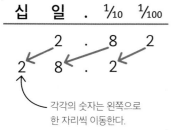

각각의 숫자는 왼쪽으로 한 자리씩 이동한다.

100의 곱셈

$$2.82 \times 100 = 282$$

소수점이 오른쪽으로 두 자리 이동한다.

1000의 곱셈

$$2.82 \times 1000 = 2820$$

소수점이 오른쪽으로 세 자리 이동하고 비어 있는 일의 자리에 0을 써준다.

10, 100, 1000의 나눗셈

수를 10으로 나누면 소수점을 기준으로 모든 숫자의 자릿값이 오른쪽으로 한 자리씩 이동한다. 이것은 주어진 수의 소수점이 왼쪽으로 한 자리 이동하는 것과 같다. 100과 1000으로 나누는 것도 같은 방식이다. 나누는 수에 포함된 0의 개수만큼 모든 숫자의 자릿값이 오른쪽으로 이동한다.(소수점이 왼쪽으로 이동하는 것과 같다.) 이때 비어 있는 자릿수가 있으면 0을 써주고 소수 부분에 불필요한 0은 지운다.

10의 나눗셈

$$762 \div 10 = 76.2$$

소수점이 왼쪽으로 한 자리 이동한다.

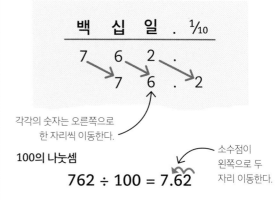

각각의 숫자는 오른쪽으로 한 자리씩 이동한다.

100의 나눗셈

$$762 \div 100 = 7.62$$

소수점이 왼쪽으로 두 자리 이동한다.

1000의 나눗셈

$$762 \div 1000 = 0.762$$

소수점이 왼쪽으로 세 자리 이동하고 비어 있는 일의 자리에 0을 써준다.

곱셈법

계산기를 사용하면 곱셈을 쉽게 할 수 있지만, 암산을 하거나 종이에 계산할 수도 있다. 두 자릿수 이상의 수를 곱할 때는 암산보다는 종이에 써서 계산하는 것이 좋다. 두 수가 곱해진 결과를 두 수의 곱이라고 한다.

자릿수가 큰 수의 곱셈

두 자리 이상의 수를 곱하는 표준적인 방법에 대해 알아보자. 우선 일, 십, 백, 천, 만 등의 각각의 자릿수를 맞추어 곱하는 두 수를 세로로 배치한다. 예를 들어 162 × 143을 구하는 과정을 살펴보자. 우선 계산의 결과를 추정해 보자(아래 '결괏값 추정하기' 참조).

1. 162에 143의 일의 자릿수인 3을 곱하여 결과를 아래쪽에 쓴다.(계산 결과는 선으로 구분한다.) 각 자릿수는 오른쪽부터 왼쪽으로 차례로 계산하여 쓴다. 일의 자리는 2 × 3, 십의 자리는 6 × 3(1은 백의 자리로 옮긴다.), 백의 자리는 1 × 3(옮겨온 1을 더한다.)이다.

```
      만  천  백  십  일
              1   6   2
      ×       1   4   3
          ────────────
              4   8   6
                1
```

6 × 3 = 18이므로 1을 백의 자리로 옮겨서 1 × 3에 더한다.

2. 다음 행을 추가하여 143의 십의 자릿수인 4와 162의 곱을 계산한다. 이때 4는 십의 자릿수이므로 4 × 10이다. 따라서 두 번째 행의 일의 자리에 0을 써준다. 그리고 1단계와 같은 방법으로 오른쪽부터 왼쪽으로 차례로 계산하여 쓴다.

4 × 6 = 24이므로 2를 천의 자리로 옮겨서 1 × 4에 더한다.

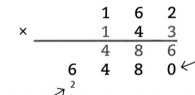

```
              1   6   2
      ×       1   4   3
          ────────────
              4   8   6
          6   4   8   0
            2
```

십의 자릿수를 곱할 때는 일의 자리에 0을 써준다.

3. 다음 행의 수에는 100을 곱하는 것과 같으므로 일의 자리와 십의 자리에 0을 써준다. 그리고 1단계와 같은 방법으로 162에 1을 곱한 결과를 백의 자리부터 왼쪽으로 차례로 써준다.

```
              1   6   2
      ×       1   4   3
          ────────────
              4   8   6
          6   4   8   0
      1   6   2   0   0
```

4. 이제 세 번의 곱셈의 결과를 모두 더해준다. 이때 각 자릿수의 합에서 십의 자리 이상은 다음 자릿수로 올려준다. 따라서 계산 결과는 23166이며, 추정값인 22500과 유사함을 확인할 수 있다.

```
              1   6   2
      ×       1   4   3
          ────────────
              4   8   6
      +   6   4   8   0
      + 1   6   2   0   0
        ────────────────
        2   3   1   6   6
          1   1   1
```

⚙ 결괏값 추정하기

162와 143을 모두 150으로 바꾸어 162 × 143의 추정값으로 150 × 150을 구해보자(15쪽 100의 곱셈 방법 참조).

....

1. 우선 150에 100을 곱한다.

$$150 \times 100 = 15000$$

2. 이제 150 × 50이 남았다. 50은 100의 절반이므로 150 × 50은 150 × 100의 절반이 될 것이다.

$$150 \times 50 = 7500$$

3. 위에서 구한 곱의 값들을 더한다.

$$15000 + 7500 = 22500$$

소수가 포함된 곱셈

앞에서 소개한 곱셈 방법은 소수가 포함된 경우에도 적용할 수 있다. 우선 소수점을 제거하고 16쪽의 방법으로 계산하고 마지막에 소수점을 다시 찍는다. 예를 들어 2.91×3.2를 계산해 보자.

> ### 핵심 요약
>
> ✓ 자릿수가 큰 수의 곱셈은 계산 절차를 기억하여 활용하면 편리하다.
>
> ✓ 큰 수를 곱하는 방법은 소수의 곱셈에도 활용된다.
>
> ✓ 소수가 포함된 곱셈을 할 때는 우선 소수점을 제거하여 계산하고 마지막에 소수점을 다시 찍는다.

1. 우선 각각의 수를 3으로 근사하여 계산하면 $3 \times 3 = 9$이므로 답은 9와 가까운 값이 나올 것으로 추정할 수 있다. 소수점을 제거하기 위해 10, 100과 같은 수를 곱하면 각각의 수를 정수로 바꿀 수 있다.

$$2.91 \times 3.2$$

$\times 100$ $\times 10$

$$291 \times 32$$

2. 다음으로 291의 일의 자리부터 각 자릿수에 2를 곱한다. 이때 각 자릿수의 곱에서 십의 자리 이상은 다음 자리로 올려준다.

천	백	십	일
	2	9	1
×		3	2
	5	8	2
		1	

옮겨온 1을 2×2에 더한다.

3. 다음 행에는 일의 자리에 0을 쓰고 291×3을 계산하여 십의 자리부터 써준다. 이때 각각의 자릿수의 곱에서 십의 자리 이상은 다음 자리로 올려준다.

천	백	십	일
	2	9	1
×		3	2
	5	8	2
8	7	3	0
2			

$9 \times 3 = 27$이므로 2를 천의 자리로 옮겨서 2×3에 더한다.

십의 자릿수를 곱할 때는 일의 자리에 0을 써준다.

4. 두 곱셈의 결과를 더한다. 이때 각 자릿수의 합에서 십의 자리 이상은 다음 자릿수로 올려준다. 계산 결과는 9312이지만 소수점을 다시 찍어주어야 한다.

천	백	십	일
	2	9	1
×		3	2
	5	8	2
+ 8	7	3	0
9	3	1	2
	1	1	

5. 계산 결과를 다시 소수로 나타내기 위해 앞에서 2.91과 3.2에 곱해준 100과 10의 곱을 구한다. 그리고 9312를 이 수로 나누어 준다. 답은 9.312이다.

$$100 \times 10 = 1000$$

$$9312 \div 1000 = 9.312$$

결괏값이 추정치인 9에 가깝다는 것을 확인할 수 있다.

나눗셈법

나눗셈은 한 숫자를 다른 숫자로 분배할 수 있는 횟수를 구하는 것으로 곱셈보다 약간 더 복잡하다.

📌 **핵심 요약**

✓ 나눗셈은 한 숫자를 다른 숫자로 분배하는 횟수를 구하는 것이다.

✓ 한 자릿수로 나누는 방법은 나눗셈의 기본이다.

✓ 나누는 수와 나누어지는 수가 모두 두 자리 이상일 때는 절차에 따라 나눗셈을 계산한다.

✓ 소수를 포함한 나눗셈에서는 나누는 수와 나누어지는 수에 모두 10, 100 등을 곱하여 정수로 바꾸는 방법이 유용하다.

한 자릿수로 나누는 방법

나누어지는 수가 나누는 수로 정확히 떨어지지 않으면 나머지를 다음 자릿수로 옮긴다. 나눗셈의 결과를 몫이라고 한다.

1. 753을 6으로 나누기 위해서 우선 가장 큰 자릿수인 7을 6으로 나눈다. 그 결과 몫은 1이며 나머지는 1이다. 나머지인 1을 7 오른쪽 위에 적어 다음 자릿수로 옮겨준다.

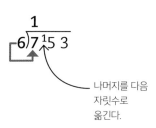

나머지를 다음 자릿수로 옮긴다.

2. 다음 자릿수를 계산한다. 나머지가 옮겨왔기 때문에 15를 6으로 나눈다. 몫은 2이며 나머지는 3이다. 나머지를 다음 자릿수로 옮겨준다.

나머지를 다음 자릿수로 옮긴다.

3. 33을 6으로 나눈다. 몫은 5이고 나머지는 3이다. 나누어떨어지지 않았으므로 위아래 모두 소수점을 찍어준다. 그리고 나머지를 옮긴다.

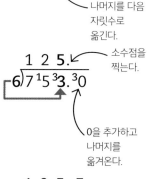

소수점을 찍는다.

0을 추가하고 나머지를 옮겨온다.

4. 30을 6으로 나눈다. 5로 정확히 나누어떨어지므로 나누어지는 수의 0 위에 5를 쓴다. 답은 125.50이다.

한 자릿수로 나누는 방법: 소수를 한 자리 자연수로 나누기

소수를 나눌 때도 같은 방법을 사용할 수 있다. 우선 나누어지는 수의 소수점 바로 위에 몫의 소수점을 찍는다. 예를 들어 42.6 ÷ 3을 구해보자.

1. 나누어지는 수의 소수점 위에 몫의 소수점을 찍는다. 나누어지는 수의 가장 큰 자릿수 4를 나누는 수 3으로 나누고 나머지를 다음 자릿수로 옮겨준다.

3은 4를 한 번 나누고 1이 남는다.

2. 다음 자릿수로 옮겨서 계산하고 결과를 위에 적어준다.

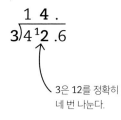

3은 12를 정확히 네 번 나눈다.

3. 소수점 아래의 숫자로 이동한다. 6은 3으로 나누어 떨어지므로 답 14.2를 구할 수 있다.

$$3\overline{)4\,^{1}2\,.6}$$
$$1\,4\,.2$$

큰 수로 나누는 방법

큰 수를 곱할 때와 마찬가지로 단계별로 계산을 진행하고 나머지를 옮겨가는 방식을 사용한다.

1. 450을 36으로 나누기 위해 우선 45을 36으로 나눈다.

$$\overset{\displaystyle 1}{36\overline{)450}}$$

나누어지는 수인 45의 마지막 숫자에 1을 맞춘다.

2. 나누어지는 수인 450의 앞자리 수 45에 36을 빼서 나머지를 구한다. 45 − 36 이므로 나머지는 9이다.

$$\overset{\displaystyle 1}{36\overline{)450}} \\ \underline{-\ 36} \\ 9$$

첫 번째 나눗셈의 나머지

3. 나누어지는 수 450의 마지막 자릿수 0을 나머지의 옆에 내려 써준다. 이제 90 ÷ 36을 계산한다.

$$\overset{\displaystyle 12}{36\overline{)450}} \\ \underline{-\ 36}\downarrow \\ 90$$

36은 90을 두 번 나누므로 위에 2를 쓴다.

4. 90 − 72 = 18을 계산하여 나머지를 구한다.

$$\overset{\displaystyle 12}{36\overline{)450}} \\ \underline{-\ 36} \\ 90 \\ \underline{-\ 72} \\ 18$$

5. 나누어지는 수에 남은 자릿수가 없으므로 소수점과 0을 추가한다. 0을 나머지로 내려 180을 만든다.

$$\overset{\displaystyle 12}{36\overline{)450.0}} \\ \underline{-\ 36} \\ 90 \\ \underline{-\ 72}\downarrow \\ 180$$

6. 12 뒤에 소수점을 찍고 180을 나누는 수 36으로 나눈다. 즉 180 ÷ 36을 계산한다. 36은 180을 정확히 5번 나누므로 답 12.5를 구할 수 있다.

$$\overset{\displaystyle 12.5}{36\overline{)450.0}} \\ \underline{-\ 36} \\ 90 \\ \underline{-\ 72}\downarrow \\ 180$$

소수를 포함한 나눗셈

소수가 포함된 수를 나누는 유용한 방법은 먼저 두 수를 정수로 바꾸는 것이다. 두 수를 정수로 바꾸는 데 필요한 만큼 10, 100 등을 곱하여 소수를 정수로 표현한다. 예를 들어 52.14 ÷ 0.22를 구해보자.

1. 먼저 소수점 이하의 자릿수를 없애기 위해 두 수에 모두 100을 곱하면 5214 ÷ 22가 된다. 결과를 확인하기 위해 추정값을 구해보면 5000 ÷ 20 = 250이다.

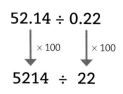

2. 이제 왼쪽에서 설명한 큰 수로 나누는 방법을 적용한다. 22는 52를 두 번 나누므로 위에 2를 쓰고 52에서 44를 빼서 나머지를 구한다.

$$\overset{\displaystyle 2}{22\overline{)5214}} \\ \underline{-\ 44} \\ 8$$

3. 나누어지는 수의 다음 숫자를 내려 나머지 옆에 쓴다. 81을 22로 나누고 그 몫을 선 위에 쓴다. 81에서 66을 빼서 두 번째 나머지를 계산한다.

$$\overset{\displaystyle 23}{22\overline{)5214}} \\ \underline{-\ 44}\downarrow \\ 81 \\ \underline{-\ 66} \\ 15$$

4. 마지막 숫자를 내려 나머지 옆에 쓰고 나누는 수 22로 나눈다. 22는 154를 정확히 7번 나누므로 나눗셈이 완성된다. 5214 ÷ 22와 52.14 ÷ 0.22의 계산 결과는 같으므로 답을 얻는다. 이 값은 추정치 250에 가까운 수임을 확인할 수 있다.

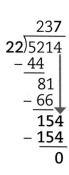

덧셈과 뺄셈의 암산법

계산을 단순화하는 방법을 알면 앞에서 배운 복잡한 절차를 따르거나 계산기를 사용하지 않고 머릿속으로 계산을 하여 답을 찾을 수 있다.

핵심 요약

✓ 분할법은 주어진 계산을 간단한 계산들로 쪼개어 쉽게 답을 찾는 방법이다.

✓ 보상법은 계산을 쉽게 하기 위해 주어진 수들을 적절히 조정하는 방법이다.

분할법

어려운 계산을 더 간단하게 하기 위해서 그것을 좀 더 쉬운 계산으로 분할하는 방법을 생각할 수 있다. 그런 다음 각각의 쉬운 계산 결과를 합하여 답을 구한다. 이것을 분할법이라고 한다. 예를 들어 352 + 414를 구해보자.

$$352 + 414 = ?$$

$300 + 400 = 700$ ← **1.** 백의 자리를 먼저 더한다.

$50 + 10 = 60$ ← **2.** 십의 자리를 더한다.

$2 + 4 = 6$ ← **3.** 일의 자리를 더한다.

$700 + 60 + 6 = 766$ ← **4.** 위에서 구한 수들을 더한다.

덧셈의 보상법

보상법은 계산을 단순화하는 또 다른 방법이다. 계산이 쉽도록 하나의 수에 적당한 수를 더하고 이를 보상하기 위해 다른 수에 같은 수를 빼준다. 예를 들어 196 + 234를 구해보자.

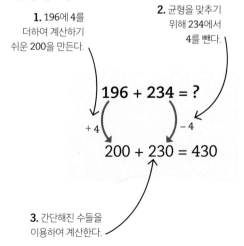

1. 196에 4를 더하여 계산하기 쉬운 200을 만든다.

2. 균형을 맞추기 위해 234에서 4를 뺀다.

$$196 + 234 = ?$$

$+4$ -4

$$200 + 230 = 430$$

3. 간단해진 수들을 이용하여 계산한다.

뺄셈의 보상법

뺄셈의 보상법은 덧셈과 약간 다르다. 덧셈은 한쪽에 더하고 다른 쪽에서 빼주었지만, 뺄셈에서는 두 수에 같은 계산을 적용한다. 예를 들어 27.6 − 18.8을 구해보자.

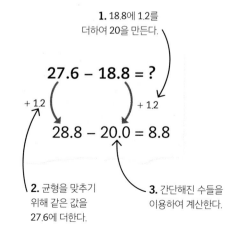

1. 18.8에 1.2를 더하여 20을 만든다.

$$27.6 - 18.8 = ?$$

$+1.2$ $+1.2$

$$28.8 - 20.0 = 8.8$$

2. 균형을 맞추기 위해 같은 값을 27.6에 더한다.

3. 간단해진 수들을 이용하여 계산한다.

곱셈과 나눗셈의 암산법

어떤 수들은 다른 수에 비해 계산을 쉽게 만들어 준다. 복잡한 곱셈과 나눗셈을 간단한 계산들로 쪼개어 구하면 비교적 쉽게 답을 구할 수 있다.

핵심 요약

✓ 분할법을 사용하여 계산을 간단한 계산들로 한 단계씩 쪼개어 구한다.

✓ 보상법은 계산이 간단해질 때까지 적당한 수를 곱하거나 나누어 준다.

분할법

분할법을 사용하면 까다로운 곱셈과 나눗셈을 보다 편리한 부분들로 분할할 수 있다. 예를 들어 43 × 52를 구해보자.

$$43 \times 52 = ?$$

$$40 \times 50 = 2000$$

1. 우선 십의 자리만 계산하여 을 구하자.

$$3 \times 50 = 150$$

2. 다음으로 3 × 50을 계산한다.

$$43 \times 2 = 86$$

3. 43 × 50을 구하였으므로 이제 43 × 2만 구하면 된다.

$$2000 + 150 + 86 = 2236$$

4. 마지막으로 구한 값들을 모두 더한다.

곱셈의 보상법

곱셈의 또 다른 편리한 계산법은 계산이 간단해질 때까지 계속해서 첫 번째 수에 적당한 수를 곱하고 두 번째 수에 같은 수를 나누는 것이다. 이 방법은 특히 짝수를 계산할 때 유용하다. 예를 들어 24 × 36을 구해보자.

1. 36은 3의 배수이므로 24에 3을 곱하고 36을 3으로 나눈다.

2. 계산이 간단해질 때까지 계속해서 첫 번째 수에 3을 곱하고 두 번째 수를 3으로 나눈다.

3. 4는 2의 배수이므로 이제 첫 번째 수에 2를 곱하고 두 번째 수를 2로 나누어 간단해진 계산에서 답을 구한다.

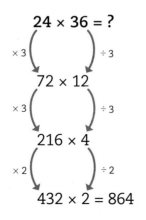

나눗셈의 보상법

보상법은 나눗셈에도 적용할 수 있다. 계산이 간단해질 때까지 나눗셈에 사용되는 두 수를 같은 수로 나누어 나눗셈의 계산을 단순하게 만든다. 예를 들어 224 ÷ 28을 구해보자.

1. 계산이 쉽도록 두 수를 모두 2로 나눈다.

2. 계속해서 두 수를 2로 나눈다.

3. 8 × 7 = 56임을 알고 있으므로 답을 구할 수 있다.

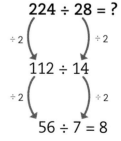

거듭제곱

같은 수를 반복해서 곱하는 경우 이것을 거듭제곱으로 표시한다. 거듭제곱은 곱하는 수의 오른쪽 위에 곱하는 횟수를 작게 써서 표시한다. 이때 곱하는 수를 거듭제곱의 밑, 곱한 횟수를 거듭제곱의 지수라고 한다. 예를 들어 2×2는 2^2으로 쓴다.

핵심 요약

✓ 거듭제곱을 이용하면 같은 수를 여러 번 곱하는 것을 간단히 표현할 수 있다.

✓ 제곱수는 같은 수를 두 번 반복해서 곱한 것이다.

✓ 세제곱수는 같은 수를 세 번 반복해서 곱한 것이다.

✓ 거듭제곱에서 곱하는 횟수인 지수는 곱하는 수의 오른쪽 위에 작게 써서 표시한다.

제곱수

같은 수를 두 번 반복해서 곱하여 나온 수를 제곱수라고 한다. 제곱수는 한 변의 길이를 이용하여 정사각형의 면적을 구할 때 나타난다. 다음은 제곱수의 예이며, 같은 방법으로 모든 수의 제곱수를 구할 수 있다. 처음 몇 가지 제곱수를 기억해 두면 계산할 때 편리하다.

한 행에 3개씩 구성된 3개의 행이 있으므로 정사각형을 이룬다. 따라서 $3 \times 3 = 3^2 = 9$이다.

$$3^2 = 9$$

제곱수의 지수를 나타내는 표현

1^2	2^2	3^2	4^2	5^2	10^2
1×1	2×2	3×3	4×4	5×5	10×10
1	4	9	16	25	100

세제곱수

같은 수를 세 번 반복해서 곱하여 나온 수를 세제곱수라고 한다. 세제곱수는 한 변의 길이를 이용하여 정육면체의 부피를 구할 때 나타난다. 다음은 세제곱수의 예이며, 같은 방법으로 모든 수의 세제곱수를 구할 수 있다.

한 행에 3개씩 구성된 3개의 행이 있고 그것을 3단으로 쌓았으므로 정육면체를 이룬다. 따라서 $3 \times 3 \times 3 = 3^3 = 27$이다.

$$3^3 = 27$$

세제곱수의 지수를 나타내는 표현

1^3	2^3	3^3	4^3	5^3	10^3
$1 \times 1 \times 1$	$2 \times 2 \times 2$	$3 \times 3 \times 3$	$4 \times 4 \times 4$	$5 \times 5 \times 5$	$10 \times 10 \times 10$
1	8	27	64	125	1000

🔍 계산기의 활용

공학용 계산기에는 제곱, 세제곱 그리고 $2^4(2 \times 2 \times 2 \times 2)$, 2^5 등과 같은 더 높은 거듭제곱을 찾는 데 사용할 수 있는 버튼이 있다.

제곱과 세제곱

제곱 또는 세제곱할 수를 입력한 후 해당하는 버튼을 눌러준다.

$2^2 =$ [2] [x^2] = 4

$2^3 =$ [2] [x^3] = 8

거듭제곱

거듭제곱을 구하기 위해서는 우선 곱하는 수, 즉 거듭제곱의 밑을 입력하고 지수 버튼을 누른 후 지수를 입력한다.

$2^5 =$ [2] [x^y] [5] = 32

약수와 배수

어떤 수의 약수란 그 수를 나누어떨어지게 만드는 모든 자연수를 의미한다. 어떤 수의 배수란 그 수에 자연수를 곱한 결과이다.

핵심 요약

✓ 약수란 어떤 수를 나누어떨어지게 만드는 모든 자연수이다.

✓ 약수는 2개씩 쌍으로 나타난다.

✓ 배수란 어떤 수에 자연수를 곱한 결과이다.

약수의 이해

10의 약수를 이해하기 위해 10개의 정사각형 덩어리로 구성된 초콜릿을 상상해 보자. 이때 초콜릿을 정사각형이 부서지지 않게 같은 모양으로 나눈 개수가 10의 약수가 된다. 10의 약수인 1, 2, 5, 10을 구성하는 네 가지 방법을 다음과 같이 표현할 수 있다.

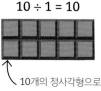

10 ÷ 1 = 10

10개의 정사각형으로 구성된 초콜릿 전체는 1과 10의 두 가지 약수를 표현한다.

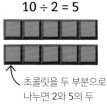

10 ÷ 2 = 5

초콜릿을 두 부분으로 나누면 2와 5의 두 가지 약수를 얻는다.

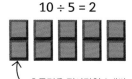

10 ÷ 5 = 2

초콜릿을 정사각형 2개씩 다섯 부분으로 나누면 다시 약수 2와 5를 얻는다.

10 ÷ 10 = 1

초콜릿을 정사각형 모양으로 모두 나누면 다시 약수 1과 10을 얻는다.

약수의 쌍

약수는 항상 쌍으로 나타나며, 쌍을 이루는 두 수를 곱하면 원래의 수가 나온다. 20의 약수인 쌍을 구하려면 다른 수를 곱하여 20이 될 수 있는 수들을 나열하면 된다.

1. 우선 1과 20이 약수 쌍이 된다.

$1 \times 20 \longrightarrow$ **1, 20**

2. 2 × 10 = 20이므로 2와 10도 약수의 쌍이다.

$2 \times 10 \longrightarrow$ **2, 10**

3. 3은 20의 약수가 아니다. 3 × 6 = 18이므로 너무 작고, 3 × 7 = 21이므로 너무 크다.

3

4. 4 × 5 = 20이므로 4와 5도 약수의 쌍이다.

$4 \times 5 \longrightarrow$ **4, 5**

5. 앞에서 나온 약수가 다시 나오면 멈춘다.

5×4

6. 약수를 크기순으로 나열하면 20의 약수를 모두 구할 수 있다.

1, 2, 4, 5, 10, 20

배수

배수는 어떤 수에 자연수를 곱한 결과이다. 따라서 배수는 수의 곱셈표를 구성한다.

7의 배수 5개

7 × 1 = 7
7 × 2 = 14
7 × 3 = 21
7 × 4 = 28
7 × 5 = 35

11의 배수 5개

11 × 1 = 11
11 × 2 = 22
11 × 3 = 33
11 × 4 = 44
11 × 5 = 55

소수

소수란 1을 제외한 자연수 중에서 1과 자기 자신만을 약수로 가지는 수를 의미한다. 따라서 소수는 약수를 2개만 가진다. 1과 소수를 제외한 다른 자연수는 2개 이상의 약수를 가지며 이것을 합성수라고 한다.

100까지의 소수

2부터 100까지에는 25개의 소수가 있다. 다음 표와 같이 2와 5를 제외한 모든 소수는 1, 3, 7, 9로 끝나지만, 이 숫자로 끝나는 모든 수가 소수는 아니다.

1은 서로 다른 2개의 약수를 가지지 않으므로 소수가 아니다.

2는 소수 중에 유일한 짝수이다. 다른 모든 짝수는 2로 나누어떨어지므로 소수가 아니다.

분홍색으로 칠해진 부분이 소수이다.

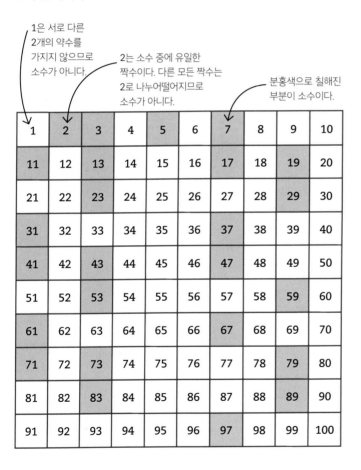

📌 **핵심 요약**

✓ 소수의 약수는 1과 자기 자신뿐이다.

✓ 100 이하의 자연수가 소수인지 확인하려면 2, 3, 5, 7로 나누어 본다. 이 중 어느 것으로도 나누어떨어지지 않으면 소수이다.

🔍 소수임을 어떻게 판정할까?

100 이하의 자연수가 소수인지 아닌지 확인하는 간단한 방법이 있다. 100 이하의 자연수가 2, 3, 5, 7 중 어느 것으로도 나누어떨어지지 않으면 그 수는 소수이다.

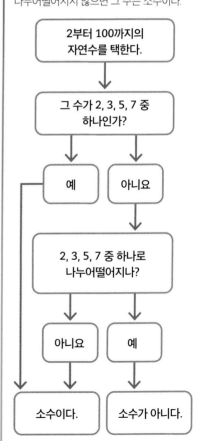

소인수분해

소수는 수를 구성하는 요소이다. 1보다 큰 모든 자연수는 소수이거나 소수들의 곱으로 표현되는 합성수이기 때문이다. 소인수란 합성수를 만들기 위해 곱해지는 소수를 뜻한다. 약수를 다른 말로 인수라고도 한다. 따라서 어떤 자연수의 인수 중 소수인 것이 소인수이다.

핵심 요약

✓ 합성수는 2개 이상의 소인수의 곱으로 표현된다.

✓ 어떤 자연수를 소인수만의 곱으로 나타내는 것을 소인수분해라고 한다.

✓ 소인수 수형도를 그리면 소인수분해를 쉽게 할 수 있다.

소인수 수형도 만들기

합성수는 소인수들의 곱으로 분해될 수 있다. 어떤 자연수의 소인수를 모두 찾아 소인수만의 곱으로 자연수를 나타내는 것을 소인수분해라고 한다. 소인수분해의 쉬운 방법 중 하나는 소인수로 이루어진 수형도를 그리는 것이다.

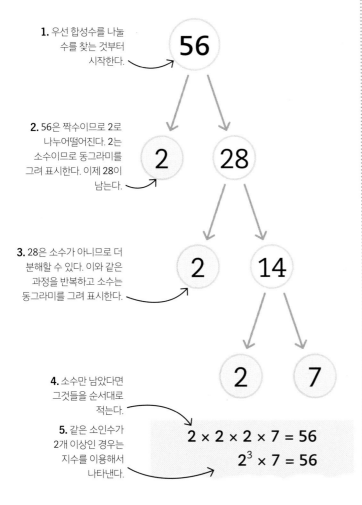

1. 우선 합성수를 나눌 수를 찾는 것부터 시작한다.

2. 56은 짝수이므로 2로 나누어떨어진다. 2는 소수이므로 동그라미를 그려 표시한다. 이제 28이 남는다.

3. 28은 소수가 아니므로 더 분해할 수 있다. 이와 같은 과정을 반복하고 소수는 동그라미를 그려 표시한다.

4. 소수만 남았다면 그것들을 순서대로 적는다.

5. 같은 소인수가 2개 이상인 경우는 지수를 이용해서 나타낸다.

$$2 \times 2 \times 2 \times 7 = 56$$
$$2^3 \times 7 = 56$$

같은 결과의 다른 수형도

소인수 수형도를 그리는 방법은 여러 가지가 있을 수 있다. 그러나 각각의 합성수를 만드는 소인수들의 구성 요소는 유일하다.

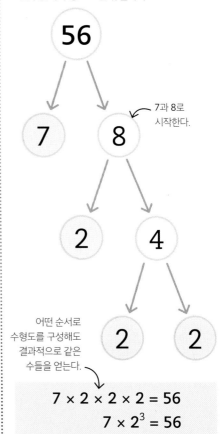

7과 8로 시작한다.

어떤 순서로 수형도를 구성해도 결과적으로 같은 수들을 얻는다.

$$7 \times 2 \times 2 \times 2 = 56$$
$$7 \times 2^3 = 56$$

공약수와 공배수

2개 이상의 수가 같은 약수를 가질 때 그 수들의 공통 약수를 공약수라고 한다. 마찬가지로 2개 이상의 수가 같은 배수를 가질 때 그 수들의 공통 배수를 공배수라고 한다.

핵심 요약

✓ 공약수는 둘 이상의 수가 공통으로 가지는 약수이다.

✓ 공배수는 둘 이상의 수가 공통으로 가지는 배수이다.

✓ 최대공약수는 공약수 중 가장 큰 수이다.

✓ 최소공배수는 공배수 중 가장 작은 수이다.

공약수

다음 그림에는 12와 16의 모든 약수가 표시되어 있다. 이 중 공통인 약수는 노란색으로 표시하였다. 공약수 중 가장 큰 수를 최대공약수라고 한다.

12의 약수   16의 약수

공배수

어떤 수의 배수를 나열하기 위해 수직선을 사용할 수 있다. 2개 이상의 수의 공배수를 수직선에 각각 나열하면 공배수를 확인할 수 있다. 이 중 가작 작은 공배수를 최소공배수라고 한다. 오른쪽 그림은 4와 6의 공배수를 36까지 나열한 것이다.

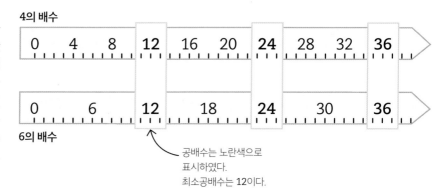

수형도를 이용하여 최대공약수와 최소공배수 찾기

작은 수들은 약수와 배수의 목록을 만들어 최대공약수와
최소공배수를 찾을 수 있다. 큰 수에서는 수형도를 그리는
것이 도움이 된다. 36과 120의 최대공약수와 최소공배수
를 찾아보자.

1. 소인수 수형도 만들기
소인수 수형도를 만들어
각각의 수의 소인수들을
찾는다.

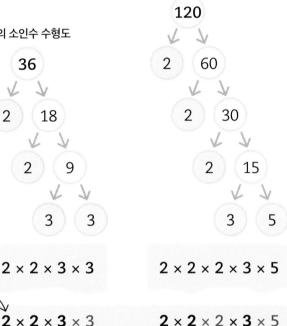

36의 소인수 수형도

12의 소인수 수형도

36과 120은 2 두 개와
3 한 개를 공약수로 가진다.

2. 최대공약수 찾기
두 수의 소인수 목록에서 공통인
약수들을 찾는다. 이 수들을
곱하여 최대공약수를 구한다.

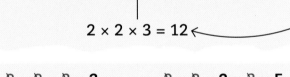

최대공약수를 찾기
위해 공약수들을
곱한다.

3. 최소공배수 찾기
우선 최대공약수를 찾는 데
사용된 수들을 지운다. 이제
남은 수들을 최대공약수에
곱하여 최소공배수를 구한다.

$$3 \times 2 \times 5 \times 12 = 360$$

최소공배수를 찾기 위해
남은 소인수들을
최대공약수에 곱해준다.

🔍 벤 다이어그램 이용하기

모든 소인수를 나열하여 최대공약수와
최소공배수를 찾는 다른 방법으로 벤
다이어그램(217쪽 참조)을 이용할 수
있다. 이 방법을 이용하여 36과 120의
최대공약수와 최소공배수를 구해보자.

1. 공통인 소인수를 동그라미가 겹치는
   부분에 써준다. 그리고 남은 소인수들을
   교집합(공통부분)의 바깥쪽에 쓴다.

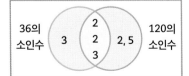

2. 교집합에 있는 수들을 곱하여
   최대공약수를 찾는다.

   $$2 \times 2 \times 3 = 12$$

3. 세 영역에 있는 모든 수를 곱하여
   최소공배수를 찾는다.

   $$3 \times 2 \times 2 \times 3 \times 2 \times 5 = 360$$

계산의 순서

$2 + 20 \div 4$와 같이 2개 이상의 연산을 사용하여 계산을 수행할 때 덧셈과 나눗셈 중 어느 것을 먼저 하느냐에 따라 답이 달라질 수 있다. 따라서 우리는 연산의 순서에 대해 약속을 하고 그것을 따라야 한다.

BIDMAS 규칙

연산의 순서에 대한 약속을 쉽게 기억하기 위해 단어의 첫 글자들을 따온 BIDMAS 규칙을 활용할 수 있다.

1. B (Brackets-괄호)
항상 괄호 안의 값들을 우선 계산한다.

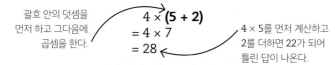

괄호 안의 덧셈을 먼저 하고 그다음에 곱셈을 한다.

$4 \times (5 + 2)$
$= 4 \times 7$
$= 28$

4×5를 먼저 계산하고 2를 더하면 22가 되어 틀린 답이 나온다.

2. I (Indices-지수)
I는 거듭제곱(power) 또는 지수(exponents)를 말한다(22쪽 참조). 다음 계산으로 넘어가기 전에 제곱, 세제곱 등의 거듭제곱을 먼저 계산한다.

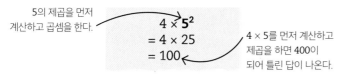

5의 제곱을 먼저 계산하고 곱셈을 한다.

4×5^2
$= 4 \times 25$
$= 100$

4×5를 먼저 계산하고 제곱을 하면 400이 되어 틀린 답이 나온다.

3. DM (Division/Multiplication-나눗셈/곱셈)
덧셈과 뺄셈을 하기 전에 곱셈과 나눗셈을 먼저 한다. 곱셈과 나눗셈이 여러 개 있으면 왼쪽부터 계산한다.

$7 + 5 \times 4$
$= 7 + 20 = 27$

곱셈을 덧셈보다 먼저 한다.

곱셈과 나눗셈이 여러 개면 왼쪽부터 계산한다.

$8 \div 2 \times 4$
$= 4 \times 4 = 16$

4. AS (Addition/Subtraction-덧셈/뺄셈)
덧셈과 뺄셈은 마지막에 계산한다. 덧셈과 뺄셈이 여러 개 있으면 왼쪽에서 오른쪽의 순서로 계산한다.

$8 - 2 + 4$
$= 6 + 4$
$= 10$

$2 + 4 = 6$을 먼저 계산하고 8에서 빼면 $8 - 6 = 2$가 되어 틀린 답이 나온다.

 핵심 요약

✓ 계산을 할 때는 정해진 연산 순서를 따른다.

✓ BIDMAS 규칙은 연산의 순서를 단어의 첫 글자로 요약하여 기억하기 쉽게 한 것이다.

⊟ BIDMAS 규칙의 활용

문제
$4 + 3^2 - (5 - 3) \times 3$을 계산하시오.

풀이
1. 괄호 안의 계산을 먼저 한다.
$$4 + 3^2 - (5 - 3) \times 3$$
$$= 4 + 3^2 - 2 \times 3$$

2. 지수를 계산한다.
$$4 + 3^2 - 2 \times 3$$
$$= 4 + 9 - 2 \times 3$$

3. 곱셈을 한다.
$$4 + 9 - 2 \times 3$$
$$= 4 + 9 - 6$$

4. 왼쪽에서 오른쪽의 순서로 덧셈과 뺄셈을 한다.
$$4 + 9 - 6$$
$$= 13 - 6$$
$$= 7$$

○ 계산기의 활용

공학용 계산기는 BIDMAS 규칙을 따른다. 따라서 계산기에 식을 입력할 때 지수와 괄호 등이 주어진 문제와 같이 입력되도록 주의해야 한다.

$$30 \div (3^2 + 6) = 2$$

만약 괄호를 빼먹으면 9.33333333이 출력되어 틀린 답을 얻게 된다.

각과 도형

각

한 점에서 출발하는 두 반직선으로 이루어진 도형을 각이라 한다. 각은 도로, 건물, 가구, 기계 등 모든 곳에서 발견된다. 두 반직선의 교점을 꼭짓점이라 하며, 각의 크기인 각도는 꼭짓점이 있는 두 반직선 사이의 회전의 크기로 측정한다. 회전의 크기인 각도는 도(°)라는 단위로 측정한다.

각의 종류

각의 크기는 두 반직선 사이의 회전의 크기에 의해 정해진다. 한 바퀴 회전, 즉 원 모양의 회전은 360°이고, 반 바퀴 회전, 즉 직선은 180°이다. 각의 종류로는 예각, 직각, 둔각, 평각, 우각이 있다.

> ### 핵심 요약
>
> ✓ 예각의 크기는 0°에서 90° 사이이다.
> ✓ 직각의 크기는 90°이며 한 바퀴의 ¼이다.
> ✓ 둔각의 크기는 90°에서 180° 사이이다.
> ✓ 반 바퀴를 회전하면 평각이다. 평각은 직선으로 표현되며 크기는 180°이다.
> ✓ 우각의 크기는 180°보다 크다.
> ✓ 한 바퀴를 회전한 크기는 360°이다.

예각
각의 크기가 0°보다 크고 90°보다 작은 각을 예각이라 한다.

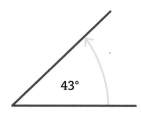

43°

직각
각의 크기가 90°인 각을 직각이라 한다. 직각은 한 바퀴 회전의 ¼이다.

직각 기호

90°

둔각
각의 크기가 90°보다 크고 180°보다 작은 각을 둔각이라 한다.

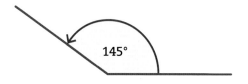

145°

평각
평평한 각, 즉 직선으로 표현되는 각이 평각이다. 평각의 크기는 180°이고, 한 바퀴 회전의 ½이다.

180°

우각
각의 크기가 180°보다 크고 360°보다 작은 각을 우각이라 한다.

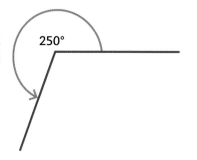

250°

한 바퀴 회전
한 바퀴를 회전하면 각의 크기는 360°이다.

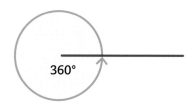

360°

각의 요소

한 바퀴, 직선 또는 직각과 같이 잘 알고 있는 각도의 정보를 이용하여 알 수 없는 각도의 크기를 계산할 수 있다.

핵심 요약

✓ 직각을 분할한 각의 크기의 합은 90°이다.

✓ 합이 90°가 되는 두 각을 서로의 여각이라 한다.

✓ 직선을 분할한 각의 크기의 합은 180°이다.

✓ 합이 180°가 되는 두 각을 서로의 보각이라 한다.

✓ 점 주위의 각을 모두 더하면 크기의 합은 360°이다.

직각과 관련된 각

직각은 90°이므로 직각을 2개 이상의 각도로 분할하면 분할된 각의 크기의 합은 항상 90°이다. 합이 90°가 되는 두 각이 있을 때 한 각을 다른 각의 여각이라고 한다.

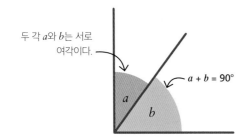

두 각 a와 b는 서로 여각이다.

$a + b = 90°$

직선과 관련된 각

직선은 180°이므로 직선을 2개 이상의 각도로 분할하면 분할된 각의 크기의 합은 항상 180°이다. 한 직선이 다른 직선과 만나 2개의 각을 만들 때 그중 한 각을 다른 각의 보각이라고 한다.

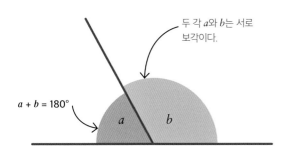

두 각 a와 b는 서로 보각이다.

$a + b = 180°$

한 점 주위의 각

한 점(꼭짓점) 주위의 각을 다 더하면 완전한 한 바퀴 회전을 나타내므로 그 크기의 합은 항상 360°이다.

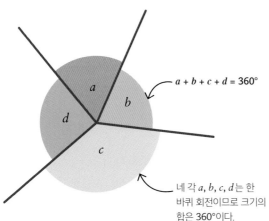

$a + b + c + d = 360°$

네 각 a, b, c, d는 한 바퀴 회전이므로 크기의 합은 360°이다.

각과 평행선

같은 방향을 가진 직선들을 평행선이라고 한다. 평행선은 서로 같은 거리를 유지하며 만나지 않는다. 어떤 직선이 한 쌍의 평행선과 만나면 같은 크기의 각이 만들어진다.

핵심 요약

✓ 두 선이 교차해서 만들어지는 맞꼭지각의 크기는 서로 같다.

✓ 어떤 직선이 한 쌍의 평행선과 만나서 만들어지는 엇각의 크기는 서로 같다.

✓ 어떤 직선이 한 쌍의 평행선과 만나서 만들어지는 동위각의 크기는 서로 같다.

평행선과 횡단선

어떤 직선이 2개 이상의 직선과 만나는 경우 이 직선을 횡단선이라고 한다. 한 쌍의 평행선과 만나는 횡단선은 크기가 같은 각의 쌍을 만든다. 이러한 각도는 서로의 위치 관계에 따라 맞꼭지각, 엇각, 동위각과 같이 서로 다른 이름을 갖는다.

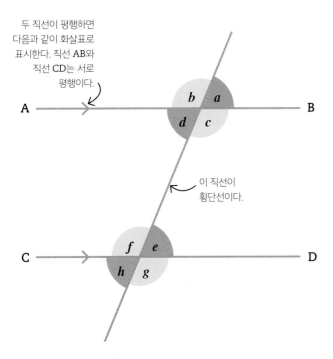

두 직선이 평행하면 다음과 같이 화살표로 표시한다. 직선 AB와 직선 CD는 서로 평행이다.

이 직선이 횡단선이다.

맞꼭지각

만나는 두 직선의 반대쪽에 있는 각의 크기는 서로 같다. 두 직선이 만나서 생기는 각 중 서로 마주 보는 것을 맞꼭지각이라 한다. 한 쌍의 평행선을 가로지르는 횡단선에 의해 크기가 같은 맞꼭지각이 두 쌍 생기므로 크기가 같은 네 쌍의 각이 만들어진다.

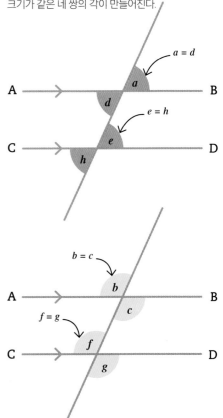

🖥 각의 계산

문제

각 x의 크기를 구하시오.

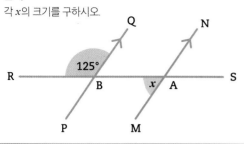

풀이

각과 직선에 대해 알고 있는 성질을 이용하여 x를 구할 수 있다. 직선을 이루는 각의 크기를 더하면 180°이므로 각 RBP의 크기를 알 수 있다.

각을 표시하는 기호 ↱ ∠RBP = 180° − 125° = 55°

각 RBP와 각 x는 동위각이므로 크기가 같다. 따라서 각 x의 크기는 55°이다.

엇각

두 직선과 다른 직선이 만나서 생기는 각 중 서로 엇갈린 위치에 있는 것을 엇각이라 한다. 한 쌍의 평행선과 횡단선이 만나서 생기는 엇각의 크기는 같다. 한 쌍의 평행선과 횡단선이 만나면 두 쌍의 엇각이 만들어진다.

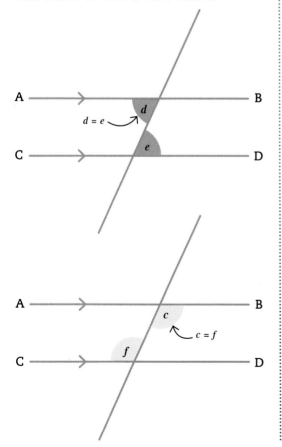

동위각

두 직선과 다른 직선이 만나서 생기는 각 중 서로 같은 위치에 있는 것을 동위각이라 한다. 한 쌍의 평행선과 횡단선이 만나서 생기는 동위각의 크기는 같다. 한 쌍의 평행선과 횡단선이 만나면 네 쌍의 동위각이 만들어진다.

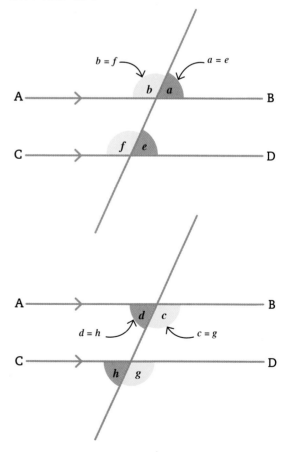

각의 측정과 작도

각의 크기는 각도(°)라는 단위로 측정한다. 각의 크기를 측정할 때는 각도기를 사용할 수 있다. 각도기 곡선 부분의 가장자리 주위에는 각의 크기를 측정하거나 각을 그릴 수 있는 눈금이 표시되어 있다.

핵심 요약

✓ 각도의 측정 단위는 도(°)이다.

✓ 각도기를 사용하여 각도를 측정하고 각을 작도할 수 있다.

✓ 각의 꼭짓점에 각도기의 중심이 놓이도록 각도기를 올려놓는다.

각의 크기 측정

각도기에는 서로 반대 방향으로 읽을 수 있는 2개의 눈금 값이 표시되어 있다. 따라서 기준선의 위치에 따라 각각의 방향으로 크기를 측정할 수 있다.

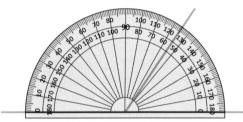

1. 각도기의 중심이 각의 꼭짓점 위에 놓이고 기준선이 각도기의 0°와 일치하도록 각도기를 측정하려는 각 위에 올려놓는다.

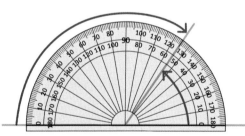

2. 바깥쪽에 있는 눈금을 사용하면 왼쪽 0°부터 위쪽으로 각도를 측정할 수 있다. 안쪽 눈금을 사용하면 오른쪽 0°부터 위쪽으로 각도를 측정할 수 있다.

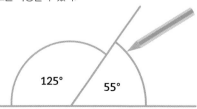

3. 각도를 표시하고 단위 도(°)를 포함하여 측정값을 써준다. 위 그림에서 측정된 각도는 125°와 55°이다.

각의 작도

주어진 크기의 각을 그릴 때 각도기를 사용하여 각도를 측정하고 작도할 수 있다.

1. 자로 직선을 그리고 각의 작도를 시작하려는 지점을 점으로 표시한다.

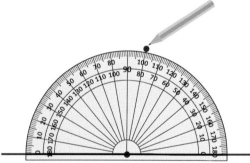

2. 각도기의 중심이 점 위에 오고 직선이 0°와 일치하도록 각도기를 올려놓는다. 눈금의 0°부터 각도를 읽고 원하는 각도의 위치를 점으로 표시한다.

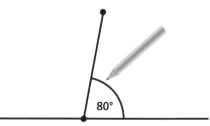

3. 각도기를 제거한다. 자를 사용하여 두 점 사이에 직선을 그리고 각도를 표시한다.

대칭성

어떤 도형들은 대칭성을 가지고 있다. 대칭에는 반사형과 회전형 두 가지 유형이 있다. 대칭성이 없는 도형은 비대칭적이라고 한다.

반사대칭

2차원(2-D) 도형이 직선에 의해 2개의 합동인 도형으로 나눠지면 이 도형은 반사대칭성을 갖는다. 이때 도형을 나누는 직선을 대칭선이라고 하며, 대칭선은 한 도형에서 두 가지 이상 나타날 수 있다. 반사대칭성이 있는 도형은 양쪽이 정확히 포개지도록 반으로 접을 수 있다.

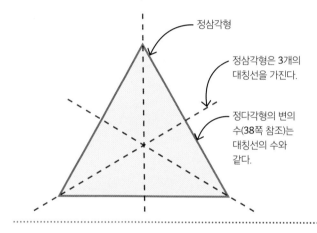

정삼각형

정삼각형은 3개의 대칭선을 가진다.

정다각형의 변의 수(38쪽 참조)는 대칭선의 수와 같다.

회전대칭

2차원 도형을 시계 방향이나 반시계 방향으로 회전해도 원래 위치에 있을 때와 정확히 일치할 경우 이 도형은 대칭성을 가진다고 할 수 있다. 이것을 회전대칭이라고 하며, 이러한 성질은 한 도형에서 두 번 이상 나타날 수 있다. 회전해도 모양이 같아지는 위치의 수를 회전대칭의 차수라고 한다. 도형에 회전대칭이 없으면 회전대칭의 차수는 1이다.

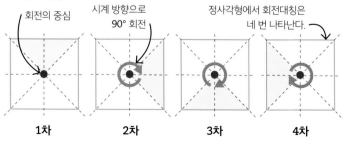

회전의 중심 / 시계 방향으로 90° 회전 / 정사각형에서 회전대칭은 네 번 나타난다.

1차 2차 3차 4차

핵심 요약

✓ 2차원 도형이 직선에 의해 2개의 합동인 도형으로 나뉘면 반사대칭성을 갖는다고 한다.

✓ 2차원 도형이 시계 방향이나 반시계 방향으로 회전하여 원래 위치에서의 모양과 같은 모양을 가지면 이 도형은 회전대칭성을 갖는다고 한다.

✓ 정다각형의 변의 수, 반사대칭의 대칭선의 개수, 회전대칭의 차수는 모두 같다.

삼각형의 대칭

문제
다음 문장이 항상 참인지, 경우에 따라 참인지, 항상 거짓인지 판별하시오.
a) 직각삼각형에는 반사대칭선이 하나 있다.
b) 직각삼각형의 회전대칭의 차수는 2이다.

풀이
a) 참인 경우가 존재한다. 직각이등변삼각형은 하나의 대칭선을 갖는다.

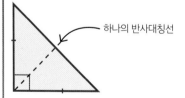

하나의 반사대칭선

b) 항상 거짓이다. 모든 직각삼각형은 회전대칭의 차수 1을 가진다. 즉 회전대칭이 없다.

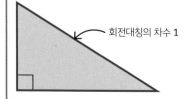

회전대칭의 차수 1

삼각형의 성질

삼각형은 3개의 변, 변이 만나는 점인 3개의 꼭짓점 그리고 3개의 각으로 구성된 다각형이다. 대체로 각 각의 꼭짓점은 대문자로 표시한다. 꼭짓점 A, B, C 가 있는 삼각형을 △ABC라고 표시한다. 기호 △는 '삼각형'이라는 단어를 나타내는 데 사용할 수 있다.

 핵심 요약

✓ 정삼각형은 세 변의 길이와 세 각의 크기가 모두 같다.
✓ 이등변삼각형은 두 변의 길이와 두 각의 크기가 같다.
✓ 직각삼각형에는 하나의 직각이 있다.
✓ 부등변삼각형은 세 변의 길이와 세 각의 크기가 모두 다르다.

정삼각형

정삼각형은 세 변의 길이가 같고, 세 각의 크기도 같다. 또한 반사대칭선을 3개 가지며, 회전대칭의 차수는 3이다(35쪽 참조).

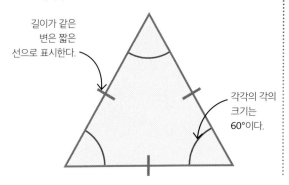

길이가 같은 변은 짧은 선으로 표시한다.

각각의 각의 크기는 60°이다.

이등변삼각형

이등변삼각형은 두 변의 길이와 두 각의 크기가 같고, 반사대칭선을 하나 가지며, 회전대칭은 없다.

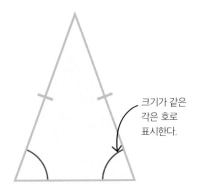

크기가 같은 각은 호로 표시한다.

직각삼각형

직각삼각형의 한 각의 크기는 90°이다. 변의 길이는 모두 다를 수도 있고 두 변의 길이가 같을 수도 있지만, 변의 길이가 모두 같을 수는 없다. 직각삼각형은 두 변의 길이가 같을 때만 대칭성을 갖는다.

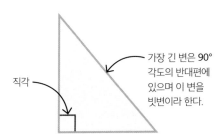

직각

가장 긴 변은 90° 각도의 반대편에 있으며 이 변을 빗변이라 한다.

부등변삼각형

부등변삼각형은 세 변의 길이와 세 각의 크기가 모두 다르다. 또한 반사대칭과 회전대칭을 가지지 않는다.

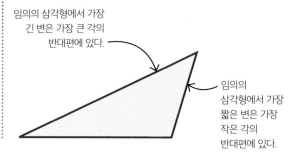

임의의 삼각형에서 가장 긴 변은 가장 큰 각의 반대편에 있다.

임의의 삼각형에서 가장 짧은 변은 가장 작은 각의 반대편에 있다.

사각형의 성질

사각형은 4개의 변, 4개의 꼭짓점, 4개의 각으로 구성된 도형이다. 사각형의 변, 꼭짓점, 각은 규칙적일 수도 있고 불규칙적일 수도 있다. 정사각형은 변의 길이와 각의 크기가 모두 같다. 불규칙한 사각형은 변의 길이와 각의 크기가 다르다.

핵심 요약

✓ 사각형은 변 4개, 꼭짓점 4개, 각 4개로 이루어져 있다.

✓ 정사각형, 직사각형, 평행사변형, 마름모, 사다리꼴, 연꼴은 모두 사각형이다.

✓ 정사각형은 변의 길이와 각의 크기가 모두 같다. 불규칙한 사각형은 변의 길이와 각의 크기가 같지 않다.

정사각형

정사각형은 네 변의 길이가 같고, 네 각의 크기도 같다. 또한 반사대칭선을 4개 가지며, 회전대칭의 차수는 4이다(35쪽 참조). 서로 마주 보는 변인 대변은 서로 평행하고, 대각선은 정사각형을 합동인 2개의 직각이등변삼각형으로 나눈다.

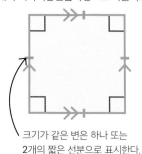

크기가 같은 변은 하나 또는 2개의 짧은 선분으로 표시한다.

직사각형

직사각형은 길이가 같은 두 쌍의 대변을 가지며, 각각의 쌍의 변은 서로 평행하고 대각선의 길이는 같다. 네 각의 크기는 같고, 반사대칭선 2개를 가지며, 회전대칭의 차수는 2이다.

평행한 변은 하나 또는 2개의 화살표로 표시한다.

평행사변형

평행사변형 역시 길이가 같은 두 쌍의 대변을 가지며, 각각의 쌍의 변은 서로 평행하고 대각선은 서로를 이등분한다. 마주 보는 각인 대각은 서로 크기가 같고, 따라서 두 쌍의 크기가 같은 각을 가진다. 반사대칭을 가지지 않으며, 회전대칭의 차수는 2이다.

크기가 같은 각은 하나 또는 2개의 호로 표시한다.

마름모

마름모는 평행사변형의 특수한 형태로 변의 길이가 모두 같다. 마름모의 대각의 크기는 같고, 대변은 서로 평행하다. 마름모의 대각선은 서로 수직이다. 반사대칭선 2개를 가지며, 회전대칭의 차수는 2이다.

대각의 크기가 같다.

사다리꼴

사다리꼴에는 길이가 다른 한 쌍의 평행한 변이 있다. 평행하지 않은 두 변의 길이가 같은 사다리꼴을 등변사다리꼴이라 한다. 등변사다리꼴은 하나의 반사대칭선을 가진다.

한 쌍의 길이가 다른 평행선이 있다.

연꼴

연꼴은 길이가 같은 변 두 쌍, 크기가 같은 각 한 쌍, 반사대칭선 하나를 가지며, 회전대칭은 없다. 대각선은 서로 수직이며, 반사대칭선인 대각선은 다른 대각선을 이등분한다.

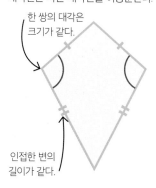

한 쌍의 대각은 크기가 같다.

인접한 변의 길이가 같다.

다각형의 성질

다각형은 3개 이상의 변과 같은 개수의 각을 갖는 2차원 도형이다. 다각형은 변과 각의 개수에 따라 이름이 정해진다. 7개의 변과 7개의 각을 가진 다각형을 칠각형이라고 한다.

정다각형

정다각형은 모든 변의 길이와 각의 크기가 같다. 다각형에는 최소한 3개의 변과 각이 있어야 하며, 변과 각의 개수의 최댓값은 제한이 없다. 만각형(萬角形, myriagon)은 10,000개의 변과 각을 가지고 있다.

핵심 요약

✓ 정다각형은 변의 길이가 모두 같고 각의 크기도 모두 같다.

✓ 불규칙한 다각형은 적어도 2개의 서로 다른 변 또는 2개의 서로 다른 각을 가진다.

✓ 오목다각형의 각 중에는 우각이 하나 이상 있다.

✓ 볼록다각형의 각은 예각 또는 둔각이다.

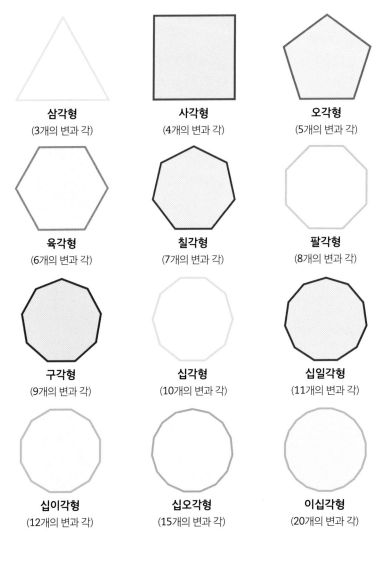

삼각형
(3개의 변과 각)

사각형
(4개의 변과 각)

오각형
(5개의 변과 각)

육각형
(6개의 변과 각)

칠각형
(7개의 변과 각)

팔각형
(8개의 변과 각)

구각형
(9개의 변과 각)

십각형
(10개의 변과 각)

십일각형
(11개의 변과 각)

십이각형
(12개의 변과 각)

십오각형
(15개의 변과 각)

이십각형
(20개의 변과 각)

불규칙한 다각형

적어도 2개의 변이나 각이 서로 다른 다각형을 불규칙 다각형이라고 한다. 불규칙 다각형에는 오목다각형과 볼록다각형 두 유형이 있다.

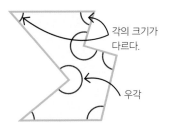

각의 크기가 다르다.

우각

오목다각형

오목다각형의 각 중에는 크기가 180°보다 큰 각(우각)이 하나 이상 있다.

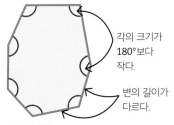

각의 크기가 180°보다 작다.

변의 길이가 다르다.

볼록다각형

볼록다각형의 각은 크기는 모두 180°보다 작다. 따라서 모두 예각이거나 둔각이다.

삼각형의 각

삼각형은 가장 기본적인 2차원 도형 중 하나이다. 삼각형은 3개의 변이 있어 3개의 각을 만든다. 변의 길이나 각의 크기와 관계없이 삼각형의 내각의 합은 항상 180°이다.

핵심 요약

✓ 삼각형의 내각의 합은 180°이다.

✓ 삼각형의 외각의 합은 360°이다.

내각

삼각형의 내각을 재배열하면 직선이 만들어진다는 것을 확인할 수 있다. 이를 통해 삼각형의 내각의 합이 항상 180°임을 알 수 있다.

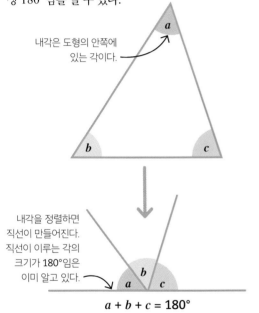

내각은 도형의 안쪽에 있는 각이다.

내각을 정렬하면 직선이 만들어진다. 직선이 이루는 각의 크기가 180°임은 이미 알고 있다.

$$a + b + c = 180°$$

외각

삼각형의 각 변을 연장하면 외각을 나타낼 수 있다. 외각과 인접한 내각을 합치면 직선이 만들어지므로 외각과 인접한 내각의 합은 180°이다. 외각의 크기는 외각에 인접하지 않는 두 내각의 크기의 합과 같다. 세 외각의 크기의 합은 360°이다.

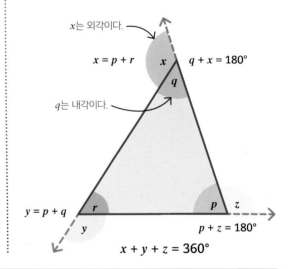

x는 외각이다.

q는 내각이다.

$$x = p + r$$

$$q + x = 180°$$

$$y = p + q$$

$$p + z = 180°$$

$$x + y + z = 360°$$

각의 크기 구하기

문제
삼각형의 내각과 외각에 대한 성질을 이용하여 다음 삼각형의 각 a와 각 b의 크기를 구하시오.

풀이
1. 외각과 외각에 인접한 내각의 합은 180°이므로 180°에서 135°를 빼서 각 b의 크기를 구한다.

$$b = 180° - 135° = 45°$$

2. 삼각형의 내각의 합은 180°이므로 각 a는 180°에서 각도를 알고 있는 두 각의 크기를 빼서 구한다.

$$a = 180° - 115° - 45° = 20°$$

사각형의 각

사각형에는 4개의 변이 있고, 두 변이 만나는 곳에 4개의 각이 만들어진다. 이 각들을 합치면 한 바퀴 회전, 즉 360°가 된다.

사각형의 내각

사각형은 2개의 삼각형으로 나누어지므로 내각의 합이 360°이다. 사각형의 내각들을 한 점 주위에 재배열하면 한 바퀴 회전을 나타낸다는 점을 이용하여 사각형의 내각의 합이 360°임을 확인할 수 있다.

핵심 요약

✓ 사각형의 내각의 합은 360°이다.

✓ 사각형의 내각들을 한 점 주위에 재배열하면 한 바퀴 회전을 나타낸다.

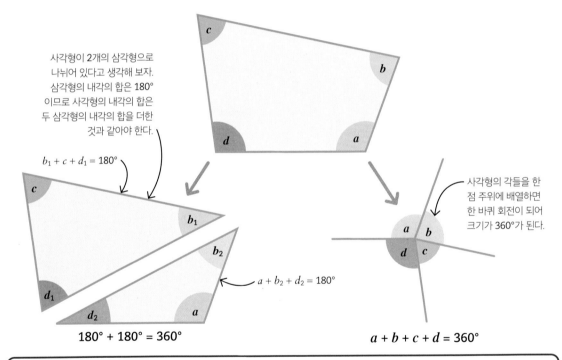

사각형이 2개의 삼각형으로 나뉘어 있다고 생각해 보자. 삼각형의 내각의 합은 180°이므로 사각형의 내각의 합은 두 삼각형의 내각의 합을 더한 것과 같아야 한다.

$b_1 + c + d_1 = 180°$

$a + b_2 + d_2 = 180°$

180° + 180° = 360°

사각형의 각들을 한 점 주위에 배열하면 한 바퀴 회전이 되어 크기가 360°가 된다.

$a + b + c + d = 360°$

📐 각의 크기 구하기

문제
다음 사각형에서 각 x의 크기를 구하시오.

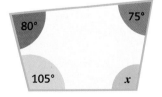

풀이
사각형의 4개의 내각의 합은 360°이므로 360°에서 각도를 알고 있는 각의 크기를 빼면 x를 구할 수 있다.

$$x = 360° - 80° - 75° - 105°$$
$$= 100°$$

다각형의 외각

외각은 다각형의 변 중 하나를 바깥쪽으로 확장할 때 다각형의 외부에 형성되는 각이다. 다각형의 종류와 관계없이 다각형의 외각을 모두 더하면 크기는 항상 360°이다.

핵심 요약

✓ 모든 다각형의 외각의 합은 항상 360°이다.
✓ 정다각형의 한 외각의 크기는 360°를 변의 개수로 나누어 구할 수 있다.

불규칙한 다각형

다각형의 외각을 한 점 주위에 재배열하면 다각형의 외각의 합이 항상 360°임을 확인할 수 있다.

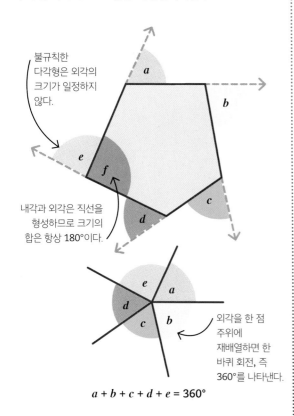

불규칙한 다각형은 외각의 크기가 일정하지 않다.

내각과 외각은 직선을 형성하므로 크기의 합은 항상 180°이다.

외각을 한 점 주위에 재배열하면 한 바퀴 회전, 즉 360°를 나타낸다.

$a + b + c + d + e = 360°$

임의의 다각형의 외각의 합 = 360°

정다각형

정다각형의 외각의 합도 360°이다. 이것을 이용하여 정다각형의 한 외각의 크기를 구할 수 있다.

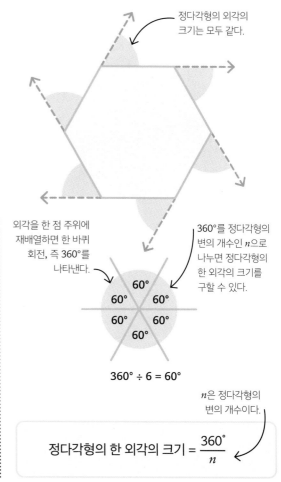

정다각형의 외각의 크기는 모두 같다.

외각을 한 점 주위에 재배열하면 한 바퀴 회전, 즉 360°를 나타낸다.

360°를 정다각형의 변의 개수인 n으로 나누면 정다각형의 한 외각의 크기를 구할 수 있다.

$360° \div 6 = 60°$

n은 정다각형의 변의 개수이다.

정다각형의 한 외각의 크기 = $\dfrac{360°}{n}$

다각형의 내각

다각형의 외각의 합은 항상 360°이지만, 내각의 합은 다각형의 변 개수에 따라 달라진다.

볼록다각형의 내각

볼록다각형의 내각의 크기는 모두 180°보다 작다. 다각형을 삼각형으로 나누어 볼록다각형의 내각의 합을 구할 수 있다. 삼각형의 내각의 합은 180°이므로 볼록다각형의 내각의 합은 볼록다각형이 삼각형으로 분할된 개수에 180°를 곱하여 구할 수 있다.

핵심 요약

✓ 볼록다각형의 내각의 합을 구하려면 다음 공식을 활용한다.
$(n - 2) \times 180°$

✓ 정다각형의 내각의 합을 변의 개수로 나누면 정다각형의 한 내각의 크기를 구할 수 있다.

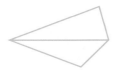

사각형
사각형은 2개의 삼각형으로 나눌 수 있다. 따라서 두 삼각형의 내각의 합을 구하면 사각형의 내각의 합을 구할 수 있다.

$2 \times 180° = 360°$

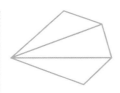

오각형
오각형은 3개의 삼각형으로 나눌 수 있다. 따라서 내각의 합은 세 삼각형의 내각의 합과 같다.

$3 \times 180° = 540°$

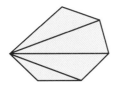

육각형
육각형은 4개의 삼각형으로 나눌 수 있다. 따라서 내각의 합은 네 삼각형의 내각의 합과 같다.

$4 \times 180° = 720°$

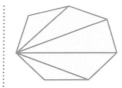

칠각형
칠각형은 5개의 삼각형으로 나눌 수 있다. 따라서 내각의 합은 다섯 삼각형의 내각의 합과 같다.

$5 \times 180° = 900°$

볼록다각형에서 내각의 합을 구하는 공식

다각형을 삼각형으로 분할할 수 있는 개수는 다각형의 변의 개수보다 2개 적다. 이러한 패턴을 일반화하면 공식을 이용하여 모든 볼록다각형의 내각의 합을 구할 수 있다.

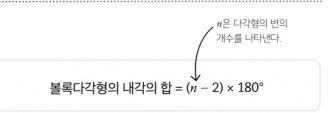

n은 다각형의 변의 개수를 나타낸다.

볼록다각형의 내각의 합 = $(n - 2) \times 180°$

정다각형의 내각

정다각형의 한 내각의 크기는 모든 내각의 합을 정다각형의 변의 개수로 나누어 구할 수 있다. 불규칙한 다각형의 경우 내각의 크기가 동일하지 않기 때문에 이 방법으로 내각의 크기를 구할 수 없다.

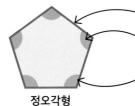

정오각형

1. 오각형에는 5개의 변이 있다.

2. 공식을 사용하여 내각의 합을 구한다.
$(5 - 2) \times 180° = 540°$

3. 한 내각의 크기를 구하려면 내각의 합을 변의 개수로 나눈다.
$540° \div 5 = 108°$

원의 성질

원은 한 점을 둘러싼 둥근 모양의 한 닫힌 곡선으로 구성된 도형이다. 이 점을 원의 중심이라 하고 닫힌 곡선을 원주라 한다. 원주 위의 임의의 점에서 원의 중심까지의 거리는 모두 같다.

원의 부분

원은 반을 접어 2개의 동일한 모양으로 포개지게 할 수 있다. 이때 접는 선분을 원의 지름이라 한다. 원은 중심을 기준으로 회전해도 항상 같은 모양이므로 무수히 많은 회전대칭을 가지며, 원의 모든 지름은 반사대칭선이 된다. 따라서 원은 무수히 많은 반사대칭을 가진다(35쪽 참조). 원은 특정 이름을 가진 다양한 부분으로 나눌 수 있다.

핵심 요약

✓ 원주는 원의 둘레 혹은 둘레의 길이를 의미한다.

✓ 원주 위의 모든 점은 중심으로부터 같은 거리에 있다.

✓ 반지름은 원의 중심에서 원주의 임의 지점을 연결한 선분 또는 그 선분의 길이를 의미한다.

✓ 지름은 원의 중심을 통과하여 원주 위의 한 점에서 다른 점까지 이은 선분 또는 그 선분의 길이를 의미한다.

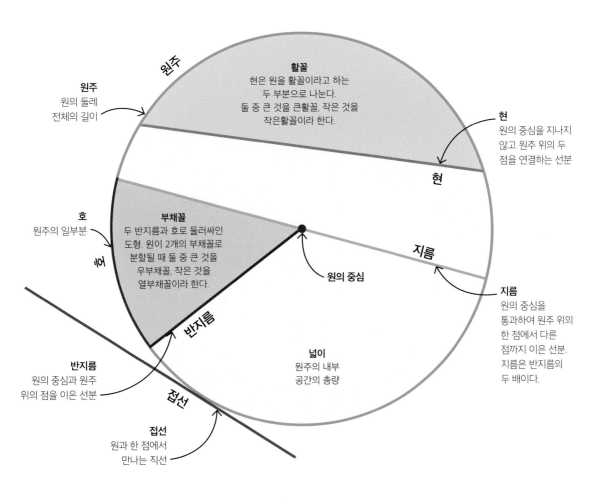

원주
원의 둘레 전체의 길이

활꼴
현은 원을 활꼴이라고 하는 두 부분으로 나눈다. 둘 중 큰 것을 큰활꼴, 작은 것을 작은활꼴이라 한다.

현
원의 중심을 지나지 않고 원주 위의 두 점을 연결하는 선분

호
원주의 일부분

부채꼴
두 반지름과 호로 둘러싸인 도형. 원이 2개의 부채꼴로 분할될 때 둘 중 큰 것을 우부채꼴, 작은 것을 열부채꼴이라 한다.

원의 중심

지름

지름
원의 중심을 통과하여 원주 위의 한 점에서 다른 점까지 이은 선분. 지름은 반지름의 두 배이다.

반지름
원의 중심과 원주 위의 점을 이은 선분

넓이
원주의 내부 공간의 총량

접선
원과 한 점에서 만나는 직선

연습문제
각도 구하기

복잡한 문제를 해결하기 위해 수와 도형에 관한 성질을 이용할 수 있다. 문제를 해결하기 위해 기하학적 규칙을 사용하는 것을 기하학적 추론이라고 한다.

함께 보기

31 각의 요소
38 다각형의 성질
41 다각형의 외각
42 다각형의 내각

문제
오른쪽 그림에서 파란색 선은 정다각형의 일부이다. 파란색 선을 포함하는 정다각형의 변의 개수를 구하고, 그것이 어떤 정다각형인지 말하시오.

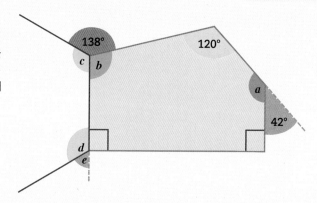

풀이

1. 각에 대해 알고 있는 정보를 그림에 적용하여 이 문제에 답할 수 있다. 직선 위의 각도의 합이 180°이므로 각 a의 크기를 구할 수 있다.

$$a = 180° - 42° = 138°$$

2. 다음으로 주황색 오각형의 내각의 합을 구하면 각 b의 크기를 구할 수 있다.

> **볼록다각형의 내각의 합 = $(n - 2) \times 180°$**

$$= (5 - 2) \times 180°$$
$$= 540°$$

3. 이제 540°에서 우리가 알고 있는 각도를 빼서 각 b의 크기를 구한다.

$$b = 540° - 120° - 138° - 90° - 90°$$
$$= 102°$$

4. 한 점 주위의 각도를 더하면 360°이므로 각 b의 크기를 안다는 것은 각 c의 크기도 알 수 있다는 것을 의미한다.

$$c = 360° - 138° - 102°$$
$$= 120°$$

5. 정다각형의 각의 크기는 모두 같으므로 각 d의 크기도 120°이다.

$$d = c = 120°$$

6. 정다각형의 변의 개수를 구하기 위해 한 외각의 크기를 이용할 수 있으므로 각 e의 크기를 구한다. 이때 직선 위의 각도의 합이 180°라는 성질을 이용할 수 있다.

$$e = 180° - 120°$$
$$= 60°$$

7. 이제 파란색 선을 포함하는 정다각형의 변의 개수를 알 수 있다. 정다각형의 외각의 합은 360°이므로 이 수를 외각의 값으로 나누어 변의 개수를 구한다.

$$변의 \ 개수 = \frac{360°}{60°} = 6$$

파란색 다각형은 변이 6개 있으므로 정육각형이다.

분수, 소수, 백분율

분수

분수는 자연수를 쪼갠 부분의 수량을 표시할 수 있는 한 방법이다. 모든 분수는 2개의 숫자로 표시되며, 한 숫자를 다른 숫자 위에 써서 나타낸다.

분수란 무엇인가?

분수는 전체 중 몇 부분이 있는지를 나타낸다. 예를 들어 둘 중에 하나는 ½, 여덟 중에 다섯은 ⅝, 넷 중에 셋은 ¾이다. 다음은 전체의 4분의 3을 분수로 나타낸 것이다.

핵심 요약

✓ 분수는 자연수를 분할한 일부를 나타낸다.

✓ 분수에서 위에 있는 수를 분자라 한다.

✓ 분수에서 아래에 있는 수를 분모라 한다.

✓ 같은 값을 가지는 분수를 서로 다르게 보이는 여러 가지 방법으로 표현할 수 있다.

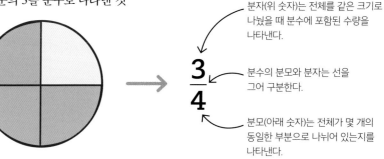

분자(위 숫자)는 전체를 같은 크기로 나눴을 때 분수에 포함된 수량을 나타낸다.

분수의 분모와 분자는 선을 그어 구분한다.

분모(아래 숫자)는 전체가 몇 개의 동일한 부분으로 나뉘어 있는지를 나타낸다.

같은 분수

같은 양을 나타내는 분수를 다른 방식으로 표현할 수 있다. 이러한 분수들은 겉보기에는 달라도 같은 값을 의미한다.

약분

전체를 많은 부분으로 나누어 표현한 분수는 분자와 분모를 같은 수로 나누어 같은 분수로 간단하게 나타낼 수 있다.

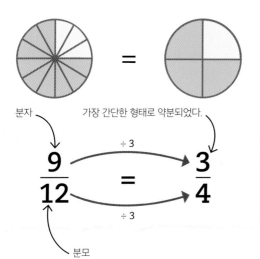

분자

가장 간단한 형태로 약분되었다.

$$\frac{9}{12} = \frac{3}{4}$$

÷ 3

÷ 3

분모

분자와 분모의 확장

분자와 분모에 모두 같은 수를 곱하면 분수를 더 많은 부분으로 분할한 같은 분수로 표현할 수 있다.

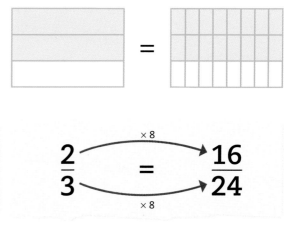

$$\frac{2}{3} = \frac{16}{24}$$

× 8

× 8

가분수와 대분수

분수가 항상 전체보다 작은 양을 나타내는 것은 아니다. 1보다 큰 분수는 가분수 또는 정수와 진분수를 결합한 대분수로 표시할 수 있다.

핵심 요약

✓ 진분수는 1보다 작다.

✓ 가분수는 1보다 크다.

✓ 대분수는 정수와 진분수로 이루어져 있다.

분수의 종류

분수를 표현하는 방법에는 크게 세 가지가 있다.

진분수
1보다 작은 값을 갖는 분수를 진분수라고 한다.
$\dfrac{1}{4}$
분자가 분모보다 작다.

가분수
1보다 큰 값을 갖는 분수를 가분수라고 한다.
$\dfrac{35}{4}$
분자가 분모보다 크다.

대분수
정수와 진분수를 결합한 분수를 대분수라고 한다.
$8\dfrac{3}{4}$

가분수를 대분수로 바꾸기

분수는 나눗셈의 간단한 표현이다. 따라서 가분수를 대분수로 바꾸어 표현할 때는 분자를 분모로 나누면 된다.

1. 분자를 분모로 나눈다.

2. 나눗셈의 결과 몫이 2이고 나머지가 3이다.

$$\dfrac{11}{4} = 11 \div 4 = 2\ r.3 = 2\dfrac{3}{4}$$

3. 결과는 정수 2와 분수 ¾이 섞인 숫자이다.

시각적 표현

4개의 숫자로 구성된 그룹을 3개 그려 ¹¹⁄₄을 2¾으로 바꾸는 과정을 시각적으로 나타낼 수 있다. 다음과 같이 ¹¹⁄₄은 2개의 완전한 부분과 남은 ¾을 가진다.

4개의 정사각형으로 구성된 각 그룹은 1을 나타낸다.

$\dfrac{11}{4} = 2\dfrac{3}{4}$

1개의 그룹은 전체 네 부분 중 세 부분 (¾)이 남았다.

대분수를 가분수로 바꾸기

대분수를 가분수로 바꿀 때는 정수 부분에 진분수의 분모를 곱한 다음 그 결과를 분자에 더한다.

1. 정수 부분에 진분수의 분모를 곱한다.

2. 분자를 추가한다.

$$3\dfrac{2}{3} = \dfrac{3 \times 3 + 2}{3} = \dfrac{11}{3}$$

3. 결과는 분자가 분모보다 큰 가분수이다.

시각적 표현

분수를 각각 3개의 숫자로 구성된 4개의 그룹으로 나타내면 분자에 포함될 부분의 개수를 셀 수 있다. 정수 3과 나머지 ⅔는 ¹¹⁄₃과 같다.

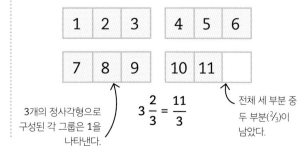

3개의 정사각형으로 구성된 각 그룹은 1을 나타낸다.

$3\dfrac{2}{3} = \dfrac{11}{3}$

전체 세 부분 중 두 부분(⅔)이 남았다.

분수의 대소 비교

$8/11$과 $5/7$처럼 분모가 다른 분수의 크기를 비교하는 것은 쉽지 않다. 따라서 분수의 크기를 비교할 때는 각각의 분수를 분모가 같은 분수로 변환한다.

핵심 요약

✓ 분모들의 최소공배수는 각각의 분모로 나누어떨어진다.

✓ 최소공배수를 활용하면 다양한 분수의 크기를 비교할 수 있다.

✓ 분모의 배수를 나열하면 분모의 최소공배수를 구할 수 있다.

분수의 배열

분수를 크기 순으로 배열하려면 각 분수에 공통되는 분모를 찾아야 한다. 최소공배수(26쪽 참조)를 찾기 위해 분모의 배수들을 나열한다. 최소공배수는 각 분수의 공통분모가 된다.

1. 최소공배수를 찾기 위해 비교하려는 분수에서 분모의 배수를 나열한다.

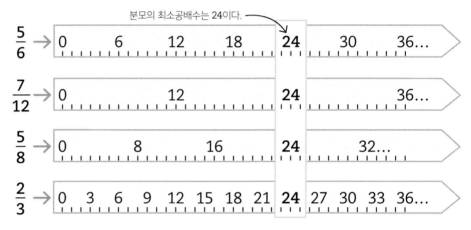

분모의 최소공배수는 24이다.

2. 최소공배수가 공통 분모가 되어야 하므로 각 분수를 분모가 24가 되도록 변환한다. 분수의 분자, 분모에 같은 값을 적절히 곱하면 분모를 24로 만들 수 있다.

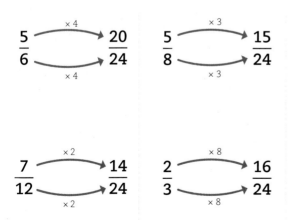

3. 이제 분수의 대소를 비교하는 것이 훨씬 쉬워졌다. 분자의 크기를 비교하여 큰 것부터 작은 것 순으로 나열할 수 있다.

$\dfrac{5}{6}$ ← 가장 큰 분수

$\dfrac{2}{3}$

$\dfrac{5}{8}$

$\dfrac{7}{12}$ ← 가장 작은 분수

분수의 덧셈과 뺄셈

정수와 마찬가지로 분수도 더하거나 뺄 수 있다. 분모가 다른 경우 분모가 같아지게 분수를 변환하여 계산한다.

분모가 같은 분수

분모가 같은 분수를 더하거나 뺄 때는 단순히 분자를 더하거나 빼서 결과를 구할 수 있다. 이때 분모는 동일하게 유지된다.

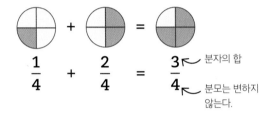

$$\frac{1}{4} + \frac{2}{4} = \frac{3}{4}$$

분자의 합

분모는 변하지 않는다.

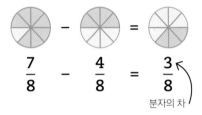

$$\frac{7}{8} - \frac{4}{8} = \frac{3}{8}$$

분자의 차

분모가 다른 분수

분수의 분모가 다른 경우 더하거나 빼기 전에 분수의 분모를 같은 값으로 변환하는 것이 좋다. 또한 대분수를 가분수로 바꾸는 것이 유용한 경우도 있고, 분수의 정수 부분과 분수 부분을 별도로 계산할 수도 있다.

1. $1\frac{1}{2} + 2\frac{2}{3}$를 계산하자.

$$1\frac{1}{2} + 2\frac{2}{3} = ?$$

2. 대분수를 가분수로 바꾼다.

$$1\frac{1}{2} = \frac{3}{2} \qquad 2\frac{2}{3} = \frac{8}{3}$$

3. 최소공배수를 사용하여 각 분수의 분모가 같아지도록 변환한다.

$$\frac{3}{2} \overset{\times 3}{=} \frac{9}{6} \qquad \frac{8}{3} \overset{\times 2}{=} \frac{16}{6}$$

4. 분모가 같아지면 분자를 더한다.

$$\frac{9}{6} + \frac{16}{6} = \frac{25}{6}$$

5. 결과로 나온 가분수를 다시 대분수로 변환할 수 있다.

$$\frac{25}{6} = 4\frac{1}{6}$$

1. $1\frac{3}{4} - \frac{1}{8}$을 계산하자.

$$1\frac{3}{4} - \frac{1}{8} = ?$$

2. $1\frac{3}{4}$의 정수 부분 1은 나중에 다시 더해주기로 하고 우선 $\frac{3}{4}$의 분자, 분모에 2를 곱해 두 분수의 분모가 같아지도록 한다.

$$\frac{3}{4} \overset{\times 2}{=} \frac{6}{8}$$

3. 분자끼리 빼준다.

$$\frac{6}{8} - \frac{1}{8} = \frac{5}{8}$$

4. 다시 정수 1을 더해준다.

$$\frac{5}{8} + 1 = 1\frac{5}{8}$$

분수로 부분의 양 구하기

$\frac{1}{4}$과 같은 분수는 전체를 나눈 부분의 개수를 나타낸다. 그 전체가 봉지에 들어 있는 밀가루의 양과 같이 어떤 양을 나타낼 때, 분수를 이용하면 전체에서 해당 부분의 양을 알 수 있다. 일부분이 자연수일 수도 있다. 분수를 이용하여 전체 양의 일부를 간단히 계산할 수 있다.

핵심 요약

✓ 전체를 나눈 부분의 양을 구할 때는 총량에 분수의 분자를 곱한 결과를 분모로 나누어 준다.

✓ 총량을 분모로 먼저 나눈 후 분자를 곱하여 구할 수도 있다.

전체 양의 일부 계산하기

한 봉지에 800 g인 밀가루의 $\frac{4}{5}$는 얼마일까? 이를 확인하려면 $\frac{4}{5} \times 800$을 계산해야 한다. 이를 위해서 800의 $\frac{1}{5}$을 계산한 다음 4를 곱한다.

$\frac{4}{5} \times 800\text{ g} = ?$

밀가루 총량: 800 g

1. 먼저 전체 양을 분수의 분모로 나누어 $\frac{1}{5}$을 계산한다.

$$800 \div 5 = 160$$

2. 다음으로 분자를 곱하여 $\frac{4}{5}$를 찾는다.

$$160 \times 4 = 640\text{ g}$$

3. 위 연산의 순서는 중요하지 않다. 먼저 전체 양에 분수의 분자를 곱한 다음 그 결과를 분모로 나누어도 같은 값을 얻는다.

$$800 \times 4 = 3200$$
$$3200 \div 5 = 640\text{ g}$$

보물 나누기

문제

해적의 선장이 금화 220개를 선원에 따라 다르게 나눠주려고 한다. 선원 1은 전체의 $\frac{1}{2}$을, 선원 2는 전체의 $\frac{1}{4}$을, 선원 3은 전체의 $\frac{1}{5}$을, 선원 4는 전체의 $\frac{1}{20}$을 받는다. 각자의 몫은 얼마인가?

풀이

1. 전체 금화의 양에 분자를 곱한 결과를 분모로 나누어 선원들의 몫을 구한다.

선원 1:
$1 \times 220 \div 2 =$ 금화 110개

선원 2:
$1 \times 220 \div 4 =$ 금화 55개

선원 3:
$1 \times 220 \div 5 =$ 금화 44개

선원 4:
$1 \times 220 \div 20 =$ 금화 11개

2. 각자의 몫을 합하여 전체 양이 220임을 확인한다.

$$110 + 55 + 44 + 11 = 220$$

분수의 곱셈

분수는 다른 수들과 마찬가지로 곱셈이 가능하다. 수에 2를 곱하면 그 수가 두 배가 되는 것과 마찬가지로, $\frac{1}{2}$을 곱하면 수가 절반이 된다. 이와 같이 어떤 수에 분수를 곱하는 것은 그 수를 나눈 부분을 구하는 것으로 이해할 수 있다.

분수에 자연수 곱하기

분수에 자연수를 곱하는 것은 분수를 자연수의 개수만큼 더하는 것과 같다.

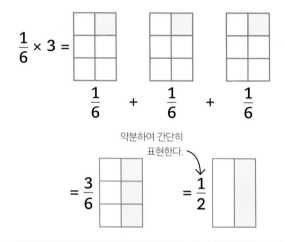

2개의 진분수 곱하기

진분수를 곱하는 방법은 매우 간단하다. 분자끼리 곱하고 분모끼리 곱한다. $\frac{2}{3}$에 $\frac{3}{4}$을 곱하는 것을 $\frac{3}{4}$의 $\frac{2}{3}$를 찾는다고 생각해 보면 결과는 더 작은 값이 될 것이라는 것을 알 수 있다.

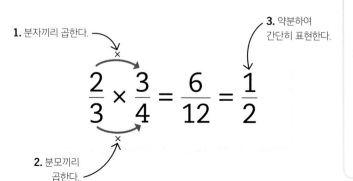

1. 분자끼리 곱한다.

3. 약분하여 간단히 표현한다.

2. 분모끼리 곱한다.

핵심 요약

✓ 수에 분수를 곱하는 것은 수의 일부분을 찾는 것과 같다.

✓ 분수의 곱은 분자끼리 곱하고 분모끼리 곱한다.

✓ 분수의 곱셈 결과는 약분하여 간단히 표현할 수 있다.

대분수 곱셈

진분수와 대분수를 곱하려면 먼저 대분수를 가분수로 변환한다. $4\frac{1}{4} \times \frac{2}{5}$를 구해보자.

1. $4\frac{1}{4}$을 가분수로 바꾼다.

$$4\frac{1}{4} = \frac{4 \times 4 + 1}{4} = \frac{17}{4}$$

2. 분자와 분모를 각각 곱하여 약분이 가능한 분수 값을 얻는다.

$$\frac{17}{4} \times \frac{2}{5} = \frac{34}{20} = \frac{17}{10}$$

2로 나누어 약분한다.

3. 가분수를 다시 대분수로 표현할 수 있다.

$$\frac{17}{10} = 1\frac{7}{10}$$

분자를 분모로 나눈 나머지는 대분수 표현에서 분수의 분자가 된다.

분수의 나눗셈

하나의 자연수를 다른 자연수로 나눌 때는 두 번째 수가 첫 번째 수에 몇 번 맞춰 들어가는지 알아내는 과정을 생각하는 것이 도움이 된다. 이것은 분수에도 동일하게 적용된다. 따라서 $\frac{1}{4} \div \frac{1}{2}$을 계산하는 경우 $\frac{1}{2}$이 $\frac{1}{4}$에 몇 번 들어가는지 알아내는 것으로 생각할 수 있다. 분수를 나누는 데는 몇 가지 간단한 규칙이 있다.

핵심 요약

✓ 한 분수를 다른 분수로 나누려면 두 번째 분수의 분자와 분모를 뒤집은 다음 두 분수를 곱한다.

✓ 분수를 거꾸로 뒤집어 분자와 분모를 바꾸는 것은 그 분수의 역수를 찾는 것이다.

✓ 대분수는 나눗셈을 하기 전에 가분수로 바꾸어 주는 것이 좋다.

자연수를 분수로 나누기

$3 \div \frac{3}{4}$과 같이 자연수를 분수로 나누는 것은 분수가 자연수에 몇 번이나 맞춰 들어가는지 알아내는 것이다.

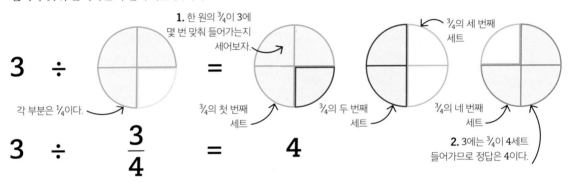

1. 한 원의 $\frac{3}{4}$이 3에 몇 번 맞춰 들어가는지 세어보자.

각 부분은 $\frac{1}{4}$이다.

$\frac{3}{4}$의 첫 번째 세트

$\frac{3}{4}$의 두 번째 세트

$\frac{3}{4}$의 세 번째 세트

$\frac{3}{4}$의 네 번째 세트

2. 3에는 $\frac{3}{4}$이 4세트 들어가므로 정답은 4이다.

$$3 \div \frac{3}{4} = 4$$

분수를 자연수로 나누기

분수를 자연수로 나누는 것은 분수를 자연수만큼의 부분으로 분할하는 것이다. 따라서 $\frac{3}{4} \div 2$를 계산하는 것은 $\frac{3}{4}$을 두 배씩 많은 부분으로 분할하는 것이다 .

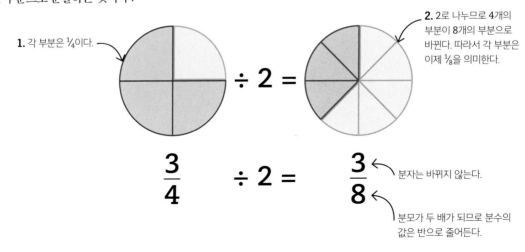

1. 각 부분은 $\frac{1}{4}$이다.

2. 2로 나누므로 4개의 부분이 8개의 부분으로 바뀐다. 따라서 각 부분은 이제 $\frac{1}{8}$을 의미한다.

$$\frac{3}{4} \div 2 = \frac{3}{8}$$

분자는 바뀌지 않는다.

분모가 두 배가 되므로 분수의 값은 반으로 줄어든다.

역연산

$\frac{3}{4}$을 2로 나눈 값은 $\frac{3}{4}$의 절반이 된다(52쪽 참조). 따라서 분수를 2로 나누는 것은 분수에 $\frac{1}{2}$을 곱하는 것과 같다. 나눗셈과 곱셈은 서로 역(반대)연산이며, 곱셈과 관련된 간단한 방법을 분수를 자연수로 나누는 과정에 적용할 수 있다. 우선 자연수를 가분수로 변환하고 거꾸로 분자와 분모를 뒤집은 다음 두 분수를 곱한다. 분수의 분자와 분모를 뒤집은 수를 그 수의 역수라고 한다.

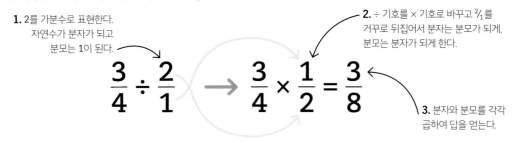

1. 2를 가분수로 표현한다. 자연수가 분자가 되고 분모는 1이 된다.

2. ÷ 기호를 × 기호로 바꾸고 $\frac{2}{1}$를 거꾸로 뒤집어서 분자는 분모가 되게, 분모는 분자가 되게 한다.

3. 분자와 분모를 각각 곱하여 답을 얻는다.

두 분수의 나눗셈

첫 번째 분수에 두 번째 분수의 역수를 곱해 분수의 나눗셈을 하는 방법은 모든 분수의 나눗셈에 적용할 수 있다.

두 진분수의 나눗셈 $\frac{1}{4} \div \frac{1}{3}$을 계산해 보자.

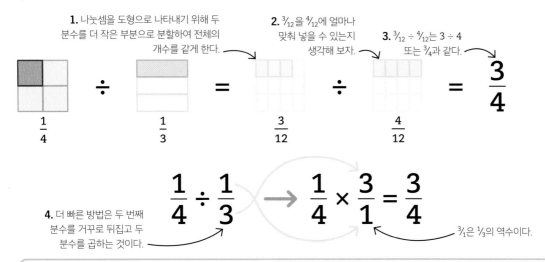

1. 나눗셈을 도형으로 나타내기 위해 두 분수를 더 작은 부분으로 분할하여 전체의 개수를 같게 한다.

2. $\frac{3}{12}$을 $\frac{4}{12}$에 얼마나 맞춰 넣을 수 있는지 생각해 보자.

3. $\frac{3}{12} \div \frac{4}{12}$는 3 ÷ 4 또는 $\frac{3}{4}$과 같다.

4. 더 빠른 방법은 두 번째 분수를 거꾸로 뒤집고 두 분수를 곱하는 것이다.

$\frac{3}{1}$은 $\frac{1}{3}$의 역수이다.

📋 대분수의 나눗셈

대분수가 포함된 나눗셈을 할 때는 대분수를 가분수로 변환하는 것이 도움이 된다.

문제

$1\frac{1}{2} \div 3\frac{1}{3}$을 계산하시오.

풀이

1. 두 대분수를 가분수로 변환한다.

$$1\frac{1}{2} \div 3\frac{1}{3} = \frac{3}{2} \div \frac{10}{3}$$

2. 다음으로 두 번째 분수를 거꾸로 뒤집어 두 분수를 곱한다.

$$\frac{3}{2} \div \frac{10}{3} = \frac{3}{2} \times \frac{3}{10} = \frac{9}{20}$$

백분율

'백분'은 '100개로 나누었을 때'를 의미한다. 백분율은 전체를 100으로 보았을 때 주어진 양의 비율을 수로 나타낸 것으로 2개 이상의 수량을 비교하는 데 유용하다. 백분율을 표시할 때는 % 기호를 사용한다.

핵심 요약

✓ 백분율은 100을 기준으로 주어진 양을 나타내는 방법이다.

✓ 백분율은 % 기호로 표시한다.

✓ 분수와 소수는 백분율로 표현할 수 있다.

100의 일부

백분율은 전체를 100등분으로 나누었을 때 주어진 양을 나타내는 것으로 생각할 수 있다. 즉 10%는 100분의 10이다.

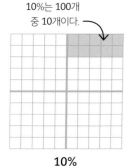

10%는 100개 중 10개이다.

10%

25%는 ¼과 같다.

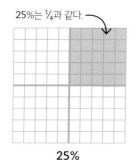

25%

50%는 ½과 같다.

50%

75%는 ¾과 같다.

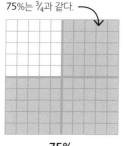

75%

백분율과 분수

분수를 백분율로 변환하려면 분수를 소수로 나타낸 다음 100을 곱한다.

1. 분자를 분모로 나눈다.

$$\frac{3}{4} = 3 \div 4 = 0.75$$

2. 100을 곱한다.

$$0.75 \times 100 = 75\%$$

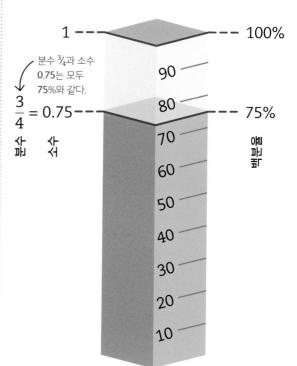

분수 ¾과 소수 0.75는 모두 75%와 같다.

$$\frac{3}{4} = 0.75$$

분수 소수   백분율

1 --- 100%
90
80 --- 75%
70
60
50
40
30
20
10

분수, 소수, 백분율

모든 수는 분수, 소수, 백분율로 표현할 수 있다. 이것들은 각각
다르지만 수학에서 공통적으로 사용된다.

변환 방법

어떤 수를 분수, 소수, 백분율로 표현하면 각각 형
식은 다르게 보이지만 같은 값을 의미한다. 세 표현
방법은 서로 변환이 가능하며, 다음과 같은 방법으
로 바꾸어 쓸 수 있다.

$$\frac{1}{2}$$
분수

소수점 이하의 숫자는 분수의
분자가 된다. 소수점 이하의
자릿수만큼 0을 포함한 10의
거듭제곱을 활용하여 분모를
10, 100, 1000 등으로 만든다.
여기서는 분모가 10이다.
다음으로 분수를 약분해서
간단히 표현한다.

$$0.5 = \frac{5}{10} = \frac{1}{2}$$

소수로 변환하는 단계를 따른 다음
(옆의 내용 참조) 100을 곱한다.

$$\frac{1}{2} = 0.5$$
$$0.5 \times 100 = 50\%$$

분모가 100인 분수로
나타낸 후 약분한다.

$$\frac{50}{100} = \frac{1}{2}$$

분자를 분모로 나누어 준다.

$$\frac{1}{2} = 1 \div 2 = 0.5$$

$$0.5$$
소수

100을 곱한다.
$$0.5 \times 100 = 50\%$$

$$50\%$$
백분율

100으로 나눈다.
$$50 \div 100 = 0.5$$

🔍 많이 사용되는 수

간단한 값을 가지는 다양한 소수, 분수, 백분율 표현이 일상에서
많이 사용된다. 여기서는 그중 몇 가지를 나열해 보았다.

소수	분수	백분율	소수	분수	백분율
0.1	$\frac{1}{10}$	10%	0.5	$\frac{1}{2}$	50%
0.25	$\frac{1}{4}$	25%	0.666...	$\frac{2}{3}$	66.7%
0.333...	$\frac{1}{3}$	33.3%	0.75	$\frac{3}{4}$	75%

백분율로
부분의 양 구하기

분수를 이용하여 전체 양의 일부를 계산하는 것처럼(50쪽 참조), 전체 양의 백분율을 계산하면 해당 백분율이 전체 양에서 얼마나 많은 부분을 나타내는지 알 수 있다.

양의 백분율 계산

한 학년이 80명인 학교의 학생 중 60%가 악기를 연주한다. 악기를 연주하는 학생은 몇 명일까? 이를 확인하려면 백분율을 소수로 바꾼 다음 전체 양에 곱해 준다.

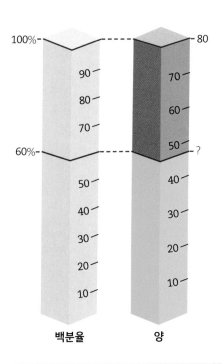

백분율   양

1. 백분율을 100으로 나누어 소수로 표현한다.

$$60\% = 60 \div 100$$
$$= 0.6$$

80의 60%는 0.6 × 80과 같다.

2. 전체 학생 수에 소수를 곱하여 악기를 연주하는 학생 수를 구한다.

$$0.6 \times 80 = 48$$

구하는 양 = 알고 있는 백분율 ÷ 100 × 전체 양

⚙ **분수를 사용하여 해당하는 양 구하기**

위의 계산은 백분율을 소수 대신 분수로 바꾸어 구할 수도 있다.

1. 백분율을 100을 분모로 하는 분수로 나타낸 후 약분한다.

$$60\% = \frac{60}{100} = \frac{3}{5}$$

2. 80을 분수로 쓴 후 두 분수를 곱하고 약분한다.

$$\frac{3}{5} \times \frac{80}{1} = \frac{240}{5} = \frac{48}{1} = 48$$

백분율의 암산

백분율은 가격과 같은 수량을 곱하거나 나누는 계산에서 많이 사용된다. 백분율을 더 쉽게 계산할 수 있는 몇 가지 간단한 요령이 있다.

핵심 요약

✓ 복잡한 백분율은 계산하기 쉬운 간단한 수로 나누어 구할 수 있다.

✓ 백분율과 양을 바꾸는 방법(스위칭) 및 '두 배 하고 절반 하기' 방법을 사용하면 백분율을 더 쉽게 계산할 수 있다.

단순화

복잡한 백분율을 머릿속에서 분해하여 계산을 간단하게 할 수 있다. 예를 들어 어떤 상점에서 공장 판매가가 600,000원인 자전거를 구입하여 21% 더 높은 가격에 판매한다고 하자. 상점에서 판매하는 자전거의 가격은 얼마일까?

원래 가격: 600,000원
새 가격: 600,000원 + 21%

1. 600,000원의 21%를 계산한 다음 원래 가격에 더해야 한다.

$$600,000원의\ 21\% = ?$$

2. 21%를 계산하기 쉽게 10%, 10%, 1%로 나눈다.

600,000의 10% = 60,000
600,000의 10% = 60,000
600,000의 1% = 6,000

3. 10%, 10%, 1%를 더해 600,000원의 21%를 구한다.

60,000 + 60,000 + 6,000 = 126,000원

4. 계산된 금액을 원래 가격에 더하여 인상된 새 가격을 얻는다.

126,000원 + 600,000원 = 726,000원

스위칭

백분율과 양을 서로 바꾸어 동일한 계산 결과를 얻을 수 있다. 이 스위칭 방법을 사용하면 계산을 단순화할 수 있다.

10의 30%　　　　　30의 10%

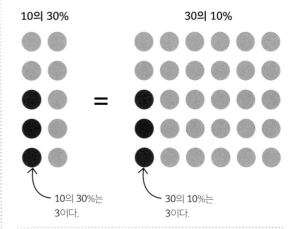

10의 30%는 3이다.　　　30의 10%는 3이다.

두 배 하고 절반 하기

계산을 더욱 간단하게 만드는 또 다른 방법은 '두 배 하고 절반 하기'이다. 수를 더 쉽게 만들려면 백분율을 두 배로 늘리고 양을 절반으로 줄이거나, 반대로 백분율을 절반으로 줄이고 양을 두 배로 하면 된다. 한쪽이 확대되고 다른 쪽이 같은 비율만큼 축소되면 2 대신 다른 수를 배율로 사용할 수 있다.

80의 5% = ?　　　　　80의 40% = ?

÷2　　×2　　×4　　÷4

40의 10% = 4　　320의 10% = 32

변화율 구하기

수량이 증가하거나 감소할 때 변화율을 계산해야 하는 경우가 있다. 변화율을 계산하는 것은 이익, 손실 또는 인구 변화와 같은 많은 실제 상황에서 유용하다.

핵심 요약

✓ 변화율 계산은 손익 계산과 같은 다양한 실제 상황에서 유용하다.

✓ $변화율 = \dfrac{증가량\ 또는\ 감소량}{원래\ 양} \times 100\%$

물고기 15마리

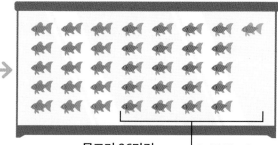

물고기 36마리

추가된 물고기 21마리

증가율 또는 감소율의 계산

수족관의 물고기 개체수가 15마리에서 36마리로 증가하였다. 변화율은 얼마일까? 이와 같은 질문에 답하기 위해 공식을 사용할 수 있다. 답에 백분율 기호 %를 포함하는 것을 잊지 말자.

$$변화율 = \frac{증가량\ 또는\ 감소량}{원래\ 양} \times 100\%$$

$$변화율 = \frac{21}{15} \times 100\%$$

$$= 140\%$$

🧾 수익률 및 손실률 구하기

문제

상인은 티셔츠를 10,000원에 구입하여 25,000원에 판매한다. 상인의 수익률을 구하시오.

풀이

수익률을 계산하려면 다음 공식을 활용한다.

$$변화율 = \frac{증가액\ 또는\ 감소액}{원래\ 금액} \times 100\%$$

$$= \frac{25000 - 10000}{10000} \times 100\%$$

$$= 150\%$$

상인은 150%의 이익을 얻는다.

백분율에 따른 증가와 감소

백분율은 가격이 오르거나 내릴 때와 같이 수량의 변화를 설명하기 위해 일상생활에서 많이 사용된다. 백분율에 따라 증가 또는 감소한 이후 변화된 값을 계산하려면 다음과 같은 방법을 사용한다.

> **핵심 요약**
>
> ✓ 원래 양에 백분율에 따른 증가량을 더하여 새로운 합계를 계산한다.
>
> ✓ 원래 양에 백분율에 따른 감소량을 빼서 새로운 합계를 계산한다.

백분율에 따른 증가

한 상자에 380 g씩 들어 있는 과자가 있다고 가정하자. 특별 행사로 용량이 25% 추가된 과자를 제공한다고 했을 때 변경된 무게는 얼마일까? 다음과 같은 두 단계로 답을 구할 수 있다.

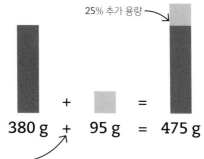

25% 추가 용량

1. 먼저 380 g의 25%를 계산한다. 백분율을 분모가 100인 분수로 쓰고 380을 곱한다.

$$\frac{25}{100} \times 380 \text{ g} = 95 \text{ g}$$

2. 다음으로 계산 결과를 원래 무게에 더한다.

$$380 \text{ g} + 95 \text{ g} = 475 \text{ g}$$

백분율에 따른 감소

상점에서는 12,000원짜리 티셔츠를 15% 할인하여 판매한다고 하자. 할인 후 가격은 얼마일까? 백분율에 따른 증가와 같은 방법을 사용하되, 더하는 대신 원래 금액에서 **빼주면** 된다.

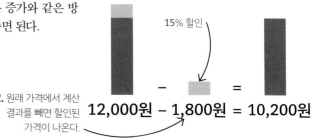

15% 할인

1. 백분율을 분모가 100인 분수로 쓰고 가격을 곱한다.

$$\frac{15}{100} \times 12,000원 = 1,800원$$

2. 원래 가격에서 계산 결과를 빼면 할인된 가격이 나온다.

$$12,000원 - 1,800원 = 10,200원$$

🔍 원스텝 방식

위에서 설명한 과정을 한 단계로 줄여 원스텝으로 백분율에 따른 증가와 감소를 계산할 수 있다. 이때는 백분율에 따른 증가 비율을 소수로 바꾸어 곱해줄 수로 만든 다음 계산하며, 계산기를 이용하면 편리하게 답을 찾을 수 있다.

예를 들어 25% 증가(100% + 25% = 125%)는 소수로 1.25와 같이 나타낼 수 있다. 답을 찾으려면 계산기로 가격에 1.25를 곱한다. 마찬가지로 15% 감소(100% − 15% = 85%)의 경우 0.85를 곱한다.

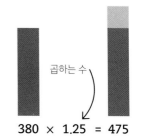

곱하는 수

$$380 \times 1.25 = 475$$

역백분율

5년 전보다 키가 20% 더 컸다면 2년 전의 키는 얼마였을까? 때로는 백분율에 따라 값이 변경되기 전의 원래 양을 찾기 위해 앞에서 했던 과정을 반대로 해야 하는 경우도 있다. 이러한 방법은 특히 돈과 관련된 계산에서 많이 사용된다.

핵심 요약

✓ 백분율을 역으로 계산할 때는 원래 양을 100%로 간주한다.

✓ 답을 구하려면 1%에 해당하는 양이 얼마인지 알아본다.

백분율에 따른 증가

주택의 가치는 시간이 지남에 따라 변하는 경향이 있다. 현재 3억 5,100만 원인 집의 가격이 지난 5년 동안 30% 상승했다면 5년 전 이 집의 가치는 얼마였을까?

1. 질문에 답하기 위해 원래 가격과 새 가격을 나타내는 2개의 막대를 그린다.

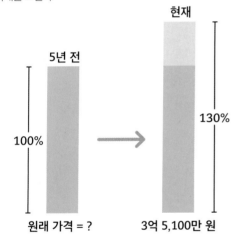

2. 막대는 3억 5,100만 원이 원래 가격의 130%임을 나타낸다. 이것을 사용하여 1%가 얼마인지 알아보자.

$$1\% = 351,000,000원 \div 130$$
$$= 2,700,000원$$

3. 5년 전 가격을 계산하려면 2,700,000원에 100을 곱한다.

$$100\% = 100 \times 2,700,000원$$
$$= 270,000,000원$$

5년 전 집값은 2억 7,000만 원이었다.

백분율에 따른 감소

백분율에 따른 감소에도 같은 방법을 적용할 수 있다. 예를 들어 2011년과 2021년 사이에 DVD 판매량이 75% 감소했다고 하자. 2021년에 DVD가 3,200만 개 팔렸다면 2011년에는 몇 개가 팔렸을까?

1. 원래 판매량과 새 판매량을 나타내는 2개의 막대를 그린다.

2. 막대는 3,200만 개가 2011년 매출의 25%임을 나타낸다. 이것을 사용하여 1%가 얼마인지 알아보자.

$$1\% = 32,000,000 \div 25$$
$$= 1,280,000$$

3. 1,280,000에 100을 곱하여 2011년에 판매된 DVD의 수량을 구한다.

$$100\% = 100 \times 1,280,000$$
$$= 128,000,000$$

2011년에는 1억 2,800만 개의 DVD가 판매되었다.

성장과 쇠퇴

음식값은 해마다 오르는 경향이 있지만, 자동차의 가치는 노후화될수록 감소하는 경향이 있다. 반복적인 증가 또는 감소 패턴을 성장 및 쇠퇴라고 한다. 수량이 매번 같은 비율로 변화하는 경우 백분율과 지수를 사용하여 결과를 예측할 수 있다.

핵심 요약

✓ 반복적인 백분율 증가는 지수성장(기하급수적 성장)이라는 패턴을 생성한다.

✓ 쇠퇴는 감소가 반복되는 패턴이다.

✓ 일정한 비율에 따른 반복된 변화 결과를 계산하려면 초기 양에 변화율을 소수로 바꾼 배율의 거듭제곱을 곱한다.

$$N = N_0 \times (배율)^n$$

성장

어떤 영화 스트리밍 서비스가 첫해에 구독자 10,000명으로 시작해 다음 차트와 같이 매년 구독자 수가 전년도에 비해 15%씩 증가했다고 하자. 이 패턴은 지수 성장 곡선이라고 불리는 상승 곡선을 형성한다.

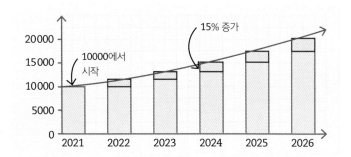

3년 후 구독자 수를 예측해 보자. 차트를 그리는 대신 공식을 사용할 수 있다. 공식을 사용하려면 증가율을 소수로 바꾸고 이를 곱하는 수(배율)로 사용한다. 예를 들어 15% 증가(100% + 15%)는 115%와 같으며, 소수로 나타내면 1.15이다.

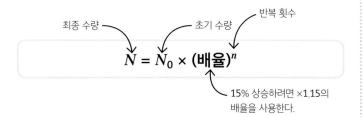

3년 후 구독자 수 = $10{,}000 \times (1.15)^3$
= $10{,}000 \times 1.520875$
= $15{,}200$ (100의 자리에서 반올림)

쇠퇴

반복되는 감소 패턴에 백분율의 지수를 사용할 수도 있다. 우리는 이것을 쇠퇴 또는 감가상각이라고 부른다.

문제

새 차의 가격은 900만 원이다. 그 가치가 매년 20%씩 하락한다고 하자. 2년 후 이 자동차의 가치를 10만 단위까지 나타내면 얼마가 될까?

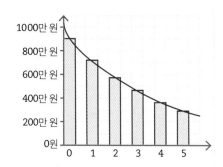

풀이

1. 백분율 변화를 곱하는 수(배율)로 바꾼다. 20% 하락의 경우 ×0.8의 배율을 사용한다.

2. 값들을 공식에 대입하여 답을 구한다.

자동차의 최종 가치 = $N_0 \times (배율)^n$
= $900 \times (0.8)^2$
= 900×0.64
= 576

자동차의 2년 후 가치를 10만 단위까지 나타내면 580만 원(1만 자리에서 반올림)이다.

복리 이자

은행에 돈을 저축하면 매년 이자를 받는다. 매년 받는 이자가 동일한 단리 이자와 달리 복리 이자는 매년 증가한다. 장기간에 걸쳐 복리를 받는 저축은 단리를 받는 저축보다 훨씬 더 많이 증가한다.

핵심 요약

✓ 복리 이자는 원금에 이미 받은 이자를 더해 계산한다.

✓ 이자율을 이용한 배율로 복리를 계산할 수 있다.

✓ 저축 및 대출에 대한 이자는 복리를 많이 사용한다.

복리와 단리

오른쪽 그래프는 저축 계좌의 10,000원이 10% 단리(보라색)를 받을 때와 10% 복리(주황색)를 받을 때 어떻게 변화하는지 비교한 것이다. 복리 이자는 1년에 한 번과 같이 일정한 간격으로 계산된다. 계산된 이자는 단리 이자와 달리 원래 금액의 이자율이 아니라 해당 시점의 계좌 총액의 이자율이다.(단리는 원금에 대한 이자만 반복하여 지급한다.) 결과적으로 계좌에 투자한 이자를 그대로 두면 매년 지급되는 이자가 늘어난다.

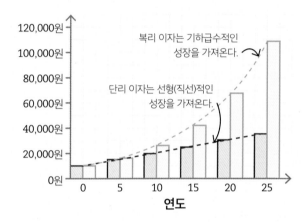

백분율을 이용한 배율 사용

복리로 인한 원리합계(원금과 이자의 합)를 계산할 때 성장에 대한 공식을 활용할 수 있다(61쪽 참조).

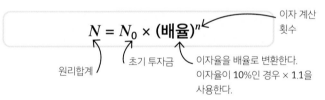

$$N = N_0 \times (배율)^n$$

이자 계산 횟수

원리합계   초기 투자금   이자율을 배율로 변환한다. 이자율이 10%인 경우 × 1.1을 사용한다.

25년 후 원리합계 = 10,000원 × $(1.1)^{25}$
= 108,347.06원

📋 **대출 이자**

은행에서 돈을 빌리면 대출금에 대한 이자를 지불해야 한다. 저축 이자와 마찬가지로 대출 이자는 복리로 계산한다. 따라서 돈을 빌린 사람이 정기적으로 은행에 상환하지 않으면 부채가 빨리 늘어날 수 있다.

문제

어떤 사람이 오토바이를 사고 싶었지만 저축한 돈이 없었다. 그는 연 18%의 복리 이자율로 은행에서 500만 원을 빌렸다. 만약 그가 3년 동안 돈을 전혀 갚지 않는다면 그의 총 부채는 얼마나 될까?

풀이

총 부채 = 500만 원 × $(1.18)^3$
= 821.516만 원

3년 후 총 부채는 821만 5,160원이다.

순환소수

유한소수는 0.5, 0.01, 0.00003과 같이 유한한 자릿수를 갖는 소수이다. 순환소수는 유한한 자릿수에서 끝나지 않고 어떤 숫자의 나열을 무한히 반복한다. 이때 반복되는 숫자의 한 부분을 순환마디라고 한다.

> ### 📌 핵심 요약
>
> ✓ 순환소수는 무한한 자릿수를 갖는다.
> ✓ 순환소수의 소수 부분은 무한히 반복되는 숫자의 배열을 포함한다.
> ✓ 순환소수의 반복되는 숫자 배열의 첫 번째와 마지막 번째 위에 점을 찍어 표시한다.

$\frac{1}{3}$의 소수 표현

$\frac{1}{3}$을 소수로 표현하면 0.3333…이다. 1을 3으로 나누어 이를 보일 수 있다. 1 ÷ 3의 계산 과정에서 특정한 소수점 이하부터 같은 나머지가 다음 자릿수로 넘어감을 알 수 있다. 이러한 결과는 계산기를 이용해서도 확인할 수 있다.

소수가 무한히 반복된다.

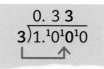

1. 1은 3으로 나누어지지 않으므로 소수점을 추가하고 1을 다음 자릿수로 옮긴다.

2. 10을 3으로 나누면 몫이 3이 되고 나머지는 1이 된다. 따라서 1을 다음 자릿수로 옮긴다.

3. 나누어떨어지지 않고 소수점 이하의 수가 계속 나오므로 이 과정은 무한히 반복된다.

4. 반복되는 숫자 위에 점을 찍어 $0.\dot{3}$과 같이 수를 표시한다. 여기서 순환마디는 3이다.

$\frac{1}{7}$의 소수 표현

모든 순환소수가 한 자리 수만을 반복하는 것은 아니다.

6자리(142857)가 반복되는 패턴이다.

순환소수를 쓸 때 반복되는 숫자의 첫 번째와 마지막 번째 위에 점을 찍는다. 여기서 순환마디는 142857이다.

$0.\dot{1}4285\dot{7}$

⚙ 소인수로 유한소수 판정하기

모든 유한소수는 기약분수로 나타냈을 때 분모가 소인수(25쪽 참조)를 2 또는 5만 갖는다. 기약분수의 분모에 2와 5 이외의 다른 소인수가 하나라도 있으면 그 수는 순환소수로 나타난다.

	유한소수			순환소수		
분수	$\frac{1}{5}$	$\frac{1}{25}$	$\frac{1}{200}$	$\frac{1}{6}$	$\frac{1}{9}$	$\frac{4}{11}$
소수	0.2	0.04	0.005	$0.1\dot{6}$	$0.\dot{1}$	$0.\dot{3}\dot{6}$

순환소수와 분수

순환소수는 무한히 길어서 전체를 다 쓸 수는 없지만 분수로
바꾸어 표현할 수 있다. 분수는 값을 정확하게 나타내는 또
다른 방법이다.

핵심 요약

✓ 순환소수를 분수로 변환할 수 있다.

✓ 분수는 순환소수 값을 정확하게 표현하는
   또 다른 방법이다.

✓ 순환소수의 분수 변환은 순환소수의
   반복되는 부분을 빼서 계산한다.

순환소수를 분수로 변환하기

순환소수를 분수로 변환하기 위해 문자를 사용한 형태로
식을 계산한다. 순환소수의 값은 문자로 둔다.

1. $0.\dot{5}6\dot{7}$을 분수로 바꾸기
위해 우선 $0.\dot{5}6\dot{7}$을 문자 d
로 둔다.

$$d = 0.\dot{5}6\dot{7}$$

2. 순환소수의 반복되는 숫자의
집합 중 첫 번째 순환마디가
소수점 왼쪽에 오도록 d에
10의 거듭제곱을 곱한다.

$$d = 0.\dot{5}6\dot{7}$$
$$1000d = 567.\dot{5}6\dot{7}$$

$0.\dot{5}6\dot{7}$이 3개의 순환마디를
갖기 때문에 d에 1000을
곱한다.

3. $1000d$에서 d를 빼서
$1000d$의 반복되는 부분을
제거한다. 그러면 567이
남고 이것은 $999d$와 같다.

$$1000d = 567.\dot{5}6\dot{7}$$
$$\underline{-d = 0.\dot{5}6\dot{7}}$$
$$999d = 567$$

4. 567을 999로 나누어
좌변에 d를 남긴다.
d는 이제 분수 $^{567}/_{999}$이며,
약분하면 $^{21}/_{37}$이다.

$$d = \frac{567}{999} = \frac{21}{37}$$

더 까다로운 순환소수의 변환

순환마디가 소수점 바로 뒤에 오지 않으면 접근 방식이
약간 다르다.

1. $0.1\dot{2}$를 분수로 변환하려면
우선 $0.1\dot{2} = d$로 둔다. 그런
다음 반복되지 않는 부분이
소수점 왼쪽에 올 때까지 10의
거듭제곱을 곱한다.

$$d = 0.1\dot{2}$$
$$10d = 1.\dot{2}$$

d에 10을 곱하여
$10d$를 만든다.

2. 이제 $10d$에 10을 곱하여
d의 첫 번째 순환마디가
소수점의 왼쪽에 오도록
한다.

$$10d = 1.\dot{2}$$
$$100d = 12.\dot{2}$$

$10d$에 10을 곱하여 (또는
$d \times 100$) $100d$를 만든다.

3. $100d$에서 $10d$를 빼서
$100d$의 반복되는 부분을
제거한다. 그러면 우변에
11이 남고 이는 좌변의
$90d$와 같다.

$$100d = 12.\dot{2}$$
$$\underline{-10d = 1.\dot{2}}$$
$$90d = 11$$

4. 11을 90으로 나누어 좌변에
d를 남긴다. d는 이제 분수
$^{11}/_{90}$이다.

$$d = \frac{11}{90}$$

측정

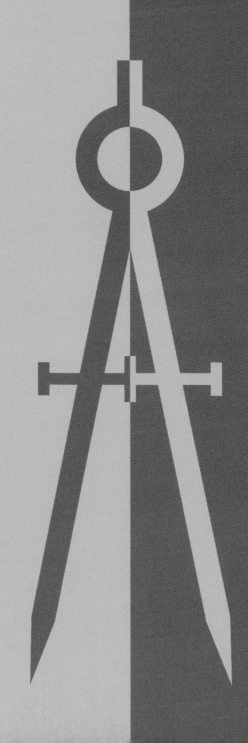

미터법 측정 단위 및 시간 단위

미터법은 길이, 질량, 용량을 측정하는 데 사용된다. 미터법의 모든 단위는 10, 100, 1000을 기반으로 하므로 계산이 간단해지는 경우가 많다.

핵심 요약

✓ 밀리미터, 센티미터, 미터, 킬로미터는 길이의 표준 미터법 단위이다.

✓ 밀리그램, 그램, 킬로그램 및 톤은 질량의 표준 미터법 단위이다.

✓ 밀리리터, 센티리터, 리터, 킬로리터는 용량의 표준 미터법 단위이다.

길이 단위

길이는 두 점 사이의 거리이다. 일반적으로 밀리미터(mm), 센티미터(cm), 미터(m), 킬로미터(km) 단위로 측정된다. 밀리미터는 작은 것을 측정하는 데 유용하고, 킬로미터는 먼 거리를 측정하는 데 유용하다.

10 밀리미터(mm) = 1 센티미터(cm)

100 센티미터(cm) = 1 미터(m)

1000 미터(m) = 1 킬로미터(km)

질량 단위

질량은 물체에 들어 있는 물질의 양이다. 밀리그램(mg), 그램(g), 킬로그램(kg), 메트릭 톤(t) 단위로 측정할 수 있다. 가벼운 것은 밀리그램 단위로 측정하고, 무거운 것은 톤 단위로 측정한다.

1000 밀리그램(mg) = 1 그램(g)

1000 그램(g) = 1 킬로그램(kg)

1000 킬로그램(kg) = 1 톤(t)

용량 단위

용량은 용기 내의 공간의 양이다. 밀리리터(ml), 센티리터(cl), 리터(l), 킬로리터(kl) 단위로 측정할 수 있다. 밀리리터는 작은 용량을 측정하는 데 사용하며, 킬로리터는 큰 용량을 측정하는 데 사용한다.

1000 밀리리터(ml) = 1 리터(l)

100 센티리터(cl) = 1 리터(l)

1000 리터(l) = 1 킬로리터(kl)

🔍 시간 단위

미터법 단위와 달리 시간 단위는 10을 기반으로 하지 않으므로 미터법 단위가 아니다. 하루와 한 해를 분할하는 방법은 고대부터 확립되었으며, 일반적으로 숫자 60과 12를 기준으로 한다.

60 초 = 1 분

60 분 = 1 시간

24 시간 = 1 일

7 일 = 1 주

12 개월 = 1 년

영국식 측정 단위

미국과 같은 일부 국가에서는 일반적으로 영국식 단위라는 단위를 사용한다. 미터법과 달리 이 단위는 10을 기준으로 하지 않는다.

📌 핵심 요약

✓ 인치, 피트, 야드, 마일은 길이의 표준 영국식 측정법 단위이다.

✓ 온스, 파운드, 스톤, 헌드레드웨이트, 톤은 질량의 표준 영국식 측정법 단위이다.

✓ 액량 온스, 컵, 파인트, 쿼트, 갤런은 용량의 표준 영국식 측정법 단위이다.

길이 단위

길이는 두 점 사이의 거리이다. 인치(in), 피트(ft), 야드(yd), 마일(mile) 단위로 측정할 수 있다. 짧은 길이는 인치 단위로 측정하고, 긴 길이는 마일 단위로 측정한다.

12 인치(in) = 1 피트(ft)

3 피트(ft) = 1 야드(yd)

1760 야드(yd) = 1 마일(mile)

질량 단위

질량은 물체에 들어 있는 물질의 양이다. 온스(oz), 파운드(lb), 스톤(stone), 헌드레드웨이트(cwt), 톤(t) 단위로 측정할 수 있다. 가벼운 것은 온스 단위로 측정하고, 무거운 것은 톤 단위로 측정한다. (※ 메트릭 톤은 tonne, 영국식 톤은 ton 으로 쓴다.)

16 온스(oz) = 1 파운드(lb)

14 파운드(lb) = 1 스톤(stone)

112 파운드(lb) = 1 헌드레드웨이트(cwt)

2240 파운드(lb) = 1 톤(ton)

20 헌드레드웨이트(cwt) = 1 톤(ton)

용량 단위

용량은 용기 내의 공간의 양이다. 액량 온스(fl oz), 컵(cup), 파인트(pt), 쿼트(qt), 갤런(gal)으로 측정할 수 있다. 작은 용량은 액량 온스로 측정하고, 큰 용량은 갤런으로 측정한다.

8 액량 온스(fl oz) = 1 컵(cup)

20 액량 온스(fl oz) = 1 파인트(pt)

2 파인트(pt) = 1 쿼트(qt)

8 파인트(pt) = 1 갤런(gal)

4 쿼트(qt) = 1 갤런(gal)

🔍 신체를 이용한 측정

고대부터 다양한 측정 단위가 사용되었다. 길이의 일부 단위는 신체 일부분을 기반으로 만들어졌다.

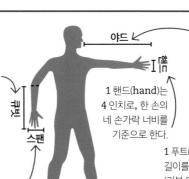

1 큐빗(cubit)은 18 인치이며, 팔꿈치부터 가운뎃손가락 끝까지의 팔 길이를 기준으로 한다.

1 야드(yard)는 코끝부터 가운뎃손가락 끝까지의 거리를 기준으로 한다.

1 핸드(hand)는 4 인치로, 한 손의 네 손가락 너비를 기준으로 한다.

1 스팬(span)은 9 인치이며, 펼친 손의 엄지손가락 끝에서 새끼손가락 끝까지의 거리를 기준으로 한다.

1 푸트(foot)는 발의 길이를 기준으로 한다. (기본 단위인 1 푸트 이외의 수에서는 복수형인 피트(feet)를 쓴다.)

야드

큐빗

스팬

푸트

측정 단위의 변환

측정값을 구할 때 어떤 단위를 다른 단위로 바꾸어야 하는 경우가 있다. 한 단위에서 다른 단위로 변환하려면 환산계수라는 수를 곱하거나 나누어 준다.

핵심 요약

✓ 측정에서 두 단위 사이를 변환하려면 해당 단위의 환산계수를 곱하거나 나눈다.

✓ 미터법과 영국식 단위 사이의 변환은 단위 변환 표를 사용할 수 있다.

환산계수

환산계수는 한 단위에서 다른 단위로 변경하기 위해 측정값에 곱하거나 나누어야 하는 수이다. 예를 들어 1 m는 100 cm이므로 두 단위 간 변환을 위한 환산계수는 100이다. 66쪽의 표를 사용하면 한 미터법 단위에서 다른 미터법 단위로 변환할 수 있다. 또한 67쪽의 표를 사용하면 한 영국식 측정법 단위에서 다른 영국식 측정법 단위로 변환할 수 있다.

이 코끼리의 무게는 2600 kg이다. 이 측정값을 미터법의 톤으로 변환하려면 1 t이 1000 kg이므로 측정값을 1000으로 나눈다.
2600 ÷ 1000 = 2.6 t

이 생쥐의 길이는 4.3 cm이다. 이 측정값을 밀리미터로 변환하려면 1 cm는 10 mm이므로 환산계수 10을 곱한다:
4.3 × 10 = 43 mm

미터법-영국식 단위 변환

미터법 단위에서 영국식 단위로 또는 그 반대로 측정값을 변환해야 하는 경우도 있다. 이를 위해 오른쪽과 같은 대략적인 미터법-영국식 단위 변환 표를 사용한다.

미터법	영국식 단위
2.5 센티미터(cm)	1 인치(in)
30 센티미터(cm)	1 피트(ft)
1 미터(m)	1 $\frac{1}{10}$ 야드(yd)
1.6 킬로미터(km)	1 마일(mile)
8 킬로미터(km)	5 마일(mile)
1 킬로그램(kg)	2 $\frac{1}{4}$ 파운드(lb)
1 메트릭 톤(t)	1 영국식 톤(t)
1 리터(l)	1 $\frac{3}{4}$ 파인트(pt)
4.5 리터(l)	1 갤런(gal)

넓이와 부피의
단위 변환

넓이와 부피를 포함한 측정 단위를 변환하려면 넓이와 부피가 2차원 또는 3차원의 측정값을 나타낸다는 점을 기억해야 한다. 먼저 각 차원을 개별적으로 구분하는 것이 도움이 된다.

핵심 요약

✓ 넓이와 부피의 측정은 각각 2차원과 3차원의 측정을 나타낸다.

✓ 넓이나 부피 단위를 변환하려면 각 차원을 개별적으로 변환한 다음 다시 곱해준다.

넓이 단위의 변환

도형의 넓이 단위를 변환하려면 각 차원의 치수를 개별적으로 변환한 다음 해당 도형의 넓이 공식을 사용하여 곱하는 것이 좋다.

주의: 1 cm^2는 10 mm^2와 다르고, 1 m^2는 100 cm^2와 다르다.

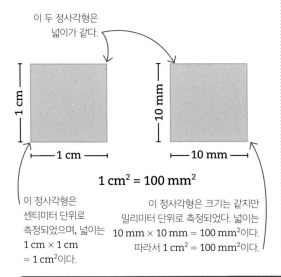

이 두 정사각형은 넓이가 같다.

$$1 \text{ cm}^2 = 100 \text{ mm}^2$$

이 정사각형은 센티미터 단위로 측정되었으며, 넓이는 $1 \text{ cm} \times 1 \text{ cm} = 1 \text{ cm}^2$이다.

이 정사각형은 크기는 같지만 밀리미터 단위로 측정되었다. 넓이는 $10 \text{ mm} \times 10 \text{ mm} = 100 \text{ mm}^2$이다. 따라서 $1 \text{ cm}^2 = 100 \text{ mm}^2$이다.

부피 단위의 변환

도형의 부피 단위를 변환하려면 각 차원의 치수를 개별적으로 변환한 다음 해당 도형의 부피 공식을 사용하여 곱하는 것이 좋다.

주의: 1 cm^3는 10 mm^3와 다르고, 1 m^3는 100 cm^3와 다르다.

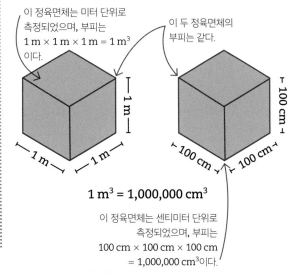

이 정육면체는 미터 단위로 측정되었으며, 부피는 $1 \text{ m} \times 1 \text{ m} \times 1 \text{ m} = 1 \text{ m}^3$이다.

이 두 정육면체의 부피는 같다.

$$1 \text{ m}^3 = 1{,}000{,}000 \text{ cm}^3$$

이 정육면체는 센티미터 단위로 측정되었으며, 부피는 $100 \text{ cm} \times 100 \text{ cm} \times 100 \text{ cm} = 1{,}000{,}000 \text{ cm}^3$이다.

상자의 부피

문제
이 상자는 가로가 8 cm, 세로가 7 cm, 높이가 4 cm이다. 입방밀리미터 단위로 했을 때 부피는 얼마일까?

풀이
1. 각 변의 길이를 밀리미터로 변환한다.
$$8 \times 10 = 80 \text{ mm}$$
$$7 \times 10 = 70 \text{ mm}$$
$$4 \times 10 = 40 \text{ mm}$$
1 cm는 10 mm이므로 각 변의 길이에 10을 곱한다.

2. 입방밀리미터 단위의 부피를 구하기 위해 세 길이를 곱한다.
$$80 \times 70 \times 40 = 224{,}000 \text{ mm}^3$$

복합 측정 단위

복합 측정 단위는 2개 이상의 서로 다른 단위를 결합한 것이다. 속력, 압력, 밀도는 모두 복합적인 측정값이다.

핵심 요약

✓ 속력은 단위 시간 동안 이동한 거리이다. 일반적으로 km/h 또는 m/s 단위로 측정한다.

✓ 압력은 단위 표면적에 가해지는 힘이다. 이는 N/m^2 또는 파스칼(Pa) 단위로 측정한다.

✓ 밀도는 단위 부피에 들어 있는 질량이다. 일반적으로 kg/m^3 또는 g/cm^3 단위로 측정한다.

삼각형을 이용한 공식

$A = {}^B\!/\!_C$ 형식과 같은 공식의 경우 삼각형을 이용하여 공식을 나타내면 세 변수 A, B, C 사이의 관계를 파악하는 데 도움이 된다. 나누어지는 수(이 경우 B)가 맨 위에 표시되고, 아래에는 다른 두 변수 A와 C를 써서 삼각형 모양으로 나타낸다. 삼각형에 있는 각 변수의 위치는 해당 변수를 다른 변수로 나눌지 아니면 곱할지를 알려준다.

이 선은 선 위의 값을 선 아래의 값으로 나누라는 의미이다.

$B = A \times C$

$A = \dfrac{B}{C}$

$C = \dfrac{B}{A}$

이 선은 선 양쪽의 값을 곱하라는 의미이다.

속력의 단위

속력은 특정 시간 동안 이동한 거리를 측정한 것이다. 물체의 평균 속력은 이동한 총 거리를 소요된 전체 시간으로 나누어 계산한다. 결과는 시간당 킬로미터(km/h) 또는 초당 미터(m/s)와 같은 시간당 거리 단위로 표시한다.

이것은 속력에 대한 공식을 삼각형으로 나타낸 것이다.

거리 = 속력 × 시간

속력 = $\dfrac{거리}{시간}$

시간 = $\dfrac{거리}{속력}$

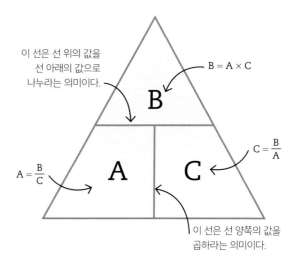

$$속력 = \dfrac{거리}{시간}$$

압력의 단위

압력은 특정 표면적에 가해지는 힘이다. 이는 전체 힘(뉴턴 단위)을 전체 표면적으로 나누어 구한다. 압력은 N/m^2 또는 파스칼(Pa) 단위로 표시한다.

$$압력 = \frac{힘}{면적}$$

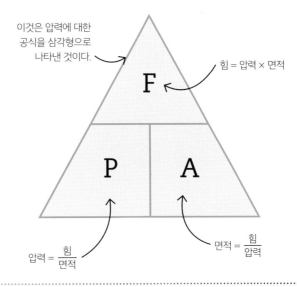

이것은 압력에 대한 공식을 삼각형으로 나타낸 것이다.

힘 = 압력 × 면적

$$압력 = \frac{힘}{면적}$$

$$면적 = \frac{힘}{압력}$$

밀도의 단위

밀도는 특정 부피에 대해 어떤 물질이 얼마나 무거운지를 측정한 것이다. 이는 총 질량을 총 부피로 나누어 계산한다. 결과는 세제곱미터당 킬로그램(kg/m^3) 또는 세제곱센티미터당 그램(g/cm^3)과 같은 부피당 질량 단위로 표시한다.

$$밀도 = \frac{질량}{부피}$$

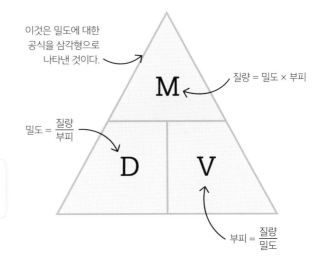

이것은 밀도에 대한 공식을 삼각형으로 나타낸 것이다.

질량 = 밀도 × 부피

$$밀도 = \frac{질량}{부피}$$

$$부피 = \frac{질량}{밀도}$$

🔍 인구 밀도

한 장소가 얼마나 혼잡한지 파악하기 위해 인구 밀도를 계산할 수 있다. 단위 부피당 물체의 질량을 나타내는 밀도와 달리 인구 밀도는 특정 지역에 사는 사람의 수를 나타낸다. 뉴욕시는 미국에서 인구 밀도가 매우 높은 곳 중 하나이며, 784 km^2의 면적에 약 840만 명이 밀집되어 살고 있다. 도시의 인구 밀도를 계산하기 위해 인구를 면적으로 나누면 인구 밀도는 km^2당 10,714명임을 알 수 있다.

연습문제
복합 단위의 계산

속력, 밀도, 압력에 대한 공식을 사용하기 위해 우리가 알고
있는 측정값을 해당 공식에 대입하고 결과를 계산한다.

함께 보기

70-71 복합 측정 단위
109 공식
110 공식의 재배열

속도 계산하기

문제
런던에서 뉴욕까지의 거리는
대략 5,600 km이며, 비행기로
7시간 정도 소요된다. 비행기의
평균 속력(km/h)은 얼마일까?

풀이
1. 답을 구하기 위해 속력 공식을 사용힐 수
있다.

2. 알려진 측정값을 공식에 대입하고 계산하여
답을 구한다.

$$속력 = \frac{거리}{시간}$$

$$속력 = \frac{5600}{7} = 800 \text{ km/h}$$

부피 계산하기

문제
순금 반지의 무게가 5 g이고 금의 밀도가 20 g/cm³라면, 반지의
부피는 cm³ 단위로 얼마일까?

풀이
1. 이 계산을 위해 밀도
공식을 사용할 수 있다.

$$밀도 = \frac{질량}{부피}$$

2. 밀도 대신 부피를
구하려면 공식을 다시
정리해야 한다.
삼각형으로 나타낸
밀도 공식을 사용하여
변수 사이의 관계를
떠올린다.

이 선은 나누기를
의미한다. 따라서
부피를 구하려면
질량을 밀도로
나누어 준다.

M
D V

3. 측정값을 공식에
대입하여 답을 구한다.

$$부피 = \frac{질량}{밀도}$$
$$= \frac{5}{20}$$
$$= 0.25 \text{ cm}^3$$

힘 계산하기

문제
바닥의 넓이가 0.1 m²인 책장에 지상에서 8,500 N/m²의 압력이
가해진다고 하자. 바닥에 작용하는 힘은 뉴턴 단위로 얼마일까?

풀이
1. 이 계산을 위해 압력
공식을 사용할 수 있다.

$$압력 = \frac{힘}{면적}$$

2. 수식을 재배열하는
방법을 알아내기
위해 삼각형으로
나타낸 밀도 공식을
사용할 수 있다.

이 선은 곱셈을
의미한다. 따라서
힘을 구하려면
압력과 면적을
곱한다.

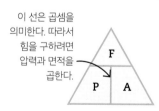

F
P A

3. 측정값을 공식에
대입하여 답을
구한다.

힘 = 압력 × 면적
= 8500 × 0.1
= 850 N

둘레와 넓이

모든 닫힌 2차원 도형은 가장자리가 직선인지 곡선인지에 관계없이 둘레와 넓이를 가진다. 둘레는 도형 외부를 둘러싼 거리이고, 넓이는 둘레 내부의 공간의 크기를 측정한 값이다.

핵심 요약

- ✓ 도형의 둘레는 변의 길이의 합이다.
- ✓ 넓이는 도형이 둘레 내부에 얼마나 많은 공간을 가지고 있는지를 측정한 값이다.
- ✓ 넓이는 제곱 단위로 측정한다.

둘레

도형의 둘레는 모든 변의 길이의 합으로 계산한다.
각 변의 길이는 한 번에 하나씩 측정하여 더해준다.

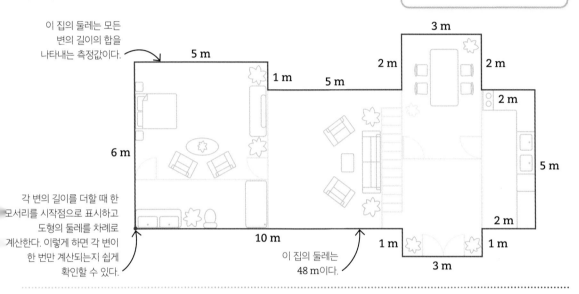

이 집의 둘레는 모든 변의 길이의 합을 나타내는 측정값이다.

각 변의 길이를 더할 때 한 모서리를 시작점으로 표시하고 도형의 둘레를 차례로 계산한다. 이렇게 하면 각 변이 한 번만 계산되는지 쉽게 확인할 수 있다.

이 집의 둘레는 48 m이다.

넓이

2차원 도형으로 둘러싸인 내부 공간의 크기를 넓이라고 한다. 넓이는 제곱 단위로 측정한다. 이 직사각형의 넓이는 단순히 직사각형을 차지하는 단위 정사각형의 수를 세어 구할 수 있지만, 이 방법은 시간이 많이 걸릴 수 있다. 이런 방법 대신에 알고 있는 길이를 이용하여 넓이를 구하는 공식을 사용하면 넓이를 훨씬 빠르게 구할 수 있다.

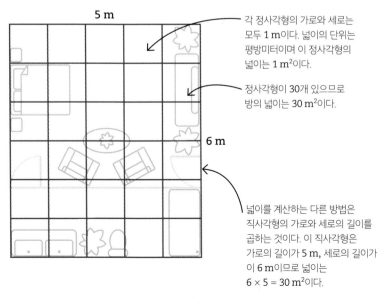

각 정사각형의 가로와 세로는 모두 1 m이다. 넓이의 단위는 평방미터이며 이 정사각형의 넓이는 $1 \, m^2$이다.

정사각형이 30개 있으므로 방의 넓이는 $30 \, m^2$이다.

넓이를 계산하는 다른 방법은 직사각형의 가로와 세로의 길이를 곱하는 것이다. 이 직사각형은 가로의 길이가 5 m, 세로의 길이가 6 m이므로 넓이는 $6 \times 5 = 30 \, m^2$이다.

넓이 공식

2차원 도형 내부의 정사각형 수를 세어 넓이를 찾는 방법은 시간이 오래 걸릴 수 있다. 대신 공식을 사용하여 간단한 다각형의 넓이를 빠르게 계산할 수 있다. 넓이 공식을 사용할 때는 도형의 측정값을 공식에 대입한다.

핵심 요약

✓ 간단한 다각형은 넓이를 구하는 공식이 있다.
✓ 공식을 사용할 때는 도형의 측정값을 대입하고 결과를 계산한다.

직사각형의 넓이

직사각형의 넓이는 가로의 길이(l)와 세로의 길이(w)를 곱하여 구한다.

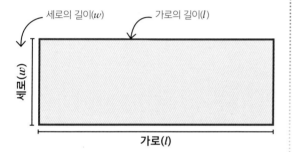

직사각형의 넓이 = $l \times w$

평행사변형의 넓이

평행사변형의 넓이는 밑변의 길이(b)에 수직 높이(h)를 곱하여 구한다.

수직 높이(h)는 밑변에서 밑변과 평행한 변까지의 수직 거리이다.

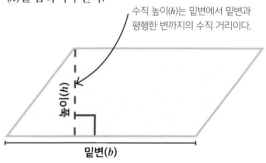

평행사변형의 넓이 = $b \times h$

삼각형의 넓이

삼각형의 넓이는 밑변의 길이(b)를 반으로 나누고 수직 높이(h)를 곱하여 구한다. 밑변은 삼각형의 어느 변이든 될 수 있다.

삼각형의 수직 높이(h)는 밑변에서 반대쪽 꼭짓점까지의 수직 거리이다.

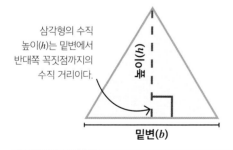

삼각형의 넓이 = $\frac{1}{2}b \times h$

사다리꼴의 넓이

사다리꼴의 넓이는 평행한 변의 평균 길이에 수직 높이(h)를 곱하여 구한다.

수직 높이(h)는 평행한 변 사이의 수직 거리이다.

사다리꼴을 2개의 삼각형과 직사각형으로 나누어 각 부분의 넓이를 구하는 방법으로 사다리꼴의 넓이를 구할 수도 있다.

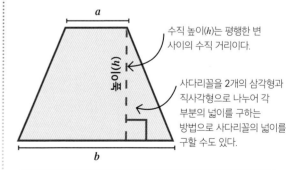

사다리꼴의 넓이 = $\frac{1}{2}(a + b) \times h$

넓이 공식의 이해

도형의 모양을 변형해 보면 삼각형과 평행사변형의 넓이를 구하는 공식이 성립하는 방식과 이유를 알 수 있다.

핵심 요약

✓ 삼각형은 직사각형 또는 평행사변형의 절반이므로 넓이 공식은 직사각형 또는 평행사변형의 절반이다.

✓ 평행사변형을 재배열하여 직사각형을 만들 수 있으므로 두 도형의 넓이 공식은 같다.

삼각형

2개의 합동인 삼각형은 항상 직사각형 또는 평행사변형으로 재배열할 수 있다. 이는 삼각형의 넓이가 항상 직사각형 또는 평행사변형의 절반이라는 것을 의미한다. 따라서 삼각형의 넓이에 대한 공식은 직사각형 또는 평행사변형의 공식의 절반, 즉 $\frac{1}{2}b \times h$이다.

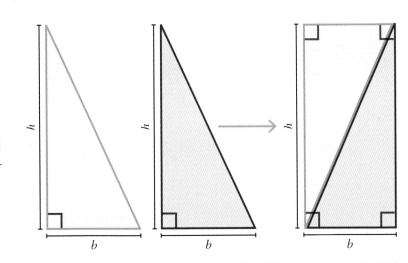

평행사변형

평행사변형은 직사각형과 2개의 삼각형으로 나눌 수 있다. 삼각형 하나를 다른 쪽으로 이동하면 직사각형 모양이 된다. 오른쪽 직사각형은 가로의 길이와 세로의 길이가 각각 평행사변형의 밑변의 길이와 수직 높이와 같아지므로 평행사변형의 넓이 공식 $b \times h$는 직사각형의 넓이 $l \times w$와 같다.

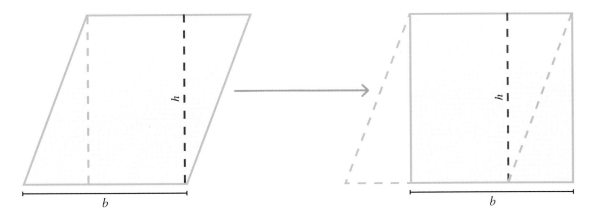

원의 둘레와 넓이

원의 둘레 혹은 둘레의 길이를 원주라고 한다. 원주는 원의 바깥 가장자리 주위의 거리로 생각할 수 있다. 원의 넓이는 원주 내부의 공간의 크기이다. '파이(π)'라고 불리는 특별한 수 π를 포함한 공식으로 원주와 원의 넓이를 계산한다.

> **핵심 요약**
>
> ✓ π는 대략 3.14이다.
> ✓ 원의 둘레를 구하는 공식은 다음과 같다.
> $$원주 = \pi d$$
> $$원주 = 2\pi r$$
> ✓ 원의 넓이를 구하는 공식은 다음과 같다.
> $$원의\ 넓이 = \pi r^2$$

특별한 수 파이(π)

모든 원에서 원주와 지름의 관계는 항상 일정하다. 원의 둘레의 길이인 원주는 항상 지름의 약 3.14배이다. 원의 지름과 원주 사이의 비율인 이 수를 파이(π)라고 한다. π는 원과 관련된 많은 수식에 사용된다.

$$\pi = 3.14$$

π의 소수점 이하 숫자는 무한히 계속되지만 일반적으로 소수 둘째 자리로 반올림하여 사용한다.

원의 둘레(원주) 계산

원주를 구하는 공식에는 π와 지름(원 위의 한 점에서 중심점을 지나 원 위의 다른 점까지의 거리)을 사용하거나, π와 반지름(원의 중심에서 원 위의 한 점까지의 거리)을 사용하는 두 가지가 있다.

이것은 지름이 주어졌을 때 사용하는 공식이다.

$$원주(C) = \pi d$$
$$원주(C) = 2\pi r$$

이것은 반지름이 주어졌을 때 사용하는 공식이다.

반지름은 지름의 절반이므로 공식에는 반지름에 2를 곱하는 것이 포함된다.

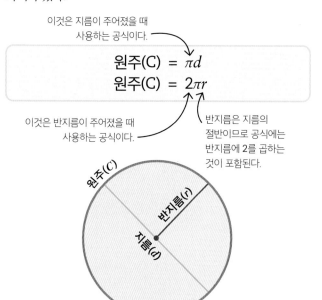

원의 넓이 계산

원의 넓이는 제곱 단위로 나타난다. 반지름의 길이와 π를 포함하는 간단한 공식을 사용하여 원의 넓이를 구할 수 있다.

$$원의\ 넓이 = \pi r^2$$

넓이를 계산하려면 반지름을 알아야 한다.

호의 길이와 부채꼴의 넓이

호는 원주의 일부이고, 부채꼴은 피자 조각과 같이 원의 일부를 잘라낸 모양의 도형이다. 간단한 공식을 사용하여 호의 길이와 부채꼴의 넓이를 계산할 수 있다.

핵심 요약

✓ 호의 길이를 구하는 공식은 다음과 같다.

$$호의 길이 = \frac{중심각의 크기}{360°} \times 원주$$

✓ 부채꼴의 넓이를 구하는 공식은 다음과 같다.

$$부채꼴의 넓이 = \frac{중심각의 크기}{360°} \times 원의 넓이$$

호의 길이 구하기

원의 중심에서 호에 대한 각도, 즉 호의 중심각과 원주 전체의 길이를 사용하여 호의 길이를 구할 수 있다.

$$호의 길이 = \frac{중심각의 크기}{360°} \times 원주$$

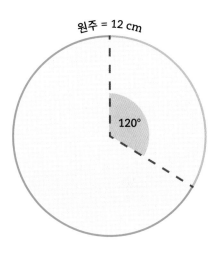

원주 = 12 cm

120°

원주와 중심각의 크기를 공식에 대입하면 호의 길이를 구할 수 있다.

$$\frac{120°}{360°} \times 12 = 4 \text{ cm}$$

부채꼴의 넓이 구하기

부채꼴은 2개의 반지름과 하나의 호로 구성된다. 원의 넓이와 중심각의 크기를 알면 부채꼴의 넓이를 계산할 수 있다.

$$부채꼴의 넓이 = \frac{중심각의 크기}{360°} \times 원의 넓이$$

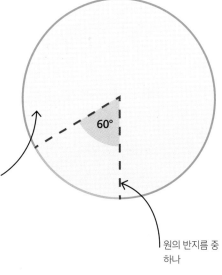

60°

이 원의 넓이는 24 cm²이다.

원의 반지름 중 하나

알고 있는 값들을 대입하면 부채꼴의 넓이가 나온다.

$$\frac{60°}{360°} \times 24 = 4 \text{ cm}^2$$

연습문제
복합 2차원 도형

복합 도형은 직사각형이나 삼각형과 같은 2개 이상의 단순한 도형으로 구성된 도형이다. 복합 도형의 전체 넓이를 계산하려면 이를 구성하는 단순한 도형들을 식별하고 각각의 넓이를 구해야 한다.

함께 보기

74 넓이 공식
76 원의 둘레와 넓이

문제

다음 복합 도형의 넓이는 얼마일까? cm^2 단위로 소수 둘째 자리까지 구하시오.

풀이

1. 도형의 이 부분은 직사각형이므로 직사각형의 넓이 공식을 사용하여 넓이를 구할 수 있다.

직사각형의 넓이 = 가로 × 세로
$$= 5 \times 3$$
$$= 15\ cm^2$$

5. 직사각형, 정사각형, 삼각형의 넓이를 더하고 원의 넓이를 빼서 복합 도형의 전체 넓이를 구한다.

전체 넓이 $= 15 + 64 + 18 - 2.25\pi$
$$= 89.93\ cm^2$$

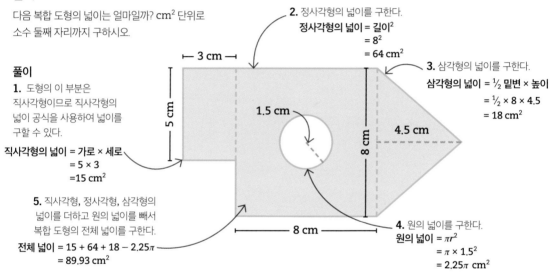

2. 정사각형의 넓이를 구한다.
정사각형의 넓이 = 길이^2
$$= 8^2$$
$$= 64\ cm^2$$

3. 삼각형의 넓이를 구한다.
삼각형의 넓이 = ½ 밑변 × 높이
$$= ½ \times 8 \times 4.5$$
$$= 18\ cm^2$$

4. 원의 넓이를 구한다.
원의 넓이 = πr^2
$$= \pi \times 1.5^2$$
$$= 2.25\pi\ cm^2$$

문제

다음과 같은 도넛 모양의 2차원 도형을 고리라고 한다. 이 도형의 넓이를 구하기 위해 안쪽 원(구멍)과 바깥쪽 원의 반지름을 사용할 수 있다. 이때 고리의 넓이는 얼마일까? cm^2 단위로 소수 둘째 자리까지 구하시오.

풀이

1. 먼저 바깥쪽 원의 넓이를 계산한다.

넓이 $= \pi r^2$
$$= \pi \times 5^2$$
$$= 25\pi\ cm^2$$

2. 이어 작은 원(구멍)의 넓이를 계산한다.

넓이 $= \pi r^2$
$$= \pi \times 2^2$$
$$= 4\pi\ cm^2$$

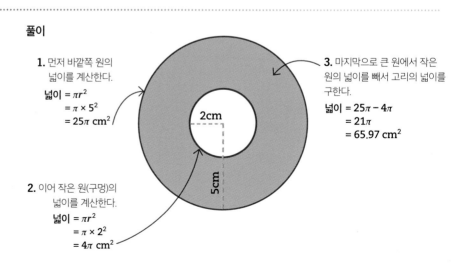

3. 마지막으로 큰 원에서 작은 원의 넓이를 빼서 고리의 넓이를 구한다.

넓이 $= 25\pi - 4\pi$
$$= 21\pi$$
$$= 65.97\ cm^2$$

3차원 도형

3차원(3-D) 도형은 길이, 너비, 높이를 갖는다. 3차원 도형을 흔히 입체라고 한다. 닫혀 있고 모든 면이 평면이며 모든 모서리가 직선인 입체를 다면체라고 한다.

입체의 종류

3차원 도형의 종류는 무한히 많다. 그것들은 가지고 있는 면, 모서리, 꼭짓점의 수가 서로 다르다. 면은 3차원 도형의 표면이다. 두 면이 만나는 곳에 모서리가 만들어지고, 3개 이상의 모서리가 만나는 곳에서 꼭짓점이 만들어진다.

핵심 요약

- ✓ 모든 3차원 도형에는 길이, 너비, 높이가 있다.
- ✓ 기둥은 양쪽 끝이 합동인 면을 가지고 도형 전체에 걸쳐 동일한 단면을 갖는 3차원 도형이다.
- ✓ 평면과 직선 모서리를 가진 닫힌 3차원 도형을 다면체라고 한다.
- ✓ 원뿔처럼 곡면이 있는 닫힌 입체는 다면체가 아니다.

기둥은 양쪽 끝이 합동인 면을 가지고 도형 전체에 걸쳐 동일한 단면을 갖는 입체이다.

모서리

직육면체
6개의 직사각형 면으로 구성된 각기둥을 직육면체라 한다. 정육면체는 모든 모서리의 길이가 같은 직육면체의 특수한 형태이다.

면

원기둥
양쪽 끝이 원이고 옆면이 하나의 곡면으로 구성된 기둥 모양의 도형을 원기둥이라 한다.

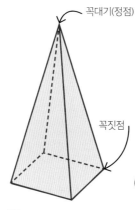

꼭대기(정점)

꼭짓점

각뿔
모든 옆면이 하나의 꼭짓점(정점)에서 만나고 밑면과 연결된 삼각형으로 구성된 도형을 각뿔이라고 한다. 모든 다각형이 각뿔의 밑면이 될 수 있다.

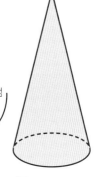

원뿔
원형 밑면과 한 꼭짓점(정점)으로 올라가는 곡면을 옆면으로 가진 도형을 원뿔이라고 한다. 원뿔은 각뿔과 유사한 모양이다.

곡면이 있는 입체는 다면체가 아니다.

구
표면이 하나만 있는 둥근 입체이다. 표면의 모든 점은 구의 중심점으로부터 같은 거리에 있다.

🔍 플라톤 입체

그리스 철학자 플라톤의 이름을 따서 명명된 플라톤 다면체는 정다면체이다. 즉 합동인 정다각형을 면으로 가진 모양이다. 이러한 정다면체는 5종류뿐이다. 플라톤은 우주가 작은 플라톤 입체로 구성되어 있다고 믿었다.

정사면체
(4면)

정육면체
(6면)

정팔면체
(8면)

정십이면체
(12면)

정이십면체
(20면)

3차원 단면

단면은 직육면체나 각뿔과 같은 3차원 도형을 평면으로 절단하여 생성된 2차원 도형이다. 단면의 모양은 절단면의 각도에 따라 달라진다.

핵심 요약

✓ 단면은 3차원 입체를 평면으로 잘라 만든 2차원 도형이다.

✓ 절단하는 방향에 따라 절단면의 모양이 달라진다.

직육면체

직육면체는 직사각형 기둥이다. 이러한 각기둥 면에 대해 수직으로 자르면 직사각형 단면이 생성된다. 직육면체를 비스듬히 자르면 자르는 면의 수에 따라 평행사변형, 삼각형, 사다리꼴, 오각형, 육각형 모양의 단면을 얻을 수 있다.

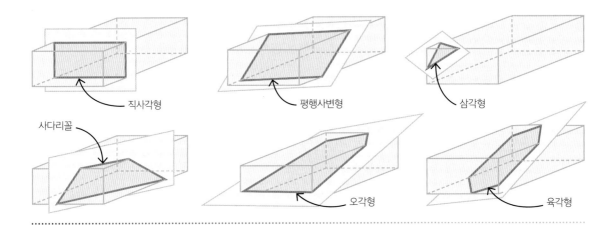

직사각형

평행사변형

삼각형

사다리꼴

오각형

육각형

직사각뿔

밑면이 직사각형인 각뿔을 직사각뿔이라 한다. 직사각뿔을 자르면 자르는 각도와 위치에 따라 다양한 모양을 만들 수 있다. 밑면에 평행한 평면으로 자르면 밑면과 닮았지만 크기가 더 작은 도형이 나온다. 위쪽의 꼭짓점(정점)을 통과하고 밑면에 수직인 평면으로 자르면 삼각형 모양의 단면이 나오지만, 다른 위치의 수직 단면은 사다리꼴이다.

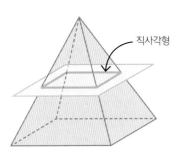

직사각형

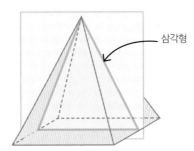

삼각형

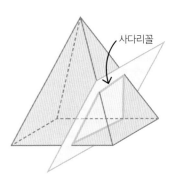

사다리꼴

평면도와 입면도

때로는 3차원 도형의 정확한 2차원 표현을 그리는 것이 유용할 수 있다. 이러한 도면 중에는 평면도와 입면도가 있다.

핵심 요약

✓ 평면도와 입면도는 3차원 도형을 2차원으로 표현한다.

✓ 평면도는 위에서 본 모습이다.

✓ 입면도는 정면과 측면에서 본 모습이다.

2차원 표현

3차원 도형은 등각투상도 용지(isometric paper)라고 불리는 특수한 그래프 용지에 그려서 모양을 이해할 수 있다. 그러나 이 방법으로는 도형의 각도, 모서리의 길이 그리고 겉넓이를 정확히 표현할 수 없다. 대신 평면도와 입면도를 그려서 모양을 위쪽, 측면, 정면에서 더 정확하게 볼 수 있다.

등각투상도 용지에 모양을 그려 3차원 도형을 나타낼 수 있다.

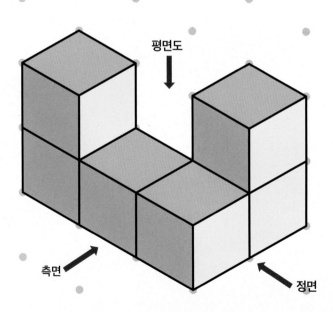

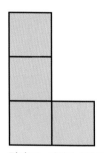

평면도는 위에서 수직으로 내려다본 모양을 보여준다.

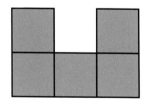

측면 입면도(측면도)는 옆에서 본 모양을 보여준다. 반대편에서 보면 거울 대칭 모양이 된다.

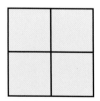

정면 입면도(정면도)는 정면에서 바라본 모양을 보여준다. 뒤에서 보면 거울 대칭 모양이 된다.

직육면체의 부피

3차원 도형의 부피는 표면 내부의 공간의 크기를 측정한 것이다. 모든 직육면체의 부피는 간단한 공식을 사용하여 계산할 수 있다.

직육면체

부피는 세제곱 단위로 측정한다. 직육면체를 구성하는 단위 정육면체의 수를 세어 직육면체의 부피를 알 수 있지만, 이 방법은 시간이 오래 걸릴 수 있다. 대신 가로, 세로, 높이를 곱하는 공식을 사용하면 편리하다.

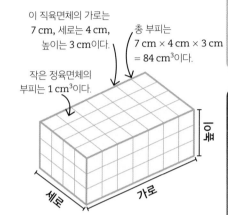

이 직육면체의 가로는 7 cm, 세로는 4 cm, 높이는 3 cm이다.

총 부피는 7 cm × 4 cm × 3 cm = 84 cm³이다.

작은 정육면체의 부피는 1 cm³이다.

높이

세로

가로

> 직육면체의 부피 = 가로 × 세로 × 높이

정육면체

정육면체는 6개의 정사각형 면을 가진 육면체이므로 정육면체의 모서리의 길이는 모두 같다. 정육면체의 부피를 구하려면 한 모서리의 길이에 자기 자신의 값을 두 번 곱한다. 즉 한 모서리의 길이를 세제곱한다.

모든 모서리의 길이가 같다.

모든 면이 합동인 정사각형이다.

작은 정육면체의 부피는 1 cm³이다.

총 부피는 3 cm × 3 cm × 3 cm = 27 cm³이다.

모서리의 길이

> 정육면체의 부피 = 길이 × 길이 × 길이
> = 길이³

핵심 요약

✓ 직육면체의 부피는 도형 내부의 공간의 크기이다.

✓ 직육면체의 부피를 구하는 공식은 다음과 같다.
직육면체의 부피 = 가로 × 세로 × 높이

✓ 정육면체의 부피를 구하는 공식은 다음과 같다.
정육면체의 부피 = (한 모서리의 길이)³

얼마나 들어갈까?

문제
어떤 트럭의 짐칸이 가로 6 m, 세로 3 m, 높이 4 m라고 하자. 한 모서리의 길이가 50 cm인 같은 크기의 정육면체 상자를 트럭에 몇 개나 실을 수 있을까?

풀이
1. 먼저 트럭의 부피를 계산한다.
$$6 \times 3 \times 4 = 72 \text{ m}^3$$

2. 다음으로 상자 하나의 부피를 구한다. 트럭에 사용되는 단위와 일치하도록 센티미터에서 미터로 단위를 바꾸는 것을 잊으면 안 된다.
$$50 \text{ cm} = 0.5 \text{ m}$$
$$0.5 \times 0.5 \times 0.5 = 0.125 \text{ m}^3$$

3. 마지막으로 트럭의 부피를 상자 하나의 부피로 나누어 트럭에 들어갈 상자 수를 구한다.
$$72 \div 0.125 = 576$$

트럭에는 576개의 상자를 실을 수 있다.

직육면체의 겉넓이

3차원 도형의 겉넓이는 각 면의 넓이의 합이다. 직육면체와 정육면체는 면이 6개인 입체도형으로 겉넓이를 계산하는 간단한 공식이 있다.

직육면체

직육면체에는 서로 합동인 세 쌍의 직사각형 면이 있다. 각 쌍의 면은 서로 평행하다. 이 쌍들은 직육면체의 6개의 면 중 각각 2개의 평행면을 형성한다. 각 면의 넓이는 가로 × 세로(ab), 세로 × 높이(bc), 가로 × 높이(ca)이다.

정육면체

정육면체의 6개의 면은 모두 합동이므로 넓이가 모두 같다. 한 면의 넓이는 모서리의 길이를 제곱하여 구할 수 있다. 따라서 정육면체의 겉넓이는 한 면 넓이의 6배이다.

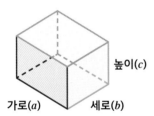

높이(c)

가로(a)　세로(b)

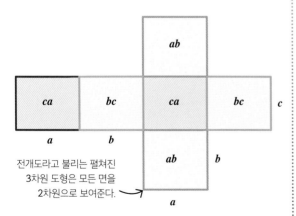

전개도라고 불리는 펼쳐진 3차원 도형은 모든 면을 2차원으로 보여준다.

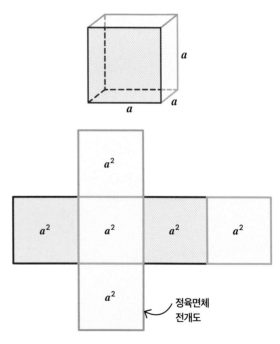

a

a　a

정육면체 전개도

직육면체의 겉넓이 $= 2(ab + bc + ca)$

정육면체의 겉넓이 $= 6a^2$

각기둥의 부피와 겉넓이

각기둥은 양쪽 끝에 밑면이라 부르는 합동인 면이 있는 3차원 도형이다. 이 면에 평행한 평면으로 각기둥을 절단하면 단면이 생성된다. 각기둥의 단면의 넓이(단면적)와 옆면의 길이 혹은 밑면의 넓이(밑넓이)와 각기둥의 높이를 알면 간단한 공식을 사용하여 부피와 겉넓이를 계산할 수 있다.

> 📌 **핵심 요약**
>
> ✓ 각기둥의 부피를 구하는 공식
> 각기둥의 부피 = 단면적 × 옆면의 길이
> = 밑넓이 × 높이
>
> ✓ 각기둥의 겉넓이를 구하는 공식
> 각기둥의 겉넓이
> = 각기둥의 모든 면의 넓이의 합

각기둥의 부피 계산

각기둥의 부피는 옆면의 길이에 단면적을 곱하여 계산한다. 오른쪽 삼각기둥의 부피를 구하려면 삼각형 면의 넓이를 구하고 옆면의 길이를 곱해야 한다.

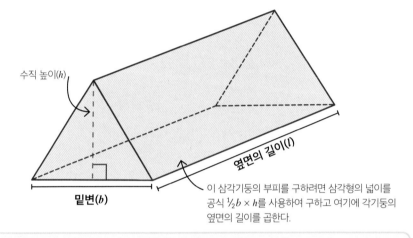

수직 높이(h)

옆면의 길이(l)

밑변(b)

이 삼각기둥의 부피를 구하려면 삼각형의 넓이를 공식 $\frac{1}{2}b \times h$를 사용하여 구하고 여기에 각기둥의 옆면의 길이를 곱한다.

> ### 각기둥의 부피 = 단면적 × 옆면의 길이

각기둥의 겉넓이 계산

각기둥의 겉넓이를 계산하려면 각기둥 각 면의 넓이를 더한다. 먼저 양 끝 면의 넓이를 구한 다음 옆면의 넓이를 각각 구한다. 그리고 모든 영역의 넓이를 더하여 겉넓이를 구한다. 이때 각기둥의 전개도를 사용하면 문제를 쉽게 해결할 수 있다.

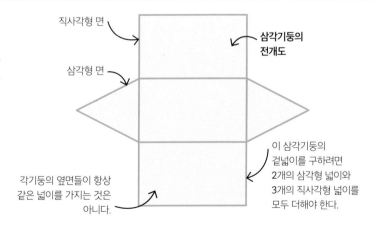

직사각형 면

삼각기둥의 전개도

삼각형 면

이 삼각기둥의 겉넓이를 구하려면 2개의 삼각형 넓이와 3개의 직사각형 넓이를 모두 더해야 한다.

각기둥의 옆면들이 항상 같은 넓이를 가지는 것은 아니다.

> ### 각기둥의 겉넓이 = 각기둥의 모든 면의 넓이의 합

원기둥의 부피와 겉넓이

원기둥의 표면은 2개의 평행한 원과 두 원을 연결한 곡면으로 이루어져 있다. 원기둥의 부피와 겉넓이는 각기둥의 부피와 겉넓이를 구할 때 사용한 것과 동일한 방법으로 계산한다.

핵심 요약

✓ 원기둥은 단면이 원인 기둥이다.

✓ 원기둥의 부피를 구하는 공식은 다음과 같다.

$$원기둥의\ 부피 = \pi r^2 h$$

✓ 원기둥의 겉넓이를 구하는 공식은 다음과 같다.

$$원기둥의\ 겉넓이 = 2\pi rh + 2\pi r^2$$

원기둥의 부피 계산

원기둥의 부피는 원형 단면적에 높이를 곱하여 계산한다. 원형 단면적은 다른 원과 동일하게 계산한다 (76쪽 참조).

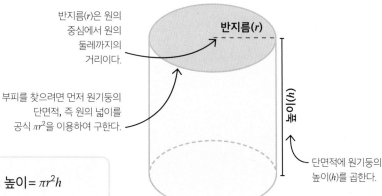

반지름(r)은 원의 중심에서 원의 둘레까지의 거리이다.

반지름(r)

높이(h)

부피를 찾으려면 먼저 원기둥의 단면적, 즉 원의 넓이를 공식 πr^2을 이용하여 구한다.

단면적에 원기둥의 높이(h)를 곱한다.

$$원기둥의\ 부피 = 단면적 \times 높이 = \pi r^2 h$$

원기둥의 겉넓이 계산

원기둥을 전개하면 곡면 형태의 옆면이 직사각형을 형성한다. 원기둥의 겉넓이는 단면적의 두 배에 이 직사각형의 넓이를 더하여 계산한다.

원기둥 전개도

원형 면

r

l

h

직사각형 모양의 옆면의 가로 길이(l)는 원형 밑면의 원주와 같으므로 $2\pi r$로 계산한다.

직사각형 면의 넓이는 가로와 세로의 길이를 곱하여 계산한다. 따라서 공식 $2\pi rh$를 사용한다.

직사각형 면

$$원기둥의\ 겉넓이 = 직사각형\ 면의\ 넓이 + (2 \times 원형\ 면의\ 넓이)$$
$$= 2\pi rh + 2\pi r^2$$

각뿔의 부피와 겉넓이

각뿔은 다각형 밑면과 꼭대기의 한 점(정점)이 삼각형 면으로 연결된 모양의 입체 도형이다. 삼각형 면의 수는 밑면의 변의 개수와 같다. 각뿔의 부피와 겉넓이에 대한 공식은 면의 수에 관계 없이 기본적으로 모두 동일하다.

각뿔의 부피 계산

각뿔의 부피는 밑면의 넓이에 수직 높이를 곱하고 그 결괏값에 $\frac{1}{3}$을 곱하여 계산한다. 이 공식은 밑면의 모양에 관계 없이 모든 각뿔에 적용된다.

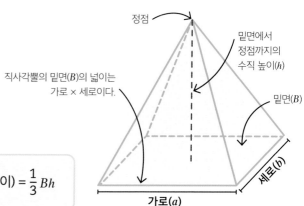

정점

밑면에서 정점까지의 수직 높이(h)

직사각뿔의 밑면(B)의 넓이는 가로 × 세로이다.

밑면(B)

세로(b)

가로(a)

$$각뿔의 부피 = \frac{1}{3} \times (밑면의 넓이) \times (수직 높이) = \frac{1}{3}Bh$$

각뿔의 겉넓이 계산

각뿔의 겉넓이를 구하려면 면의 모양에 따른 넓이 공식(74쪽 참조)을 사용하여 각 면의 넓이를 계산하고 그 결과를 합산한다.

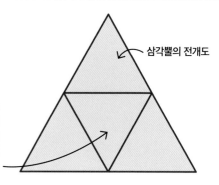

삼각뿔의 전개도

이 삼각뿔은 4개의 삼각형 면으로 이루어져 있다. 겉넓이를 구하기 위해 공식 $\frac{1}{2}bh$를 사용하여 각 면의 넓이를 계산한다. 여기서 b는 삼각형 밑변의 길이이고, h는 밑변으로부터의 높이이다.

각뿔의 겉넓이 = 각 면의 넓이의 합

원뿔의 부피와 겉넓이

원뿔은 원형 밑면과 밑면을 꼭짓점(정점)에 연결하는 곡면(옆면)을 가지고 있다. 공식을 사용하여 원뿔의 부피와 겉넓이를 계산할 수 있다.

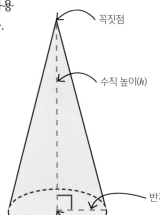

꼭짓점

수직 높이(h)

반지름(r)

밑면의 중심

> 📌 **핵심 요약**
>
> ✓ 원뿔의 부피를 구하는 공식은 다음과 같다.
>
>   원뿔의 부피 = ⅓ × $\pi r^2 h$
>
> ✓ 원뿔의 겉넓이를 구하는 공식은 다음과 같다.
>
>   원뿔의 겉넓이 = $\pi r^2 + \pi rs$

원뿔의 부피 계산

원뿔의 부피는 밑면의 넓이와 수직 높이를 알면 계산할 수 있다. 이 높이는 밑면의 중심에서 꼭짓점까지의 거리이다. 다른 원과 마찬가지로 원의 넓이 공식 πr^2을 사용하여 밑면의 넓이를 구할 수 있다.

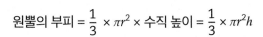

$$원뿔의\ 부피 = \frac{1}{3} \times \pi r^2 \times 수직\ 높이 = \frac{1}{3} \times \pi r^2 h$$

원뿔의 겉넓이 계산

원뿔의 전개도는 밑면에 해당하는 완전한 원과 옆면에 해당하는 더 큰 원의 일부인 부채꼴로 구성된다. 겉넓이를 구하기 위해 이 두 영역의 넓이를 더한다.

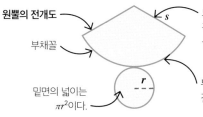

원뿔의 전개도

부채꼴

밑면의 넓이는 πr^2이다.

모선의 길이(s)는 꼭짓점에서 원형 밑면의 둘레까지의 거리이다.

부채꼴의 넓이는 πr에 모선의 길이를 곱하여 구한다.

$$원뿔의\ 겉넓이 = 밑면의\ 넓이 + 옆면의\ 넓이 = \pi r^2 + \pi rs$$

🔍 원뿔대

원뿔대는 밑면과 평행한 원뿔의 끝부분을 잘라내서 만든 3차원 도형이다. 원뿔대의 부피를 구할 때는 원뿔대를 완전한 원뿔로 가정하여 부피를 구하고 제거된 작은 원뿔의 부피를 빼주면 된다.

원뿔대의 부피 구하기

1. 원뿔대가 원뿔이라고 상상하고 그 부피를 계산한다.

2. 제거된 작은 원뿔의 부피를 구한다.

3. 큰 원뿔의 부피에서 작은 원뿔의 부피를 빼준다.

구의 부피와 겉넓이

구는 하나의 곡면으로 구성된 3차원 도형이다.
구의 표면의 모든 점은 구의 중심으로부터 같은
거리에 있다.

핵심 요약

✓ 구는 곡면으로 둘러싸인 3차원 도형이다.

✓ 구의 표면이 있는 모든 점과 구의 중심 사이의 거리는
  항상 일정하다.

✓ 구의 부피를 구하는 공식은 다음과 같다.

$$구의\ 부피 = \frac{4}{3}\pi r^3$$

✓ 구의 겉넓이를 구하는 공식은 다음과 같다.

$$구의\ 겉넓이 = 4\pi r^2$$

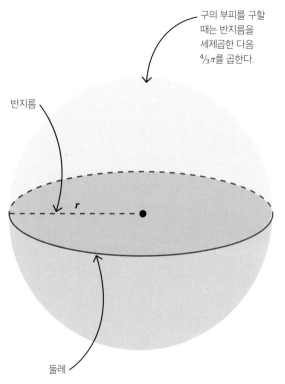

구의 부피를 구할
때는 반지름을
세제곱한 다음
$\frac{4}{3}\pi$를 곱한다.

반지름

r

둘레

구의 부피 계산

구의 부피는 구를 둘러싼 곡면의 내부 공간의 크기이다.
구의 부피는 원주와 지름의 비율인 π를 이용하여 계산
한다. 구의 부피를 찾는 데 필요한 측정값은 반지름 또
는 지름뿐이다.

$$구의\ 부피 = \frac{4}{3}\pi r^3$$

구의 겉넓이 계산

앞에서 소개한 3차원 도형과 달리 구는 펼치거나 전개
도를 그릴 수 없으므로 대신 공식을 사용하여 겉넓이를
계산한다. 구의 겉넓이는 같은 반지름을 갖는 원의 넓이
의 네 배이다.

$$구의\ 겉넓이 = 4\pi r^2$$

📐 지구본의 겉넓이

문제

반지름이 3.5 cm이고 완전한 구인
지구본이 있다. 이 지구본의
겉넓이를 cm^2 단위로 소수 첫째
자리까지 구하면 얼마일까?

풀이

공식을 사용하여 지구본의 겉넓이를 계산한다.

$$
\begin{aligned}
구의\ 겉넓이 &= 4\pi r^2 \\
&= 4 \times \pi \times 3.5^2 \\
&= 153.9\ cm^2
\end{aligned}
$$

연습문제
복합 3차원 도형

2개 이상의 서로 다른 도형으로 이루어진 도형을 복합 도형이라고 한다. 3차원 복합 도형의 겉넓이나 부피는 각 구성 요소를 하나씩 계산하여 구할 수 있다.

함께 보기

82 직육면체의 부피
85 원기둥의 부피와 겉넓이
86 각뿔의 부피와 겉넓이
88 구의 부피와 겉넓이

문제

다음 복합 도형은 구의 절반인 반구와 원기둥으로 구성되어 있다. 도형 전체의 겉넓이는 얼마일까? cm^2 단위로 소수 둘째 자리까지 구하시오.

풀이

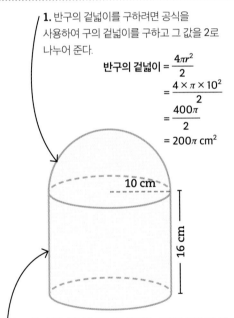

1. 반구의 겉넓이를 구하려면 공식을 사용하여 구의 겉넓이를 구하고 그 값을 2로 나누어 준다.

$$반구의\ 겉넓이 = \frac{4\pi r^2}{2}$$
$$= \frac{4 \times \pi \times 10^2}{2}$$
$$= \frac{400\pi}{2}$$
$$= 200\pi \ cm^2$$

10 cm

16 cm

2. 도형의 원기둥 부분의 겉넓이에는 2개의 밑면 중 하나만 포함되므로 공식을 사용하여 한 원의 넓이와 옆면을 펼친 직사각형의 넓이를 구하고 그것을 더하여 겉넓이를 구한다.

원기둥의 겉넓이 = $2\pi rh + \pi r^2$
$$= (2 \times \pi \times 10 \times 16) + (\pi \times 10^2)$$
$$= 320\pi + 100\pi = 420\pi \ cm^2$$

3. 각 부분의 계산 결과를 더하여 복합 도형의 전체 겉넓이를 구한다.

전체 겉넓이 = $200\pi + 420\pi = 1947.79 \ cm^2$

문제

다음 복합 도형은 직육면체와 사각뿔로 구성되어 있다. 도형의 전체 부피는 얼마일까? m^3 단위로 소수 둘째 자리까지 구하시오.

풀이

1. 각뿔의 부피 공식을 사용하여 도형의 윗부분인 사각뿔의 부피를 구한다.

사각뿔의 부피 = ⅓ × 밑면의 넓이 × 수직 높이
$$= ⅓ \times (6.7 \times 2.9) \times 2.8$$
$$= ⅓ \times 19.43 \times 2.8$$
$$= 18.135 \ m^3$$

2.8 m

2.9 m

2.9 m

6.7 m

2. 직육면체의 부피 공식을 사용하여 도형의 밑부분의 부피를 구한다.

직육면체의 부피 = 가로 × 세로 × 높이
$$= 6.7 \times 2.9 \times 2.9$$
$$= 56.347 \ m^3$$

3. 두 도형의 부피를 더해 복합 도형 전체의 부피를 구한다.

전체 부피 = 18,135 + 56,347 = 74.48 m^3

어림하기와 추정

측정값과 같은 수를 다룰 때는 항상 정확한 값이 필요한 것은 아니다. 계산을 쉽게 하고 간단한 결괏값을 구하기 위해 수를 어림하여 계산할 수 있으며, 대략적인 결과를 알기 위해 계산 결과를 추정할 수도 있다.

> 📌 **핵심 요약**
>
> ✓ 반올림할 때 어림하는 자릿수 간격의 중간점 이상에 있는 수는 올리고 중간점 아래에 있는 수는 버린다.
>
> ✓ 소수는 선택한 소수점 이하 자릿수에서 반올림할 수 있다.
>
> ✓ 주어진 수의 첫 번째 유효 숫자는 각 자릿수 중 0이 아닌 첫 번째 숫자이다.
>
> ✓ 추정은 대략적인 답을 구하는 것으로 계산 중에 수를 반올림하는 과정이 포함된다.

어림하기

측정값과 같은 수치를 보다 합리적이거나 유용한 수치로 조정해야 하는 경우도 있다. 수치를 대략적인 값으로 바꾸는 것을 어림한다고 한다. 어림하는 방법에는 반올림, 올림, 버림이 있다.

이 기호는 '대략 같음'을 의미한다.

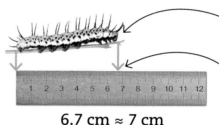

1. 이 애벌레의 길이는 6.7 cm 이다. 가장 가까운 정수는 cm 단위로 얼마일까?

2. 자를 보면 6.7은 6보다 7에 더 가깝기 때문에 애벌레의 길이는 cm 단위로 대략 7 cm라고 할 수 있다.

$$6.7 \text{ cm} \approx 7 \text{ cm}$$

반올림의 기준

반올림은 주어진 수를 근삿값을 구하는 자릿수의 가장 가까운 수로 어림한다. 반올림에서 수가 간격의 중간점 이상인 경우는 올림하고, 중간점 아래인 경우는 버림한다. 오른쪽 수직선은 30에서 40 사이의 수 중 일부가 10의 자리에서 가장 가까운 수로 반올림되는 방식을 보여준다.

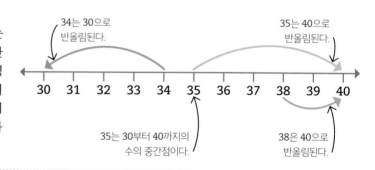

34는 30으로 반올림된다.

35는 40으로 반올림된다.

35는 30부터 40까지의 수의 중간점이다.

38은 40으로 반올림된다.

소수 자릿수

소수도 지정된 자릿수로 반올림될 수 있다. 어림할 자릿수를 선택한 후, 다음 자릿수의 숫자가 5 이상이면 올림하고, 4 이하이면 버림한다.

1. 지구에서 1년의 정확한 길이는 365.2421875일이다. 우리가 원하는 정확도에 따라 이 긴 숫자를 특정 소수 자릿수로 반올림할 수 있다.

365.2421875

2. 소수 넷째 자리로 반올림하려면 다음 자릿수인 소수 다섯째 자리를 본다. 소수 다섯째 자릿수가 8이므로 넷째 자리를 1에서 2로 올린다.

365.2422

3. 소수 둘째 자리로 반올림하려면 다음 자릿수인 소수 셋째 자리를 본다. 소수 셋째 자릿수가 2이므로 버린다. 즉 둘째 자리에 4를 그대로 둔다.

365.24

유효 숫자

반올림하는 일반적인 방법 중 하나는 '유효 숫자'를 사용하는 것이다. 이 방법은 특히 매우 크거나 매우 작은 수를 반올림할 때 많이 사용한다. 수를 원하는 개수의 유효 숫자로 반올림하려면 왼쪽에서 0이 아닌 첫 번째 숫자부터 시작해서 유효 숫자만큼 자릿수를 세고 유효 숫자의 마지막 자릿수의 다음 자릿수에서 반올림한다.

1. 이 수에는 유효 숫자가 6개 있다.

$$320\,014$$

2. 유효 숫자 5개로 반올림한 수이다.

$$320\,010$$

2와 1 사이의 0은 유효 숫자이다.　4 대신 0을 쓴다.

3. 유효 숫자 2개로 반올림한 수이다.

$$320\,000$$

3과 2는 유효 숫자이다. 다른 자리에 있던 숫자 대신 모두 0을 쓴다.

1. 이 수에는 유효 숫자가 4개 있다.

$$0.004712$$

이 0은 유효 숫자가 아니다.　첫 번째 유효 숫자는 4이다.

2. 유효 숫자 3개로 반올림한 수이다.

$$0.00471$$

3. 유효 숫자 1개로 반올림한 수이다.

$$0.005$$

반올림하여 4가 5로 바뀌었다.

추정

때로는 수를 어림하여 대략적인 결과를 계산하고 까다로운 계산에 대한 결과가 합리적인지 빠르게 확인하는 것이 유용할 수 있다. 이와 같이 대략적인 수로 계산하여 결과를 확인하는 것을 추정이라고 한다. 이것은 특히 계산기에서 얻은 답이 맞는지 확인할 때 유용하다.

3.5 cm

10.3 cm

15.2 cm

1. 왼쪽 상자의 부피를 계산하는 가장 쉬운 방법은 계산기를 사용하는 것이다. 그러나 계산기가 제공하는 답($547.96\ \text{cm}^3$)이 합리적인지 알고 싶다면 다음과 같이 부피의 값을 추정해 볼 수 있다.

2. 먼저 각 모서리의 측정값을 반올림하여 쉽게 계산할 수 있도록 한다.

$$3.5\ \text{cm} \approx 4\ \text{cm}$$
$$10.3\ \text{cm} \approx 10\ \text{cm}$$
$$15.2\ \text{cm} \approx 15\ \text{cm}$$

3. 이 값들을 곱하여 상자의 부피를 추정해 본다.

$$4 \times 10 \times 15 = 600\ \text{cm}^3$$

4. $600\ \text{cm}^3$는 계산기로 계산한 결과에 가깝기 때문에 답은 $547.96\ \text{cm}^3$가 맞다.

측정 한계

무엇인가를 측정할 때 측정의 정확성은 우리가 사용하는 도구의 정확도에 제한을 받는다. 예를 들어 0.1 kg 단위로 반올림하여 측정하는 저울이 있을 때 측정값이 실제 값에서 얼마나 떨어져 있는지 아는 것이 유용할 수 있다. 이때 측정값으로 가능한 최대 범위와 최소 범위를 측정 한계라고 한다.

> ### 핵심 요약
>
> ✓ 측정 한계는 실제 값으로 가능한 가장 작거나 가장 큰 값이다.
>
> ✓ 최소 한계는 측정값으로 반올림되는 가장 작은 값이다.
>
> ✓ 최대 한계는 측정값의 다음 값으로 반올림되는 가장 작은 값이다.

최소 한계와 최대 한계

이 고양이의 무게는 0.1 kg 단위로 4.3 kg이다. 측정값은 정확하지 않고 특정 자리에서 반올림되었기 때문에 실제 무게는 더 크거나 작을 수 있다. 측정값으로 반올림될 수 있는 가장 작은 수를 최소 한계라고 한다. 또한 측정값의 다음 값으로 반올림될 수 있는 가장 작은 수를 최대 한계라고 한다.

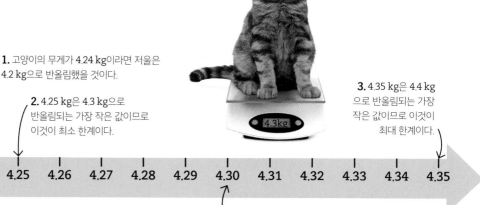

1. 고양이의 무게가 4.24 kg이라면 저울은 4.2 kg으로 반올림했을 것이다.

2. 4.25 kg은 4.3 kg으로 반올림되는 가장 작은 값이므로 이것이 최소 한계이다.

3. 4.35 kg은 4.4 kg으로 반올림되는 가장 작은 값이므로 이것이 최대 한계이다.

4.24 4.25 4.26 4.27 4.28 4.29 4.30 4.31 4.32 4.33 4.34 4.35

4.3kg

4. 측정 가능 값의 단위에 관계 없이 최소 한계와 최대 한계는 측정값보다 측정 가능한 최소 단위의 절반만큼 작거나 크다. 고양이의 무게는 0.1 kg 단위로 주어졌으므로 측정 한계는 0.05 kg 작거나 크다.

오류 범위

측정값을 통해 확인할 수 있는 실제 값의 범위를 오류 범위라고 한다. 오류 범위는 부등식을 이용하여 표현할 수 있다(154쪽 참조).

$$4.25 \text{ kg} \leq \text{고양이 무게} < 4.35 \text{ kg}$$

이것은 무게가 4.25 kg 이상임을 의미한다.

이것은 무게가 4.35 kg 미만임을 의미한다.

측정 한계의 계산

반올림된 수로 계산을 하면 계산 결과에 오류가 발생한다. 계산의 각 부분에 대한 측정 한계를
이용하면 계산 결과의 측정 한계를 구할 수 있다.

연산	결과의 최대 한계	결과의 최소 한계
덧셈 A + B	A의 최대 한계 + B의 최대 한계	A의 최소 한계 + B의 최소 한계
뺄셈 A − B	A의 최대 한계 − B의 최소 한계	A의 최소 한계 − B의 최대 한계
곱셈 A × B	A의 최대 한계 × B의 최대 한계	A의 최소 한계 × B의 최소 한계
나눗셈 A ÷ B	A의 최대 한계 ÷ B의 최소 한계	A의 최소 한계 ÷ B의 최대 한계

A의 가장 작은 범위에서 B의 가장 큰 범위를 빼면 가능한 가장 작은 범위가 나온다.

A의 가장 큰 범위를 B의 가장 작은 범위로 나누면 가능한 가장 큰 범위가 나온다.

📑 나눗셈의 측정 한계

문제

다음 계산에서 무게는 10 kg 단위로 측정되었다. 측정의 오류 범위를 소수 둘째 자리까지 구하시오.

$$5400 \text{ kg} \div 300 \text{ kg} = ?$$

풀이

1. 먼저 계산의 각 부분에 대한 범위를 찾는다.

$$5395 \text{ kg} \leq \text{무게 1} < 5405 \text{ kg}$$
$$295 \text{ kg} \leq \text{무게 2} < 305 \text{ kg}$$

2. 계산 결과의 최대 한계를 찾으려면 첫 번째 무게의 최대 한계를 두 번째 무게의 최소 한계로 나눈다.

$$5405 \div 295 = 18.32$$

3. 최소 한계를 찾으려면 첫 번째 무게의 최소 한계를 두 번째 무게의 최대 한계로 나눈다.

$$5395 \div 305 = 17.69$$

4. 이것은 계산 결과의 정확도 범위를 나타낸다.

$$17.69 \leq \text{결과} < 18.32$$

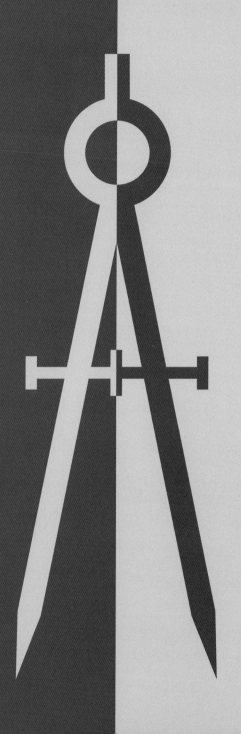

대수학의 기초

대수의 기본 단위, '항'

우리는 어떤 문제를 해결하는 데 필요한 수 중 일부를 모를 때가 있다. 대수학(algebra)은 우리가 알지 못하거나 바뀔 수 있는 수를 문자로 나타내어 연구하는 수학의 한 분야이다. 이러한 방식으로 문자를 사용하면 우리가 모르는 값으로 계산을 수행하거나 수 사이의 관계를 이해할 수 있다. 대수학을 구성하는 기본 단위를 항이라고 한다.

블록 쌓기

대수에서의 식과 방정식(96쪽 및 130쪽 참조)은 항으로 구성된다. 항은 수, 수를 나타내는 문자 또는 수와 문자의 조합일 수 있다.

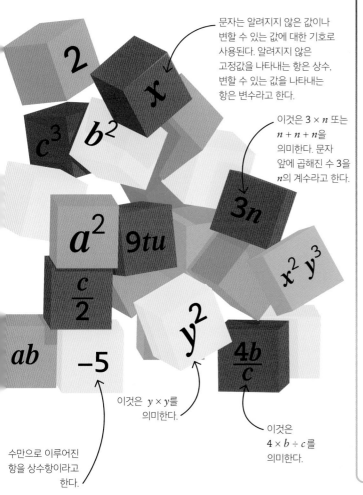

문자는 알려지지 않은 값이나 변할 수 있는 값에 대한 기호로 사용된다. 알려지지 않은 고정값을 나타내는 항은 상수, 변할 수 있는 값을 나타내는 항은 변수라고 한다.

이것은 $3 \times n$ 또는 $n + n + n$을 의미한다. 문자 앞에 곱해진 수 3을 n의 계수라고 한다.

이것은 $y \times y$를 의미한다.

이것은 $4 \times b \div c$를 의미한다.

수만으로 이루어진 항을 상수항이라고 한다.

🔍 **항 작성 방법**

수학자들은 대수적 표현을 쉽게 이해할 수 있도록 정해진 규칙을 따른다. 산술 규칙은 일반적인 수와 동일한 방식으로 대수적 항에 적용된다.

항	설명
x	일반적으로 문자가 항으로 사용될 때 알파벳 소문자를 쓴다.
$-b$	항은 양수일 수도 있고 음수일 수도 있다. 항 앞에 + 또는 – 기호가 없으면 +를 생략한 것으로(즉 양수로) 본다.
ab	항을 표현할 때 곱셈 기호는 생략한다. 'a 곱하기 b'는 'ab'로 표현된다. 일반적으로 항의 문자는 알파벳 순서로 표시된다.
$3b$	수와 문자의 곱을 항으로 표현할 때는 수를 먼저 쓴다.
$\dfrac{a}{2}$	한 값을 다른 값으로 나누는 항은 분수로 표시된다.
y^2	일반 숫자와 마찬가지로 항도 제곱될 수 있다.

대수에서의 '식'

식은 대수학에서 값 사이의 관계를 나타내는 데 사용된다. 식은 항과 연산 기호의 조합으로 구성된다. 하나 또는 2개 이상의 항의 덧셈과 뺄셈으로 이루어진 식을 다항식이라 하고, 한 개의 항으로 이루어진 식을 단항식이라 한다. 복잡한 식을 쉽게 만들기 위해 같은 문자를 포함한 항을 모아서 단순화할 수 있다. 항에 곱해진 문자와 그 문자의 차수가 같은 항을 동류항이라고 한다.

> **핵심 요약**
>
> ✓ 식은 대수학의 구성 요소인 항으로 구성된다.
>
> ✓ 동류항을 모아 식을 간단히 정리할 수 있다.
>
> ✓ 동류항에는 정확히 동일한 문자가 있거나 문자가 포함되어 있지 않다.

항으로 식 작성하기

식은 + 또는 −와 같은 연산자 기호가 있는 2개 이상의 항으로 구성될 수 있다. 등호가 없기 때문에 방정식처럼 풀 수 없다(130쪽 참조).

이 식은 5개의 항으로 구성되었다.

각 항은 + 또는 − 기호로 다음 항과 구분된다. 이러한 기호를 '연산자'라고 한다.

$$2x \quad + \quad 5y \quad - \quad y \quad + \quad 6z \quad - \quad 2$$

식의 다양성

식은 어떤 항들의 조합으로도 구성될 수 있다. 모든 항이 문자일 수도 있고, 수만으로 구성될 수도 있으며, 수와 문자의 조합일 수도 있다.

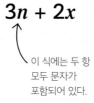

$3n + 2x$

이 식에는 두 항 모두 문자가 포함되어 있다.

$4 + 3 - 1$

이 식은 수들로 구성되었다.

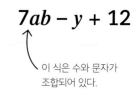

$7ab - y + 12$

이 식은 수와 문자가 조합되어 있다.

동류항 계산

항에 곱해진 문자와 그 문자의 차수가 정확히 일치하는 항을 동류항이라고 한다. 문자를 포함하지 않는 상수항들도 서로 동류항이다. 여러 문자가 곱해진 항도 동류항으로 계산할 수 있다.

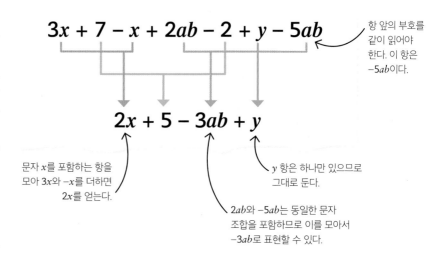

$$3x + 7 - x + 2ab - 2 + y - 5ab$$

항 앞의 부호를 같이 읽어야 한다. 이 항은 $-5ab$이다.

$$2x + 5 - 3ab + y$$

문자 x를 포함하는 항을 모아 $3x$와 $-x$를 더하면 $2x$를 얻는다.

y 항은 하나만 있으므로 그대로 둔다.

$2ab$와 $-5ab$는 동일한 문자 조합을 포함하므로 이를 모아서 $-3ab$로 표현할 수 있다.

대입

항이나 식에 포함된 문자는 일반적으로 어떤 값이든 가질 수 있다. 문자의 값이 주어지면 해당 문자를 주어진 수로 바꾸어 항이나 식 전체의 값을 찾거나 일부를 계산할 수 있다. 이렇게 문자에 수를 넣는 것을 대입이라고 한다.

수를 문자에 대입하기

항의 문자 값이 주어지면 문자를 해당 값에 대입하고 식을 계산할 수 있다. 주어진 식에 해당 문자가 나타날 때마다 같은 값으로 바꾸어 준다.

핵심 요약

✓ 대입은 문자를 수로 바꾸는 것이다.

✓ 문자의 값이 주어지면 그 값을 문자에 대입할 수 있다.

✓ 주어진 식의 문자들이 모두 수로 주어지면 전체 식의 값을 구할 수 있다.

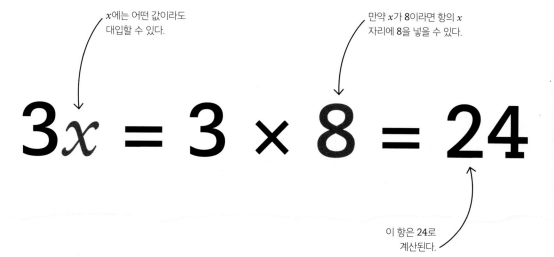

x에는 어떤 값이라도 대입할 수 있다.

만약 x가 8이라면 항의 x 자리에 8을 넣을 수 있다.

$$3x = 3 \times 8 = 24$$

이 항은 24로 계산된다.

수를 식에 대입하기

문제

$x = 7$이고 $y = 2$일 때 식 $x - 3y + 5$의 값을 구하시오.

풀이

1. 식을 계산하려면 주어진 값을 식에 대입해야 한다.

$$x - 3y + 5$$

$$7 - 3 \times 2 + 5$$

2. 계산 순서(28쪽 참조)에 따라 먼저 곱셈을 한 다음 뺄셈과 덧셈을 한다.

$$7 - 3 \times 2 + 5$$
$$= 7 - 6 + 5$$
$$= 6$$

$x = 7$, $y = 2$일 때 식의 값은 6이다.

문자의 지수

지수(또는 거듭제곱)는 수, 항 또는 식을 자기 자신에게 곱하는 횟수를 나타낸다. 대수학에서 식의 모든 항은 지수를 가질 수 있으며, 모든 수가 지수가 될 수 있다.

핵심 요약

✓ 지수는 항 자체를 곱하는 횟수를 알려준다.

✓ z^2, z-제곱, $z \times z$는 모두 같은 의미이다.

✓ 지수는 BIDMAS의 'I'이다(28쪽 참조).

y의 네제곱

지수는 일반적인 수에서와 같은 방식으로 항과 식에도 적용된다 (22쪽 참조). 항 또는 식에 포함된 지수는 항 또는 식 자체를 곱하는 횟수를 알려준다.

지수는 y를 몇 번 곱해야 하는지 알려준다.

$$y^4 = y \times y \times y \times y$$

⚙ 괄호와 지수

괄호와 지수를 다룰 때는 계산 순서(28쪽 참조)를 기억하는 것이 중요하다. 괄호는 지수보다 먼저 처리되어야 하므로 지수가 괄호에 적용되면 괄호 안의 모든 항목을 해당 횟수만큼 곱하라는 의미이다.

곱하기 전에 지수를 먼저 계산하므로 b를 제곱하고 a에 곱한다.

$$ab^2 = a \times b \times b$$

$$(ab)^2 = a \times a \times b \times b$$

괄호는 a와 b를 모두 제곱해야 함을 나타낸다.

🔍 제곱항

식에 포함된 항들의 지수 중 가장 큰 수가 2인 식을 이차식이라고 한다(100쪽 참조). 일반적으로 이차식에는 x와 같은 제곱이 되는 변수와 변수에 곱해지는 상수 그리고 상수항(변수가 포함되지 않은 항)이 포함된다.

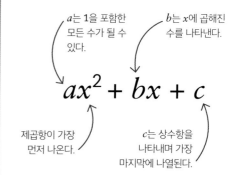

a는 1을 포함한 모든 수가 될 수 있다.

b는 x에 곱해진 수를 나타낸다.

$$ax^2 + bx + c$$

제곱항이 가장 먼저 나온다.

c는 상수항을 나타내며 가장 마지막에 나열된다.

괄호의 전개

대수학의 식에는 괄호 안에 미지수(모르는 값)나 변수를 의미하는 문자가 있을 수 있다. 식을 전개한다는 것은 괄호를 제거하여 식을 다시 작성하는 것이다. 동류항을 정리하고 식을 간단히 나타내고자 할 때 괄호를 전개하는 것이 유용할 수 있다.

괄호를 전개하는 방법
괄호 안의 모든 항에 괄호 밖의 값을 각각 곱하여 괄호를 전개한다.

괄호가 전개되었다.

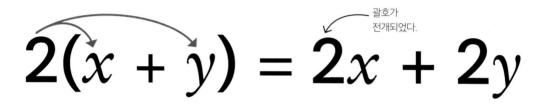

$$2(x + y) = 2x + 2y$$

괄호 전개의 시각적 표현
식을 직사각형의 넓이로 시각화하여 괄호의 전개가 어떻게 작동하는지 확인할 수 있다.

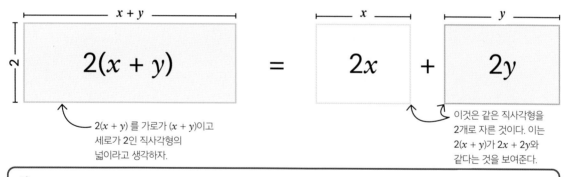

$x + y$

$2(x + y)$ $=$ $2x$ $+$ $2y$

2

$2(x + y)$ 를 가로가 $(x + y)$이고 세로가 2인 직사각형의 넓이라고 생각하자.

이것은 같은 직사각형을 2개로 자른 것이다. 이는 $2(x + y)$가 $2x + 2y$와 같다는 것을 보여준다.

⚙ **음수 항 곱하기**

음수 항이 포함된 괄호를 전개할 때 음수의 곱셈 규칙을 적용한다(14쪽 참조). 음수 항에 양수 항을 곱하면 음수 항이 되고, 2개의 음수 항을 곱하면 양수 항이 된다.

예 1
음의 항에 양의 항을 곱하면 음의 항이 된다.
$$-a(b + 2) = -ab - 2a$$

예 2
음의 항을 2개 곱하면 양의 항이 된다.
$$-a(b - 2) = -ab + 2a$$

예 3
이것은 $a - 1(b + 2)$와 같으므로 $(b + 2)$에 -1을 곱한다.
$$a - (b + 2) = a - b - 2$$

이차식의 전개

식에 2개 이상의 괄호가 포함되어 그것들을 곱해야 할 때가 있다. 두 괄호에 같은 문자가 포함된 경우 이를 전개하면 x^2과 같은 이차항이 나올 수 있다. 어떤 항에 곱해진 문자의 개수를 그 항의 차수라 하고, 식에 포함된 항들의 차수 중 가장 큰 값을 그 식의 차수라고 한다. 식에 포함된 항 중 가장 높은 지수가 2이면 이차식이다.

여러 괄호를 전개하는 방법

2개의 괄호를 전개하려면 첫 번째 괄호의 각 항에 두 번째 괄호의 항을 각각 곱한 다음 동류항을 정리한다.

핵심 요약

- ✓ 여러 괄호를 전개하려면 첫 번째 괄호의 각 항에 두 번째 괄호의 항을 각각 곱한다.
- ✓ 두 괄호에 동일한 미지수가 있으면 x^2과 같은 제곱항이 나타난다.
- ✓ 식에 포함된 항 중 가장 높은 지수가 2인 식을 이차식이라고 한다.

$$(x + 2)(x + 1) = x^2 + x + 2x + 2$$
$$= x^2 + 3x + 2$$

이것은 이차식의 일반형 표현이다.

이차식 전개의 시각화

식을 직사각형의 넓이로 생각하면 여러 괄호를 전개하는 방법을 더 잘 이해할 수 있다.

괄호를 전개하는 방법을 확인하는 데 도움이 되도록 직사각형을 작은 부분으로 나눈다.

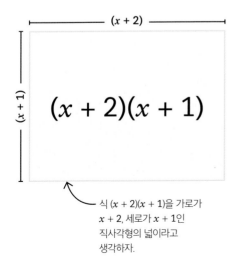

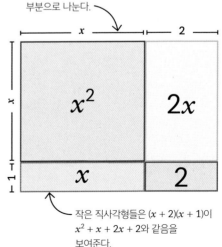

식 $(x + 2)(x + 1)$을 가로가 $x + 2$, 세로가 $x + 1$인 직사각형의 넓이라고 생각하자.

작은 직사각형들은 $(x + 2)(x + 1)$이 $x^2 + x + 2x + 2$와 같음을 보여준다.

인수분해

괄호를 전개하는 것이 유용할 때가 있는 것처럼, 반대로 식을 변형하는 것이 유용할 수 있다. 이것을 인수분해라고 한다. 인수분해 과정에는 식에서 공통인수가 포함된 항들을 공통인수로 나누어 그 몫들을 괄호로 묶어주고 공통인수를 괄호 앞에 써주는 작업이 필요하다.

📌 **핵심 요약**

✓ 인수분해는 전개의 반대이다.

✓ 식을 인수분해하려면 해당 식의 공통인수를 찾고 공통인수를 괄호 밖으로 묶어낸다.

✓ 괄호를 다시 전개하여 인수분해가 바르게 되었는지 확인할 수 있다.

간단한 식의 인수분해

일차식(모든 항에 곱해진 문자의 개수가 1 이하인 식)의 항이 공통인수를 가지는 경우 해당 인수로 각 항을 나누어 식을 인수분해할 수 있다. 항을 나눈 결과는 괄호로 묶고 공통인수는 바깥쪽에 표시한다.

인수분해된 식은 괄호 바깥쪽에 공통인수 2가 있다.

예시 1:

$$2x + 2y \quad \xrightarrow{\text{인수분해}} \xleftarrow{\text{전개}} \quad 2(x + y)$$

이들 항의 공통인수는 2이다.

$2x + 2y$를 2로 나눈 결과인 $x + y$는 괄호 안에 들어간다.

예시 2:

$$-6 - 8a \quad \xrightarrow{\text{인수분해}} \xleftarrow{\text{전개}} \quad -2(3 + 4a)$$

이들 항의 공통인수는 −2이다.

괄호를 다시 전개하면 식을 바르게 인수분해했는지 확인할 수 있다.

⚙️ **같은 식의 다른 표현**

일부 식은 여러 가지 방법으로 표현할 수 있다. 한 가지 식을 다양한 방식으로 표현해도 그것들은 같은 식을 의미한다.

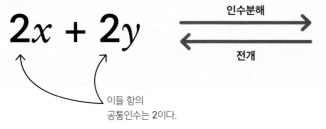

$$3ab + 6b$$

$$3(ab + 2b)$$
또는
$$b(3a + 6)$$
또는
$$3b(a + 2)$$

이 세 가지 식은 모두 같다.

식의 모든 공통인수가 괄호 바깥에 있으면 식이 완전히 인수분해되었다고 한다.

이차식의 인수분해

어떤 이차식은 2개의 괄호가 곱해진 식의 형태로 인수분해할 수 있다. 이차식을 인수분해하는 방법을 알면 이차방정식을 풀 때 유용하다.

직사각형의 넓이를 이용한 인수분해

이차식을 인수분해하는 것은 이차식을 전개하는 것과 반대이다(100쪽 참조). 이차식을 인수분해하는 한 가지 방법은 식의 각 부분을 직사각형의 넓이로 시각화하는 것이다.

핵심 요약

✓ 이차식을 인수분해하는 것은 이차식을 전개하는 것의 반대 과정이다.

✓ 이차식이 인수분해된 식은 일반적으로 괄호 안에 일차식이 있는 두 괄호의 곱으로 나타난다.

1. 식의 각 항을 직사각형의 넓이로 생각하여 $x^2 + 3x + 2$를 인수분해할 수 있다.

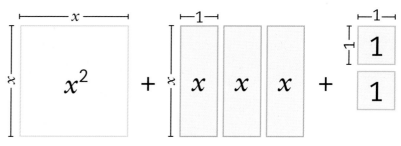

2. x^2 항은 한 변의 길이가 x인 정사각형으로 생각할 수 있다. $3x$ 항은 3개의 직사각형으로 나누어 생각하고, 2는 2개의 정사각형으로 나누어 생각한다.

3. 이 도형들을 하나의 큰 직사각형으로 재배열하면 가로와 세로의 길이를 알 수 있다.

가로는 $(x + 2)$이고 세로는 $(x + 1)$이다.

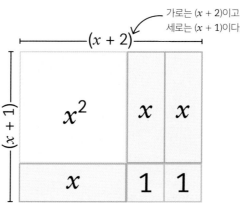

4. 직사각형의 가로와 세로의 길이는 이차식을 인수분해하는 괄호 안의 식을 제공한다. 인수분해된 이차식은 $(x + 1)(x + 2)$이다.

$$(x + 1)(x + 2)$$

직사각형의 넓이는 변의 길이를 곱해서 구한다. 따라서 직사각형의 변의 길이를 나타내는 식을 곱하면 처음 식이 나온다.

정답 확인

전개는 인수분해의 반대 과정이므로 인수분해된 괄호를 곱하여 전개하는
것은 식이 바르게 인수분해되었는지 확인하는 유용한 방법이다.

$$(x + 1)(x + 2) = x^2 + 2x + 1x + 2$$

$$= x^2 + 3x + 2$$

이것은 원래 식이므로
인수분해가 바르게
되었다는 것을 보여준다.

직사각형을 사용하지 않고 인수분해하기

이차식은 일반적으로 $ax^2 + bx + c$ 형태이다. a의 값이 1인 간단한 이
차식을 인수분해하려면 합이 b이고 곱이 c인 수의 쌍을 찾으면 된다. 이
값들은 괄호 안에 들어가는 수가 된다.

이 식에서 상수항 c는
−10이다.

1. 이 식을 인수분해하려면 합이 3이고
곱이 −10인 두 수를 찾아야 한다.

$$x^2 + 3x - 10$$

이것은 $1x^2$을 의미한다. 즉 이 식에서
x^2의 계수인 a의 값은 1이다.

x의 계수인 b의
값은 3이다.

2. c는 음수이고 b는 양수이므로
우리가 찾고 있는 수 중 하나는
음수이고 다른 하나는 양수이다.

곱이 −10인 수의 조합	합	
−1, 10	9	✘
−5, 2	−3	✘
−2, 5	3	✔

두 수 −2와 5를
곱하면 −10이 되고
더하면 3이 되므로
이것이 우리가 찾는
수이다.

3. 위에서 구한 수들을 항과 함께
괄호 안에 넣어 인수분해된
식 $(x - 2)(x + 5)$를 얻는다.

$$(x - 2)(x + 5)$$

이것은 인수분해된
식이다.

4. 괄호를 다시 전개하여 계산이
올바른지 확인할 수 있다.

$$= x^2 + 5x - 2x - 10$$
$$= x^2 + 3x - 10$$

답을 확인하려면
괄호를 전개한다.

더 어려운 이차식의 인수분해

$ax^2 + bx + c$ 형태의 이차식에서 a가 1이 아닐 수 있다. 이러한 이차식을 모두 인수분해할 수는 없지만, 인수분해가 가능한 경우 시행착오를 거쳐 답을 구할 수 있다.

핵심 요약

✓ a가 1이 아닌 경우 이차식을 인수분해하려면, 먼저 x 항을 찾은 다음 올바른 결과를 찾을 때까지 상수항에 다른 약수 쌍을 대입해 본다.

✓ 괄호를 다시 전개하여 답을 확인한다.

a가 1이 아닐 때 인수분해하기

a가 1이 아닌 이차식을 인수분해할 수 있는지 알아보기 위해, 우선 곱하여 x^2 항을 만드는 수의 쌍을 찾아 각각을 x의 계수로 하여 괄호 안에 넣는다. 그런 다음 원래 식과 일치하는 인수분해를 찾을 때까지 괄호 안의 상수항 자리에 원래 식의 상수항의 약수 쌍을 넣어본다.

---

1. 다음 식은 a의 값이 3인 이차식이다.

a는 3이다. b는 11이다.

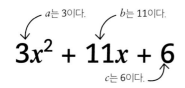
$$3x^2 + 11x + 6$$

c는 6이다.

2. 식을 인수분해하려면 곱하여 $3x^2$이 되는 항의 쌍을 찾아야 한다. 3은 소수이므로 두 항은 $3x$와 x이다.

$$(3x + ?)(x + ?)$$

---

3. 인수분해에 필요한 다른 수들을 찾기 위해 곱하여 c와 같아지는 두 수를 찾는다. 이 식에서 c는 6이므로 6의 약수 쌍을 표로 작성한다.

6의 약수 쌍	
1	6
2	3
–1	–6
–2	–3

a와 b가 양수이므로 우리가 찾고 있는 수의 쌍 중 이러한 음수 쌍은 무시한다.

4. 어떤 수가 올바른지 알아보기 위해 괄호 안에 각 약수 쌍을 넣고 이를 전개하여 원래의 이차식이 나오는지 확인한다. 약수 쌍의 순서가 다르면 결과가 바뀌므로 순서를 바꾼 경우도 모두 시도해 본다.

인수 쌍	전개	
$(3x + 1)(x + 6)$	$3x^2 + 19x + 6$	✗
$(3x + 6)(x + 1)$	$3x^2 + 9x + 6$	✗
$(3x + 3)(x + 2)$	$3x^2 + 9x + 6$	✗
$(3x + 2)(x + 3)$	$3x^2 + 11x + 6$	✓

이 식이 원래의 이차식과 일치하므로 올바른 인수분해이다.

---

5. 올바른 인수분해는 $(3x + 2)(x + 3)$이다.

$$3x^2 + 11x + 6 = (3x + 2)(x + 3)$$

제곱 빼기 제곱

일부 이차식은 중간 항, 즉 x 항이 없고 x^2 항과 상수항만으로 구성된다. 일부 특별한 상황에서는 제곱 빼기 제곱 공식을 사용하여 이차식을 인수분해할 수 있다.

제곱 빼기 제곱의 시각적 표현

$x^2 - 16$과 같이 하나의 제곱식에서 다른 제곱식을 뺀 이차식이 있는 경우 이를 제곱 빼기 제곱이라고 부른다. 이러한 식은 $p^2 - q^2$ 형태이며, 인수분해하면 $(p + q)(p - q)$가 된다.

핵심 요약

✓ 제곱 빼기 제곱 공식은 특정한 이차식을 인수분해할 수 있는 방법이다.

✓ 제곱 빼기 제곱 공식을 사용하여 다음과 같은 형태의 이차식을 인수분해할 수 있다.
$$p^2 - q^2$$

✓ 인수분해된 형태는 다음과 같다.
$$(p + q)(p - q)$$

1. $9x^2 - 4$라는 식은 완전제곱 형태의 식에서 다른 완전제곱 형태의 식을 뺀 것이므로 제곱 빼기 제곱 공식을 이용하여 인수분해할 수 있다.

$$9x^2 - 4$$

이 이차식은 $p^2 - q^2$ 형태이다.

2. 식을 도형으로 시각화할 수 있다. 9는 3 × 3과 같기 때문에 $9x^2$은 한 변의 길이가 $3x$인 정사각형의 넓이로 생각할 수 있다. 인수분해해야 하는 전체 식은 $9x^2 - 4$이므로 -4를 큰 정사각형에서 한 변의 길이가 2인 정사각형을 잘라낸 것으로 생각하자.

3. 모양을 분할하고 다시 배열하여 직사각형을 만들 수 있다. 이를 통해 변의 길이를 알 수 있으므로 이차식 $9x^2 - 4$의 인수를 찾을 수 있다.

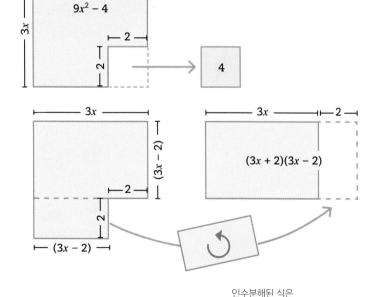

4. 직사각형에는 변 $(3x + 2)$와 $(3x - 2)$가 있으므로 인수분해된 식은 $(3x + 2)(3x - 2)$이다.

인수분해된 식은 $(p + q)(p - q)$ 형태이다.

$$9x^2 - 4 = (3x + 2)(3x - 2)$$

대수적 분수식

대수식에는 미지수를 포함한 분수 형태가 포함될 수 있다. 분수 형태가 포함된 식, 즉 분자와 분모를 다항식 형태로 표현할 수 있는 식을 유리식이라 한다. 유리식은 수로 구성된 분수와 동일한 규칙을 따른다. 유리식을 간단히 하면 계산하기 쉬워지는 경우가 많다.

유리식의 약분

유리식의 분자와 분모가 공통인수를 가지는 경우 분자와 분모의 공통인수를 약분하여 유리식을 단순화할 수 있다.

핵심 요약

✓ 유리식은 일반 분수와 같은 방법으로 단순화할 수 있다.

✓ 유리식을 약분하려면 분자와 분모의 공통인수를 찾아야 한다.

✓ 유리의 약분을 위해 분자와 분모의 인수분해가 필요할 수도 있다.

어떤 수가 분자와 분모에 모두 있으면 그 수는 약분이 가능하다.

$$\frac{6x^4y}{4x^2} = \frac{2 \times 3 \times \cancel{x} \times \cancel{x} \times x \times x \times y}{2 \times 2 \times \cancel{x} \times \cancel{x}} = \frac{3x^2y}{2}$$

분자와 분모는 공통인수 $2x^2$을 가진다.

완전히 약분된 분수식에는 모든 공통인수가 제거되었다.

🔍 약분을 위한 인수분해

유리식에서 분자와 분모의 공통인수를 찾기 위해 분자와 분모의 인수분해가 필요할 수 있다.

1. 다음 유리식은 분자와 분모에 모두 + 및 − 기호를 포함하며 바로 보이는 공통인수는 없다.

$$\frac{x^2 + 4x - 12}{x^2 - 4}$$

이 식은 제곱 빼기 제곱 형태이다.

이 식은 이차식이다.

2. 유리식을 약분하기 위해 분자와 분모를 인수분해할 수 있다 (102-103쪽 및 105쪽 참조).

$$\frac{(x-2)(x+6)}{(x-2)(x+2)}$$

분자와 분모가 $(x-2)$라는 공통인수를 가진 것을 확인할 수 있다.

3. 공통인수 $(x-2)$가 분자와 분모에서 약분되어 간단한 분수식만 남는다.

$$\frac{x+6}{x+2}$$

남아 있는 식은 덧셈으로만 표현되며 더 이상 공통인수가 없다.

유리식의 덧셈과 뺄셈

유리식을 더하거나 빼기 위해서 먼저 식을 변형해야 하는 경우가 있다. 유리식과 관련된 문제는 때때로 복잡해 보이지만 적용되는 규칙은 수로 표현된 분수의 경우와 동일하다(49쪽 참조).

핵심 요약

✓ 유리식를 사용하여 계산할 때는 수로 표현된 분수와 같은 규칙을 따른다.

✓ 2개의 유리식을 더하거나 빼려면 우선 공통분모가 필요하다.

✓ 공통분모를 찾는 한 가지 방법은 서로의 분모를 곱하는 것이다.

분모가 다른 유리식

분모가 같은 유리식은 수로 표현된 분수와 같은 방법으로 더하거나 뺄 수 있다. 분모가 다른 유리식을 더하거나 빼려면 유리식이 공통분모를 가지도록 식을 변형해 주어야 한다.

방법 1

다음 유리식에는 공통분모가 없으므로 두 유리식을 더하려면 적어도 하나의 분수식을 변형해야 한다.

1. x는 $3x$의 인수이므로 두 유리식의 공통분모를 쉽게 찾을 수 있다.

$$\frac{1}{x} + \frac{2}{3x}$$

2. 첫 번째 유리식의 분자와 분모에 3을 곱한다.

$$= \frac{3 \times 1}{3 \times x} + \frac{2}{3x}$$

3. 이제 두 유리식에 공통분모가 있으므로 더할 수 있다.

$$= \frac{3}{3x} + \frac{2}{3x}$$

4. 분모는 그대로 두고 분자끼리 더한다.

$$= \frac{3 + 2}{3x}$$

5. 두 유리식의 합을 구하였다.

$$= \frac{5}{3x}$$

방법 2

두 유리식의 공통분모를 찾기가 쉽지 않다면 각 유리식의 분자와 분모에 다른 유리식의 분모를 곱해주면 된다.

1. 유리식을 빼는 것은 유리식을 더하는 것과 비슷하다. 이 유리식에는 뚜렷한 공통분모가 없다.

$$\frac{3}{x + 2} - \frac{2}{x}$$

2. 각 유리식의 분자와 분모에 다른 유리식의 분모를 곱하여 공통분모를 얻는다.

$$= \frac{3x}{x(x + 2)} - \frac{2(x + 2)}{x(x + 2)}$$

3. 이제 분모가 동일하므로 두 유리식을 뺄 수 있다. 분자의 괄호를 전개해 준다.

$$= \frac{3x - 2(x + 2)}{x(x + 2)}$$

4. 동류항을 모아서 분자를 간단히 나타낸다.

$$= \frac{3x - 2x - 4}{x(x + 2)}$$

5. 두 유리식의 뺄셈을 구하였다.

$$= \frac{x - 4}{x(x + 2)}$$

유리식의 곱셈과 나눗셈

유리식을 곱하고 나누어야 할 경우 분수와 같은 방식으로 계산한다.

핵심 요약

✓ 두 유리식을 곱하려면 두 식의 분자와 분모를 각각 곱한다.

✓ 두 유리식을 나누려면 두 번째 분수를 거꾸로 뒤집어 곱해준다.

곱셈

두 유리식을 곱할 때는 분수의 곱셈과 동일한 단계를 따른다(51쪽 참조).

1. 두 유리식을 곱하기 위해 일반적인 분수의 곱셈과 동일한 단계를 따른다.

$$\frac{2a}{3} \times \frac{a}{3b}$$

2. 분자끼리 곱하고, 분모끼리 곱한다.

$$= \frac{2a \times a}{3 \times 3b}$$

3. 유리식의 곱셈의 결과이다.

$$= \frac{2a^2}{9b}$$

나눗셈

두 유리식을 나누려면 두 번째 유리식을 거꾸로 뒤집은 다음 일반적인 분수와 마찬가지로 분자와 분모를 각각 곱한다(52-53쪽 참조).

1. 두 유리식을 나누기 위해 일반적인 분수의 나눗셈과 동일한 단계를 따른다.

$$\frac{2a}{3} \div \frac{a}{3b}$$

2. 두 번째 유리식을 거꾸로 뒤집고 나눗셈 기호를 곱셈 기호로 바꾼다.

$$= \frac{2a}{3} \times \frac{3b}{a}$$

3. 분자끼리 곱하고, 분모끼리 곱한다.

$$= \frac{2a \times 3b}{3 \times a}$$

4. 이 유리식에는 분자와 분모에 공통인수 $3a$가 있으므로 $3a$를 약분하여 식을 간단히 한다.

$$= \frac{6ab}{3a}$$

5. 어떤 식을 1로 나누면 그 식 자체가 되므로 나눗셈의 결과는 $2b$이다.

$$= \frac{2b}{1} = 2b$$

🔍 먼저 인수분해하기

복잡한 유리식은 곱하거나 나누기 전에 먼저 약분하여 간단히 나타내는 것이 좋다. 분자와 분모는 일반적인 다항식과 같은 방식으로 인수분해할 수 있다(101-104쪽 참조).

$$\frac{x^2 + 2x - 8}{3x + 12} = \frac{(x + 4)(x - 2)}{3(x + 4)} = \frac{(x - 2)}{3}$$

공식

공식은 둘 이상의 값 사이의 고정된 수학적 관계를 설명한다. 이것은 주어진 변수의 값을 이용하여 다른 변수를 알고 싶을 때 유용할 수 있다. 기하학에서 길이를 찾거나 물리학에서 물체의 속력을 계산하는 등 모든 종류의 상황에 대한 공식이 존재한다.

관람차 둘레의 길이

원의 둘레의 길이(원주)에 대한 일반 공식(76쪽 참조)이 있다는 것은 반지름의 길이를 알면 모든 원의 둘레의 길이를 계산할 수 있다는 것을 의미한다.

원주(C)는 공식에 나타난다. 이것이 우리가 구하고자 하는 값이다.

$2 \times \pi \times r$을 계산하면 원주가 나온다.

$$C = 2\pi r$$

관람차의 반지름(r)은 중심에서 가장자리까지의 거리이다.

원의 반지름(r)만 알면 이 공식을 사용하여 모든 원의 둘레의 길이를 구할 수 있다.

원주(C)는 바깥쪽 가장자리 둘레의 길이이다.

공식의 사용

공식을 사용하려면 공식의 문자에 대해 알려진 값을 대입하고 식을 계산한다. 이렇게 하면 구하고자 하는 값을 얻을 수 있다.

문제
사다리꼴의 넓이(A)에 대한 공식은 다음과 같다.

$$A = \frac{1}{2}(a+b) \times h$$

$a = 30\,cm$, $b = 50\,cm$, $h = 40\,cm$일 때, 이 사다리꼴의 넓이는 얼마일까?

풀이
1. 사다리꼴의 넓이 공식에 주어진 값들을 대입한다.

$$A = \frac{1}{2}(30+50) \times 40$$

2. 연산의 순서에 따라 식을 계산한다.

$$A = \frac{1}{2} \times 80 \times 40$$
$$= 1600\,cm^2$$

공식의 재배열

공식은 변수 간의 관계를 설명한다. 공식이 나타내는 값을 알고 있지만 다른 변수 중 하나를 알고 싶다면 공식을 재배열하여 미지수를 구하는 식으로 변형할 수 있다.

공식 풀기

공식에서 구하고 싶은 변수를 다른 변수들로 표현하고 싶다면 구하고자 하는 변수 주위의 연산들을 적용되는 연산 순서의 역순으로 하나씩 제거해야 한다(28쪽 참조). 이때 등식의 양변에 같은 연산을 적용하여 공식의 균형이 유지되고 여전히 참이 되도록 한다.

 핵심 요약

✓ 구하고 싶은 변수를 나타내는 식으로 공식을 재배열할 수 있다.

✓ 구하고 싶은 변수 주위에 있는 연산을 반대 순서로 차례로 제거하면 그 변수만 한 변에 남길 수 있다.

✓ 공식을 변형하기 위한 연산은 공식의 양변에서 모두 이루어져야 한다.

1. 온도가 86°F(화씨 86도)라는 것을 알고 있다고 가정하자. 섭씨와 화씨의 온도 단위를 변환하는 공식을 사용하여 이 측정값을 화씨에서 섭씨로 변환할 수 있다.

2. 오른쪽의 온도 변환 공식은 섭씨(C)를 화씨(F)로 변환하는 식이다. 이 식을 섭씨를 구하는 식으로 바꾸려면 공식을 다시 정리해야 한다.

$$F = 1.8C + 32$$

3. 연산 순서에 따르면 +32는 C에 적용되는 마지막 연산이다. 따라서 양변에서 32를 빼서 +32를 먼저 제거한다.

$$F - 32 = 1.8C + 32 - 32$$
$$F - 32 = 1.8C$$

이 두 항은 서로 상쇄된다.

4. 이제 C만 남기기 위해서 1.8을 곱하는 것과 반대 연산을 해야 한다. 따라서 양변을 1.8로 나눈다.

$$\frac{(F - 32)}{1.8} = \frac{1.8C}{1.8}$$
$$\frac{(F - 32)}{1.8} = C$$

1.8로 나누면 1.8의 곱이 없어진다.

5. 이제 공식이 반대로 정리되어 화씨(F)를 섭씨(C)로 변환하는 식이 만들어졌다.

$$C = \frac{(F - 32)}{1.8}$$

6. 마지막으로 F의 측정값을 공식에 대입하여 C를 구한다. 86°F는 30°C이다.

$$C = \frac{(86 - 32)}{1.8} = 30$$

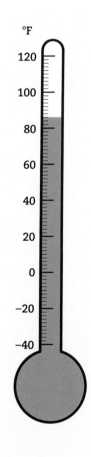

°F

함수

함수는 하나의 수와 같은 입력값을 가져와 특정 규칙에 따라 입력값을 처리하고 출력값을 제공하는 수학적 표현이다. x에 대한 함수는 $f(x)$로 표현하는 경우가 많다.

함수 기계

함수는 기계와 다소 유사하게 작동한다. 기계에 무언가를 넣으면 기계가 출력물을 생성한다. 함수를 다룰 때 우리는 수와 같은 입력을 함수에 넣는다. 함수는 주어진 수에 대해 작동하고 출력물을 생성한다.

핵심 요약

✓ 함수에는 입력과 출력이 있다.

✓ 함수는 기계처럼 작동하여 입력값에 대해 연산하고 출력값을 제공한다.

✓ 함수를 나타내기 위해 $f(x)$ 표기법을 사용한다. 여기서 f는 함수의 이름이고, x는 입력값 또는 변수이다.

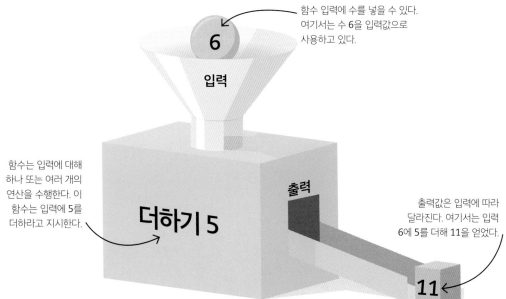

함수 입력에 수를 넣을 수 있다. 여기서는 수 6을 입력값으로 사용하고 있다.

입력

함수는 입력에 대해 하나 또는 여러 개의 연산을 수행한다. 이 함수는 입력에 5를 더하라고 지시한다.

더하기 5

출력

출력값은 입력에 따라 달라진다. 여기서는 입력 6에 5를 더해 11을 얻었다.

11

⚙ 함수 표기

함수를 글로 설명하는 대신 대수적으로 나타낼 수 있다. 함수는 다른 대수식과 비슷한 방식으로 작성된다.

이 식은 함수가 수행할 작업을 정의한다.

$$f(x) = \frac{x+2}{4}$$

문자 f는 함수의 이름을 지정한다.

x는 함수가 처리할 입력값이다.

1. 이것은 표준적인 대수적 함수 표현이다. 입력에 대해 2를 더한 후 4로 나누어야 한다는 의미이다.

수 6을 입력한다.

$$f(6) = \frac{6+2}{4} = 2$$

출력값은 2이다.

입력값 6이 각 x에 대입된다.

2. x에 입력값을 대입하면 함수가 어떻게 작동하는지 확인할 수 있다. 입력값이 6이면 출력값은 2가 된다.

역함수

함수는 입력 x를 취하고 출력 y를 생성한다. 함수의 출력을 알고 있고 입력이 무엇인지 알아내려면 함수의 반대 과정을 수행한다. 원래 함수의 반대 과정을 역함수라고 한다.

기계의 역과정

함수의 역과정을 적용하는 것은 함수 기계를 통해 수를 거꾸로 보내는 것과 같다. 기계를 통과해서 보내는 과정이 함수 f라면, 반대로 보내는 역과정의 이름은 역함수 f^{-1}이다.

핵심 요약

✓ 함수 f의 역과정은 역함수 f^{-1}이다.

✓ 역함수를 사용하는 것은 함수 기계를 통해 출력 y를 거꾸로 넣는 것과 같다.

✓ 역함수를 찾으려면 원래 함수의 변수를 서로 바꾸고 y를 구하는 식으로 식을 재배열한다.

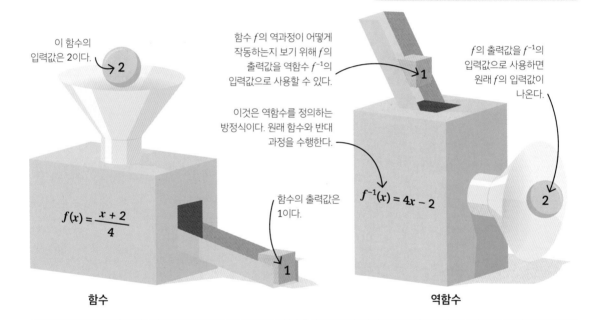

이 함수의 입력값은 2이다.

함수 f의 역과정이 어떻게 작동하는지 보기 위해 f의 출력값을 역함수 f^{-1}의 입력값으로 사용할 수 있다.

이것은 역함수를 정의하는 방정식이다. 원래 함수와 반대 과정을 수행한다.

f의 출력값을 f^{-1}의 입력값으로 사용하면 원래 f의 입력값이 나온다.

함수의 출력값은 1이다.

$$f(x) = \frac{x+2}{4}$$

$$f^{-1}(x) = 4x - 2$$

함수

역함수

⚙ 역함수 찾기

역함수는 입력 x와 출력 y의 역할을 '교환'하기 때문에 역함수의 방정식을 찾기 위해서는 원래 함수의 방정식에서 변수를 서로 바꿔주면 된다.

1. 우선 원래 함수 f를 가져온다.

$$f(x) = \frac{x+2}{4}$$

2. y를 f의 출력값으로 사용한다.

$$\frac{x+2}{4} = y$$

3. 역함수를 찾으려면 각각의 x를 y로 바꾸고 y를 x로 바꾼다.

$$\frac{y+2}{4} = x$$

4. 방정식을 y를 구하는 식으로 배열한다(110쪽 참조).

$$y + 2 = 4x$$
$$y = 4x - 2$$

5. 이렇게 하면 역함수가 나오며 이것을 f^{-1}로 표시한다.

$$f^{-1}(x) = 4x - 2$$

↖ 함수 f의 역함수이다.

합성함수

한 함수의 출력값이 두 번째 함수에 입력으로 사용되면 이를 합성함수라고 부른다. 전체 결합 과정은 하나의 합성함수로 표현할 수 있다.

합성함수 만들기

두 함수가 수행되는 합성함수는 $f(g(x))$로 표현할 수 있다. 합성함수 $f(g(x))$는 함수 g를 수행한 다음 함수 f를 수행하는 기계와 같다.

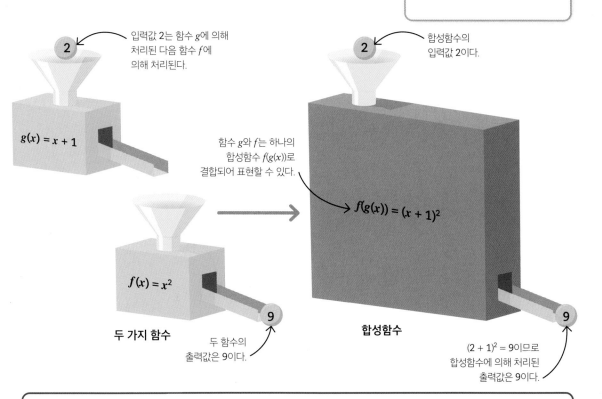

2 입력값 2는 함수 g에 의해 처리된 다음 함수 f에 의해 처리된다.

$g(x) = x + 1$

함수 g와 f는 하나의 합성함수 $f(g(x))$로 결합되어 표현할 수 있다.

$f(x) = x^2$

두 가지 함수

9 두 함수의 출력값은 9이다.

2 합성함수의 입력값 2이다.

$f(g(x)) = (x + 1)^2$

합성함수

9 $(2 + 1)^2 = 9$이므로 합성함수에 의해 처리된 출력값은 9이다.

⚙️ **함수의 순서**

합성함수의 이름은 어떤 함수가 먼저 수행되는지를 나타내기 때문에 문자의 순서가 중요하다. 변수 x 바로 옆에 적힌 함수가 먼저 수행된다. $f(x) = x^2$이고 $g(x) = x + 1$일 때 $f(g(x))$는 $g(f(x))$와 같을까?

1. 먼저 합성함수 $f(g(x))$를 구해보자.
$$f(g(x)) = f(x + 1) = (x + 1)^2 = x^2 + 2x + 1$$

2. 다음으로 합성함수 $g(f(x))$를 구해보자.
$$g(f(x)) = g(x^2) = (x^2) + 1 = x^2 + 1$$

3. 따라서 $f(g(x))$는 $g(f(x))$와 같지 않다.

거듭제곱과 계산

큰 지수의 거듭제곱과 거듭제곱 값의 추정

어떤 수에 그 수 자체를 곱하면 그 수가 거듭제곱되었다고 한다(22쪽 참조). 거듭제곱에서 곱한 횟수를 지수라고 한다. 앞서 수를 2제곱(제곱)하는 것과 3제곱(세제곱)하는 것에 대해 다루었지만, 거듭제곱의 지수는 어떤 수로도 올라갈 수 있다. 지수가 3보다 큰 거듭제곱을 큰 지수의 거듭제곱이라고 한다.

> 📌 **핵심 요약**
>
> ✓ 거듭제곱에서 수가 곱해지는 횟수를 지수라고 한다.
>
> ✓ 수는 원하는 대로 거듭제곱될 수 있다.
>
> ✓ 소수로 표현된 수의 거듭제곱의 값은 수직선을 사용하여 추정할 수 있다.

10의 거듭제곱

수가 무한한 것처럼 거듭제곱의 지수도 무한할 수 있다. 지수를 1씩 올리며 10의 거듭제곱을 구해보면 다음과 같은 수열이 만들어진다.

십	10^1	10	10
백	10^2	100	10×10
천	10^3	1000	$10 \times 10 \times 10$
만	10^4	10000	$10 \times 10 \times 10 \times 10$
십만	10^5	100000	$10 \times 10 \times 10 \times 10 \times 10$
백만	10^6	1000000	$10 \times 10 \times 10 \times 10 \times 10 \times 10$
십억	10^9	1000000000	$10 \times 10 \times 10 \times 10 \times 10 \times 10 \times 10 \times 10 \times 10$
조	10^{12}	1000000000000	$10 \times 10 \times 10 \times 10 \times 10 \times 10 \times 10 \times 10 \times 10 \times 10 \times 10 \times 10$

지수는 숫자에 포함된 0의 개수를 알려준다.

거듭제곱 값의 추정

소수로 표현된 수의 거듭제곱에 대한 정확한 답을 계산기 없이 구하는 것은 복잡할 수 있지만, 수직선을 사용하면 답을 쉽게 추정할 수 있다. 2.8^2의 값을 추정해 보자.

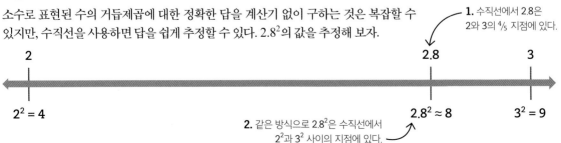

1. 수직선에서 2.8은 2와 3의 ⁴⁄₅ 지점에 있다.

2. 같은 방식으로 2.8^2은 수직선에서 2^2과 3^2 사이의 지점에 있다.

2　2.8　3

$2^2 = 4$　$2.8^2 \approx 8$　$3^2 = 9$

거듭제곱근

수를 제곱하거나 세제곱할 수 있는 것처럼 그것의 역과정 또는 반대 과정이 있다. 이것을 제곱근 또는 세제곱근 찾기라고 한다. 제곱근은 근호라 불리는 기호 $\sqrt{\ }$ 로 표시되며, 기호 $\sqrt{\ }$ 는 '루트'라고 읽는다.

 핵심 요약

✓ 수의 제곱근은 어떤 수에 자기 자신을 곱하여 원래 수가 되는 값이다.

✓ 수의 세제곱근은 어떤 수에 자기 자신을 두 번 곱하여 원래 수가 되는 값이다.

제곱근

어떤 수의 제곱근이란 제곱했을 때 원래 수와 같아지는 수이다. 예를 들어 $3 \times 3 = 9$이므로 9의 제곱근은 3이다.

제곱근 기호

$\sqrt{9}$

9   3

3^2

1. 9의 제곱근은 3이다.

2. 이는 3×3 또는 3^2이 9이기 때문이다.

세제곱근

어떤 수의 세제곱근이란 세제곱했을 때 원래 수와 같아지는 수이다. 예를 들어 $3 \times 3 \times 3 = 27$이므로 3은 27의 세제곱근이다.

세제곱근 기호

$\sqrt[3]{27}$

27   3

3^3

1. 27의 세제곱근은 3이다.

2. 이는 $3 \times 3 \times 3$ 또는 3^3이 27이기 때문이다.

제곱근의 추정

대부분의 제곱근은 복잡한 소수이므로 계산기 없이는 값을 추정하기 어렵다. 제곱근을 추정하려면 정수인 수 중 주어진 제곱근의 바로 위와 아래에 있는 수를 선택한 다음 소수점 값으로 추정치를 구체화하고 그 값을 제곱하여 구하고자 하는 제곱근과 비교한다.

1. $\sqrt{21}$은 $\sqrt{16} = 4$와 $\sqrt{25} = 5$ 사이에 있다.

2. 두 제곱근 4, 5 사이의 중간에 있는 수인 4.5를 제곱하는 것부터 시작한다. 그다음 계속해서 추정치를 개선한다.

3. 이 수는 21로 반올림할 수 있다.

$\sqrt{21} = ?$

$4.5^2 = 20.25$ (너무 낮음)

$4.6^2 = 21.16$ (너무 높음)

$4.55^2 = 20.7025$ (너무 낮음)

$4.58^2 = 20.9764$

🔍 계산기를 사용하여 제곱근 찾기

공학용 계산기에는 제곱근, 세제곱근 및 고차제곱근을 찾는 데 사용할 수 있는 버튼이 있다.

제곱근과 세제곱근

제곱근 또는 세제곱근을 구하고자 하는 수를 입력한 다음 해당 버튼을 누른다.

$\sqrt{16} =$ [16] [$\sqrt[2]{x}$] $= 4$

$\sqrt[3]{216} =$ [216] [$\sqrt[3]{x}$] $= 6$

고차제곱근

고차제곱근을 얻으려면 루트 버튼을 사용한다. 수를 입력하고 루트 버튼을 누른 후 거듭제곱 횟수(y)를 입력한다.

$\sqrt[4]{81} =$ [81] [$\sqrt[y]{x}$] [4] $= 3$

음수 지수

지수는 음수일 수 있다. 수를 양의 거듭제곱하는 것이 반복 곱셈을 표현하는 방법인 것처럼, 음의 거듭제곱하는 것은 반복되는 나눗셈을 표현하는 방법이다.

핵심 요약

✓ 음의 거듭제곱은 수의 역수를 양의 거듭제곱하는 것과 같다.

✓ 0을 제외한 모든 수의 0 거듭제곱은 항상 1이다.

수의 반전

수를 음의 거듭제곱하는 것을 이해하는 간단한 방법이 있다. 수를 거꾸로 뒤집어 역수로 쓰고 거듭제곱을 양수로 변경하는 것이다.

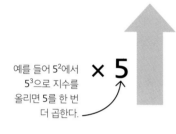

예를 들어 5^2에서 5^3으로 지수를 올리면 5를 한 번 더 곱한다.

$\times 5$

$5^4 = 5 \times 5 \times 5 \times 5 = 625$

$5^3 = 5 \times 5 \times 5 = 125$

$5^2 = 5 \times 5 = 25$

$5^1 = 5$

1. 5^1은 1×5와 같다.

$$5^0 = \frac{5}{5} = 1$$

$$5^{-1} = \frac{1}{5^1} = \frac{1}{5}$$

2. 5^{-1}은 $1 \div 5$ 또는 지수를 음수에서 양수로 바꾼 5의 역수 $1/5$과 같다.

$$5^{-2} = \frac{1}{5^2} = \frac{1}{5 \times 5} = \frac{1}{25}$$

3. 같은 방식으로 5^{-2}은 $1 \div (5 \times 5)$ 또는 역수 $1/25$과 같다.

지수를 1 낮추면 5로 한 번 더 나눈다.

$\div 5$

$$5^{-3} = \frac{1}{5^3} = \frac{1}{5 \times 5 \times 5} = \frac{1}{125}$$

$$5^{-4} = \frac{1}{5^4} = \frac{1}{5 \times 5 \times 5 \times 5} = \frac{1}{625}$$

⚙ 0 거듭제곱

위의 예에서 $5^0 = 5 \div 5 = 1$임을 확인할 수 있다. 0이 아닌 수를 자기 자신으로 나누면 항상 1이 되므로 어떤 수(0은 제외)의 0 거듭제곱은 항상 1이다. 대수적 표현을 이용하여 이를 확인할 수 있다.

$$a^2 = a \times a$$

$$a^1 = \frac{a \times a}{a} = a$$

a^2을 a로 나눈 결과는 a이다.

$$a^0 = \frac{a}{a} = 1$$

a를 a로 나눈 결과는 1이다.

거듭제곱의 곱셈과 나눗셈

거듭제곱의 지수와 관련된 계산을 더 쉽게 할 수 있도록 하는 몇 가지 규칙이 있다. 이러한 규칙을 지수법칙이라고 한다. 이러한 법칙을 사용하면 거듭제곱 전체를 풀어서 쓰는 계산의 번거로움을 피할 수 있다.

 핵심 요약

✓ 거듭제곱 계산은 지수법칙이라는 규칙을 사용하여 단순화할 수 있다.

✓ 거듭제곱된 수를 곱할 때는 지수를 더한다.

✓ 거듭제곱된 수를 나눌 때는 앞의 지수에서 뒤의 지수를 빼준다.

거듭제곱의 곱셈

거듭제곱된 수를 곱할 때 지수를 더하면 쉽게 답을 구할 수 있다. 이 일반 규칙은 대수 공식을 사용하여 표현할 수 있다. 이 규칙은 계산에서 사용된 거듭제곱의 밑이 같은 경우에만 적용할 수 있다.

계산 결과는 $4 \times 8 = 32$이다.

$2^5 = 32$

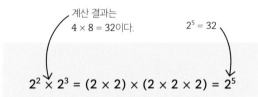
$$2^2 \times 2^3 = (2 \times 2) \times (2 \times 2 \times 2) = 2^5$$

$$2^2 \times 2^3 = 2^{2+3} = 2^5$$

답의 지수는 곱해지는 지수들의 합이다.

$$a^n \times a^m = a^{n+m}$$

거듭제곱의 나눗셈

나눗셈에서는 거듭제곱의 규칙이 곱셈의 반대가 된다. 지수를 더하는 대신 앞의 지수에서 뒤의 지수를 뺀다. 곱셈과 마찬가지로 법칙은 대수 공식을 사용하여 표현할 수 있다. 이 규칙은 계산에서 사용된 거듭제곱의 밑이 같은 경우에만 적용할 수 있다.

계산 결과는 $81 \div 9 = 9$이다.

$3^2 = 9$

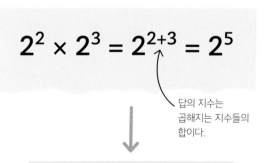
$$3^4 \div 3^2 = \frac{3 \times 3 \times \cancel{3} \times \cancel{3}}{\cancel{3} \times \cancel{3}} = 3 \times 3 = 3^2$$

분수는 약분된다.

$$3^4 \div 3^2 = 3^{4-2} = 3^2$$

첫 번째 지수에서 두 번째 지수를 뺀다.

$$a^n \div a^m = a^{n-m}$$

거듭제곱의 거듭제곱

거듭제곱을 계산하는 또 다른 지수법칙(118쪽 참조)은 거듭제곱한 수를 다시 거듭제곱하는 것과 관련이 있다. 예를 들어$(3^3)^2$, 즉 3^3에 3^3을 곱하면 얼마일까? 이 복잡한 계산은 다음 지수법칙을 사용하여 간단히 할 수 있다.

핵심 요약

✓ 거듭제곱 계산은 지수법칙이라는 규칙을 사용하여 단순화할 수 있다.

✓ 거듭제곱을 다시 거듭제곱할 때는 지수를 서로 곱하여 계산한다.

거듭제곱의 거듭제곱

한 번 거듭제곱된 수를 다시 거듭제곱하면 거듭제곱의 지수를 곱하여 결과를 구할 수 있다. 이 규칙은 대수 공식을 사용하여 표현할 수 있다. 이 규칙은 음의 거듭제곱에도 적용되며, 지수의 곱셈을 할 때는 부호의 계산에 대한 일반적인 규칙이 적용된다. 이 법칙은 2개 이상의 거듭제곱이 포함될 수도 있다.

계산 결과는
$27 \times 27 = 729$이다.

$3^6 = 729$

$$(3^3)^2 = 3^3 \times 3^3 = (3 \times 3 \times 3) \times (3 \times 3 \times 3) = 3^6$$

$$(3^3)^2 = 3^{3 \times 2} = 3^6$$

지수를 곱하여 새로운 더 큰 지수를 찾는다.

$$(a^n)^m = a^{nm}$$

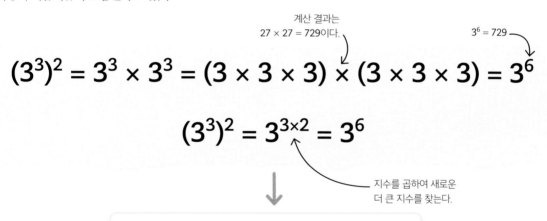

지수법칙의 활용

문제

세 가지 지수법칙을 사용하여 $(2 \times 2^4 \times 2^{-3})^2 \div 2^2$의 값을 구하시오.

풀이

1. 먼저 거듭제곱의 곱셈 법칙을 사용하여 괄호 안의 $(2 \times 2^4 \times 2^{-3})$을 계산한다.

$$(2 \times 2^4 \times 2^{-3}) = 2^{1+4-3} = 2^2$$

2. 거듭제곱의 지수를 곱하여 $(2^2)^2$을 계산한다.

$$(2^2)^2 = 2^{2 \times 2} = 2^4$$

3. 마지막으로 거듭제곱의 나눗셈 법칙을 사용하여 $2^4 \div 2^2$을 계산한다.

$$2^4 \div 2^2 = 2^{4-2} = 2^2 = 4$$

분수 지수와 거듭제곱근

거듭제곱의 지수가 정수일 필요는 없다. 지수는 $a^{1/2}$과 같은 분수로 나타날 수 있다.

거듭제곱근과 분수 지수

$4^{1/2}$ 또는 $4^{1/3}$과 같이 거듭제곱의 지수가 분자가 1인 분수이면 이것은 $\sqrt{4}$ 또는 $\sqrt[3]{4}$와 같은 거듭제곱근을 구하는 것과 같다. 이는 거듭제곱의 곱셈에 대한 공식 $a^n \times a^m = a^{n+m}$(118쪽 참조)을 이용하여 증명할 수 있다.

 핵심 요약

✓ 수를 분수로 거듭제곱하는 것은 거듭제곱근을 찾는 것과 같다.

✓ 분자가 1보다 큰 분수 지수의 계산은 거듭제곱근 계산 부분과 거듭제곱 계산 부분으로 나눌 수 있다.

제곱근 | 세제곱근

1. 2개 이상의 거듭제곱을 곱할 때 지수를 합하여 답을 구한다.

$$4^{1/2} \times 4^{1/2} = 4^{1/2 + 1/2} = 4^1 = 4 \qquad 8^{1/3} \times 8^{1/3} \times 8^{1/3} = 8^{1/3 + 1/3 + 1/3} = 8^1 = 8$$

2. 거듭제곱근들을 곱하면 1단계와 같은 결과가 나온다.

$$\sqrt{4} \times \sqrt{4} = 4 \qquad\qquad \sqrt[3]{8} \times \sqrt[3]{8} \times \sqrt[3]{8} = 8$$

3. 따라서 분수 지수는 거듭제곱근을 찾는 것과 같다.

$$4^{1/2} = \sqrt{4} = 2 \qquad\qquad 8^{1/3} = \sqrt[3]{8} = 2$$

4. 이것은 분자가 1인 분수 지수에 대한 일반 규칙으로 표현할 수 있다.

$$a^{1/n} = \sqrt[n]{a}$$

분자가 1이 아닌 분수 지수

분자가 1보다 큰 분수를 지수로 가진 거듭제곱의 계산은 다음 두 가지 작업을 수행하는 것으로 생각할 수 있다. 지수 $^{(1/3)}$에 해당하는 거듭제곱근을 찾고 정수 거듭제곱 $^{(1/3 \times 2)}$을 계산한다. $1000^{2/3}$을 구하려면 지수를 $(1000)^{1/3 \times 2}$와 같이 나누어 계산한다.

1. 우선 제곱근부터 구한다.

$$1000^{1/3} = \sqrt[3]{1000} = 10$$

2. 그다음 정수 지수를 계산한다.

$$(\sqrt[3]{1000})^2 = 10^2 = 100$$
$$1000^{2/3} = 100$$

⚙ 음의 분수 지수

분수 거듭제곱의 지수는 음수일 수 있으며, 음의 정수 지수(117쪽 참조)와 마찬가지로 양의 분수 지수 계산 결과의 역수를 찾는 것이다. 따라서 $1000^{-2/3}$을 계산하려면 1000의 역수에 거듭제곱근과 정수 지수를 적용한다.

$$1000^{-2/3} = \frac{1}{(1000)^{1/3 \times 2}}$$
$$= \frac{1}{10^2} = \frac{1}{100} = 0.01$$

연습문제
거듭제곱의 계산

지수법칙을 사용하면 거듭제곱과 관련된 계산이 훨씬 쉬워진다.
지수법칙을 적용해 볼 수 있는 몇 가지 연습문제를 풀어보자.

함께 보기

49 분수의 덧셈과 뺄셈
117 음수 지수
119 거듭제곱의 거듭제곱
120 분수 지수와 거듭제곱근

문제

$(13^2)^4)^0$을 구하시오.

풀이

1. 거듭제곱의 거듭제곱을 계산할 때는 지수를 서로 곱하여 하나의 지수로 만들어 준다.

$$(13^2)^4)^0 = 13^{(2 \times 4 \times 0)} = 13^0$$

2. 어떤 수의 0 거듭제곱은 항상 1이다.

$$(13^2)^4)^0 = 1$$

문제

$(1\frac{1}{2})^3 + 5(8^2 \times 8^{-3}) - (16^{\frac{1}{4}})$을 구하시오.

풀이

1. 식의 첫 번째 항을 보자. 대분수를 가분수로 바꾸고 분자와 분모에 모두 거듭제곱을 적용한다.

$$\left(1\frac{1}{2}\right)^3 = \left(\frac{3}{2}\right)^3 = \frac{27}{8}$$

2. 두 번째 항의 경우 지수끼리 더하여 괄호 안의 거듭제곱의 곱을 계산한다.

$$5(8^2 \times 8^{-3}) = 5 \times 8^{(2+\,-3)} = 5 \times 8^{-1}$$

3. 계산 결과 거듭제곱의 지수가 음수이므로 수를 역수로 하여 분수로 만들고 양의 지수를 계산한다.

$$5 \times 8^{-1} = 5 \times \frac{1}{8} = \frac{5}{8}$$

4. 세 번째 항으로 넘어가서, $16^{\frac{1}{4}}$은 16의 네제곱근, 즉 $\sqrt[4]{16}$과 같다.

$$\sqrt[4]{16} = 2$$

5. 1단계와 3단계에서 구한 첫째 항과 둘째 항을 더한다.

$$\frac{27}{8} + \frac{5}{8} = \frac{32}{8} = 4$$

6. 5단계의 결과에서 4단계의 결과를 빼서 답을 구한다.

$$\left(1\frac{1}{2}\right)^3 + 5(8^2 \times 8^{-3}) - (16^{\frac{1}{4}}) = 4 - 2 = 2$$

문제

$64^{-\frac{1}{3}} \div \left(\frac{1}{128}\right)^{\frac{3}{7}}$을 구하시오.

풀이

1. 첫 번째 항은 지수가 음수이므로 밑의 역수를 취해 분수로 변환하고 지수를 양수로 만든다.

$$64^{-\frac{1}{3}} = \left(\frac{1}{64}\right)^{\frac{1}{3}}$$

2. 분수 지수 $\frac{1}{3}$의 계산은 세제곱근을 찾는 것과 같다.

$$\left(\frac{1}{64}\right)^{\frac{1}{3}} = \left(\sqrt[3]{\frac{1}{64}}\right) = \frac{1}{4}$$

3. 두 번째 항의 분수 지수는 분자가 1보다 크므로 거듭제곱근 계산과 거듭제곱 계산으로 나눈다.

$$\left(\frac{1}{128}\right)^{\frac{3}{7}} = \left(\frac{1}{128}\right)^{\frac{1}{7} \times 3}$$

4. 먼저 거듭제곱근을 구하고 거듭제곱을 계산한다.

$$\left(\frac{1}{128}\right)^{\frac{1}{7}} = \left(\sqrt[7]{\frac{1}{128}}\right) = \frac{1}{2}$$

$$\left(\sqrt[7]{\frac{1}{128}}\right)^3 = \frac{1}{8}$$

5. 답을 구한다.

$$64^{-\frac{1}{3}} \div \left(\frac{1}{128}\right)^{\frac{3}{7}} = \frac{1}{4} \div \frac{1}{8} = 2$$

비순환 무한소수와 무리수

제곱근이 자연수가 되는 자연수는 전체 자연수의 일부이다 (이를 '제곱수'라고 한다. 22쪽 참조). 다른 모든 자연수의 제곱근은 유리수가 아니다. 즉 정수로 구성된 분수나 유한한 자릿수의 소수로 쓸 수 없다.

비순환 무한소수와 무리수란?

소수점이 끝없이 이어지는 무한소수 중에 순환소수가 아닌 것을 비순환 무한소수라고 한다. 유리수가 아닌 거듭제곱근은 비순환 무한소수이다. 유리수가 아닌 수를 무리수라고 하며, 비순환 무한소수는 무리수이고, 무리수는 비순환 무한소수이다. $\sqrt{a}$와 같은 형태는 무리수를 표현하는 정확한 방법이므로 $\sqrt{a}$ 형태로 남겨둔다. 소수를 이용하여 무리수를 나타내면 무한한 소수점의 자릿수를 모두 쓸 수 없기 때문에 정확한 값을 표현할 수 없다.

$\sqrt{4}$는 2가 전체 수를 표현할 수 있는 정수이므로 무리수가 아니다.

$$\sqrt{4} = 2$$

$$\sqrt{5} = 2.23606797749978969640917366...$$

$\sqrt{5}$에는 반복되지 않는 소수점 이하의 끝없는 숫자열이 있으므로 무리수로 표현하는 것이 가장 정확하다.

무리수의 계산

무리수를 숫자로 완전히 정확하게 나타내는 것은 불가능하지만, 그렇다고 계산에 사용할 수 없다는 의미는 아니다. 예를 들어 넓이가 3 m²인 정사각형의 경우 각 변의 길이는 무리수 형태로 표현되어야 한다.

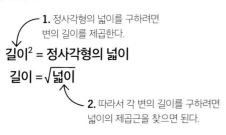

1. 정사각형의 넓이를 구하려면 변의 길이를 제곱한다.

길이² = 정사각형의 넓이

길이 = $\sqrt{넓이}$

2. 따라서 각 변의 길이를 구하려면 넓이의 제곱근을 찾으면 된다.

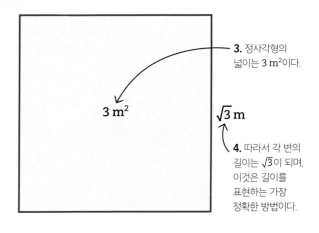

3 m²

$\sqrt{3}$ m

3. 정사각형의 넓이는 3 m²이다.

4. 따라서 각 변의 길이는 $\sqrt{3}$이 되며, 이것은 길이를 표현하는 가장 정확한 방법이다.

무리수의 계산

무리수를 계산하기 위한 몇 가지 기본 규칙이 있다. 이러한 규칙을 사용하면 무리수에 대한 근삿값을 사용하지 않고 정확한 답을 표현할 수 있다.

핵심 요약

✓ 두 수를 곱하고 결과의 제곱근을 찾는 것은 두 수의 제곱근을 곱하는 것과 같다.

✓ 근호를 포함한 식을 제곱하면 근호 안쪽의 수가 나온다.

✓ 한 수를 다른 수로 나누고 그 결과의 제곱근을 구하는 것은 분자의 제곱근을 분모의 제곱근으로 나누는 것과 같다.

제곱근의 곱셈

두 수를 곱하고 결과의 제곱근을 찾는 것은 두 수의 제곱근을 곱하는 것과 같다. 제곱근을 간단히 할 때 제곱근 안의 수의 약수 중 완전제곱수를 찾으면 식을 간단히 쓸 수 있다. 완전제곱수인 약수의 제곱근을 각각 구하고 제곱근의 곱셈 규칙을 사용하여 식을 단순화한다.

$$\sqrt{ab} = \sqrt{a} \times \sqrt{b}$$

$$\sqrt{45} = \sqrt{9 \times 5} = \sqrt{9} \times \sqrt{5} = 3\sqrt{5}$$

1. $\sqrt{45}$를 두 약수 9와 5로 나누어 단순화한다.
2. $\sqrt{9}$는 3이므로 $3 \times \sqrt{5}$로 단순화할 수 있다.
3. 5는 더 간단히 쓸 수 없으므로 $\sqrt{5}$는 무리수 형태로 둔다.

제곱근의 제곱

근호로 표현된 수를 제곱하면, 즉 자기 자신을 곱하면 근호 안에 있던 수가 나온다. 이는 같은 수에 제곱근의 곱셈 규칙을 적용한 결과이다.

$$\sqrt{a} \times \sqrt{a} = a$$

$$\sqrt{7} \times \sqrt{7} = 7$$

제곱근의 나눗셈

한 수를 다른 수로 나누고 그 결과의 제곱근을 찾는 것은 분자의 제곱근을 분모의 제곱근으로 나누는 것과 같다.

$$\sqrt{\frac{a}{b}} = \frac{\sqrt{a}}{\sqrt{b}}$$

1. $\sqrt{\frac{8}{25}}$을 간단히 하자.
2. $\sqrt{25}$는 5이다.
3. $\sqrt{8}$은 $\sqrt{4} \times \sqrt{2}$로 써서 간단히 나타낼 수 있다.

$$\sqrt{\frac{8}{25}} = \frac{\sqrt{8}}{\sqrt{25}} = \frac{\sqrt{8}}{5}$$

$$= \left(\frac{\sqrt{4} \times \sqrt{2}}{5}\right) = \frac{2\sqrt{2}}{5}$$

수식을 $a\sqrt{b}$ 형태로 나타내기

문제
정수 a와 소수 b에 대하여 $\sqrt{48}$을 $a\sqrt{b}$의 형태로 나타내시오.

풀이
1. 완전제곱수인 약수를 찾는다. 16은 완전제곱수이고, 16과 3은 48의 약수이다.

$$\sqrt{48} = \sqrt{16 \times 3} = \sqrt{16} \times \sqrt{3}$$

2. 3은 소수이므로 $\sqrt{3}$을 근호를 포함한 형태로 남겨두고 $\sqrt{16}$을 분해한다.

$$\sqrt{48} = 4\sqrt{3}$$

무리수가 포함된 분수

무리수가 포함된 분수를 계산할 때 계산을 올바르게 완료하기 위해 따라야 할 몇 가지 규칙이 있다.

📌 **핵심 요약**

✓ 분수의 분모에 무리수가 있는 경우 분자에 무리수가 오도록 '유리화'해야 한다.

✓ 유리화에는 분수의 분자와 분모에 분모의 값을 곱하는 과정이 포함된다.

✓ 분모가 $a \pm \sqrt{b}$ 형태인 경우 유리화를 위해 곱하는 수는 무리수 앞의 부호를 반대로 바꾼 값으로 한다.

분모의 유리화

분모에 무리수가 있는 분수에서 무리수를 분자로 이동하면 계산이 쉬워지는 경우가 많다. 분모 전체가 근호를 포함한 식이면 분수의 분자와 분모에 분모의 값을 곱하여 무리수 부분을 분자로 옮길 수 있다. 이러한 과정을 '분모의 유리화'라고 한다.

1. 분모가 무리수이다.

$$\frac{a}{\sqrt{b}} = \frac{a \times \sqrt{b}}{\sqrt{b} \times \sqrt{b}} = \frac{a\sqrt{b}}{b}$$

2. 분모의 무리수를 분자와 분모에 모두 곱한다.

3. 이제 무리수가 분자에 나온다.

$$\frac{1}{\sqrt{5}} = \frac{1 \times \sqrt{5}}{\sqrt{5} \times \sqrt{5}} = \frac{\sqrt{5}}{5}$$

4. 근호가 포함된 무리수에 같은 수를 곱하면 근호 안에 있던 수가 나온다.

더 복잡한 분모의 유리화

분모가 유리수와 무리수의 합으로 구성된 경우 상황은 더욱 복잡해진다. 유리화의 과정은 유사하지만 곱셈 법칙을 적용하기 위해 무리수 앞의 기호를 바꾸어야 한다. 이것은 분모에 있는 모든 무리수를 제거하기 위해 고안된 방법이며 제곱 빼기 제곱 공식과 관련이 있다(105쪽 참조).

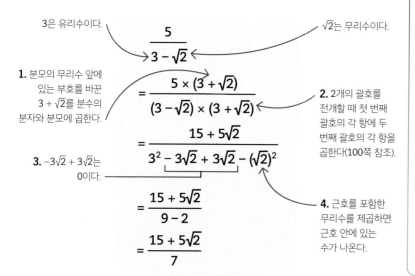

3은 유리수이다.

$\sqrt{2}$는 무리수이다.

$$\frac{5}{3 - \sqrt{2}}$$

1. 분모의 무리수 앞에 있는 부호를 바꾼 $3 + \sqrt{2}$를 분수의 분자와 분모에 곱한다.

$$= \frac{5 \times (3 + \sqrt{2})}{(3 - \sqrt{2}) \times (3 + \sqrt{2})}$$

2. 2개의 괄호를 전개할 때 첫 번째 괄호의 각 항에 두 번째 괄호의 각 항을 곱한다(100쪽 참조).

$$= \frac{15 + 5\sqrt{2}}{3^2 - 3\sqrt{2} + 3\sqrt{2} - (\sqrt{2})^2}$$

3. $-3\sqrt{2} + 3\sqrt{2}$는 0이다.

4. 근호를 포함한 무리수를 제곱하면 근호 안에 있는 수가 나온다.

$$= \frac{15 + 5\sqrt{2}}{9 - 2}$$

$$= \frac{15 + 5\sqrt{2}}{7}$$

🧮 무리수의 계산

문제

다음을 계산하고 답을 간단히 쓰시오.

$$\frac{1}{\sqrt{2}} \times \frac{2}{\sqrt{6}} = ?$$

풀이

1. 분수를 곱한다.

$$\frac{1}{\sqrt{2}} \times \frac{2}{\sqrt{6}} = \frac{2}{\sqrt{12}}$$

2. 무리수를 간단히 하고 더 이상 약분할 수 없을 때까지 답을 단순화한다.

$$\frac{2}{\sqrt{12}} = \frac{2}{\sqrt{3} \times \sqrt{4}} = \frac{2}{2\sqrt{3}} = \frac{1}{\sqrt{3}}$$

3. 분모를 유리화한다.

$$\frac{1}{\sqrt{3}} = \frac{1 \times \sqrt{3}}{\sqrt{3} \times \sqrt{3}} = \frac{\sqrt{3}}{3}$$

정확한 계산

길이를 찾기 위해 제곱 단위로 측정된 넓이를 사용하는 계산에는 무리수가 포함될 수 있다. 무리수는 이러한 계산 결과를 정확하게 표현하는 유일한 방법이다.

π와 무리수

어떤 원의 넓이가 2 m²라면 반지름의 길이 r은 얼마일까? 결과를 얻으려면 2의 제곱근을 찾아야 한다. 답을 정확한 값으로 나타내려면 어떻게 해야 할까?

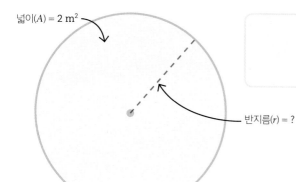

넓이(A) = 2 m²

반지름(r) = ?

$$원의\ 넓이(A) = \pi r^2$$
$$원의\ 반지름(r) = \sqrt{\frac{A}{\pi}}$$

$$\pi \times r^2 = 2$$

$$r^2 = \frac{2}{\pi}$$

π도 무리수의 일종이므로 소수점 표현으로 전체를 나타낼 수 없다.

$$r = \sqrt{\frac{2}{\pi}}\ m$$

이것은 반지름의 정확한 값을 나타낸다.

🔢 정확한 값 찾기

문제

단면의 넓이가 3 cm²이고 높이(h)가 단면의 반지름 길이의 10배인 원기둥이 있다. 원기둥의 정확한 부피는 cm³ 단위로 얼마일까?

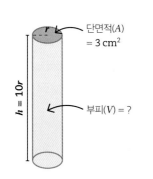

r

단면적(A) = 3 cm²

$h = 10r$

부피(V) = ?

풀이

$$원기둥의\ 부피(V) = 단면의\ 넓이 \times 높이$$
$$= \pi r^2 h$$
$$넓이(A) = \pi r^2$$
$$반지름(r) = \sqrt{\frac{A}{\pi}}$$

1. 우선 원기둥의 부피를 계산한다.

$$V = 3h\ (\pi r^2 = 3\ cm^2이므로)$$
$$= 3 \times 10r\ (h = 10r\ 이므로)$$
$$= 30r$$

2. 그다음 정확한 값을 구한다.

$$r = \sqrt{\frac{3}{\pi}}\ 이므로\ V = 30\sqrt{\frac{3}{\pi}}\ cm^3$$

표준 표기법

매우 큰 수와 매우 작은 수를 기록하는 것은 번거롭고 시간이 오래 걸릴 수 있다. 표준 표기법 또는 표준 지수 표기법은 10의 거듭제곱을 사용하여 매우 큰 수와 매우 작은 수를 효과적으로 표현하는 편리한 방법이다. 특히 유효 숫자를 1 이상 10 미만의 수로 쓰고 10의 거듭제곱을 곱해 표준 표기법으로 표현하는 것을 과학적 기수법이라 한다.

표준 표기법으로 수 쓰기

수를 표준 표기법으로 나타내려면 수를 1 이상 10 미만의 첫 번째 부분과 10의 거듭제곱인 두 번째 부분으로 나누어야 한다 (115쪽 참조).

핵심 요약

✓ 표준 표기법은 10의 거듭제곱을 이용하여 매우 큰 수와 매우 작은 수를 표현하는 데 사용된다.

✓ 표준 표기법은 $a \times 10^n$의 형태로 표현된다.

✓ a는 1 이상 10 미만이다($1 \leq a < 10$).

✓ 거듭제곱의 지수는 1보다 큰 수에 대해 양수이고, 1보다 작은 수에 대해 음수이다.

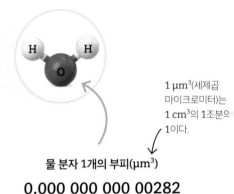

$1\ \mu m^3$(세제곱 마이크로미터)는 $1\ cm^3$의 1조분으 1이다.

지구상의 물의 부피(km^3)

1 386 000 000

물 분자 1개의 부피(μm^3)

0.000 000 000 00282

1. 소수점을 찍고(또는 이미 있는 경우 그 위치를 찾고) 1에서 10 사이의 수를 만들기 위해 이동해야 하는 자릿수를 세어본다.

1 3 8 6 0 0 0 0 0 0 .

소수점이 왼쪽으로 9자리 이동한다.

1.386×10^9

1보다 큰 수에 대한 지수는 양수이다.

0 . 0 0 0 0 0 0 0 0 0 0 2 8 2

소수점이 오른쪽으로 12자리 이동한다.

2.82×10^{-12}

1보다 작은 수에 대한 지수는 음수이다.

2. 수에 10의 거듭제곱을 곱한다. 거듭제곱의 지수는 소수점이 이동한 자릿수와 같다.

⚙ **표준 표기법의 공식**

수를 표준 표기법으로 나타내면 모두 같은 형태로 표현된다.

a는 1 이상 10 미만이어야 한다. 즉 $1 \leq a < 10$이다.

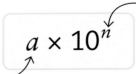

$$a \times 10^n$$

n은 양의 정수 또는 음의 정수일 수 있다.

표준 표기법의 곱셈과 나눗셈

매우 큰 수와 매우 작은 수를 계산할 때 표준 표기법을 사용하면 훨씬 간단해진다. 길고 다루기 힘든 수로 계산하는 대신 각 수를 표준 표기법으로 나타내 계산을 단순화한 다음 답을 표준 표기법으로 표시하면 계산 결과의 규모 혹은 크기를 알 수 있다.

핵심 요약

✓ 표준 표기법을 이용하여 계산을 하면 계산 과정을 단순화할 수 있다.

✓ 표준 표기법으로 계산할 경우 첫 번째 수와 10의 거듭제곱을 별도로 계산한다.

✓ 지수법칙을 적용하여 10의 거듭제곱을 곱하거나 나눈다.

지수법칙과 표준 표기법

표준 표기법으로 작성된 2개 이상의 수를 곱하거나 나누려면 먼저 10의 거듭제곱과 첫 번째 수 부분을 분리하는 것부터 시작해야 한다. 그런 다음 첫 번째 수와 10의 거듭제곱을 별도로 계산한다. 10의 거듭제곱을 곱하거나 나눌 때는 지수법칙을 적용한다(118쪽 참조). 계산 결과를 표준 표기법으로 나타내려면 10의 지수를 수정하여 자릿수를 조정해야 할 수도 있다. 여기서는 $3\,000\,000 \times 420\,000$을 계산해 보자.

$$3\,000\,000 \times 420\,000 = ?$$

1. 먼저 각각의 수를 표준 표기법으로 변환한다 (126쪽 참조).

$$= (3 \times 10^6) \times (4.2 \times 10^5)$$

2. 표준 표기법의 첫 번째 수들과 거듭제곱을 분리하고 각각 따로 곱한다. 거듭제곱의 곱을 할 때는 10의 지수끼리 더한다.

$$= (3 \times 4.2) \times (10^6 \times 10^5)$$
$$= 12.6 \times 10^{6+5}$$
$$= 12.6 \times 10^{11}$$

3. 계산 결과의 첫 번째 수가 1에서 10 사이에 있지 않으므로 답을 조정해야 한다. 첫 번째 수를 10으로 나누고 10의 거듭제곱에 10을 곱해준다.

$$12.6 \times 10^{11}$$
$$\div 10 \downarrow \qquad \downarrow \times 10$$
$$= 1.26 \times 10^{12}$$

└ 답이 표준 표기법으로 표현되었다.

표준 표기법의 계산

문제

화성이 몇 개가 있으면 지구 하나의 질량과 같아질까? 행성의 질량은 매우 크기 때문에 표준 표기법을 사용하여 문제를 해결하는 것이 좋다. 여기서 행성의 질량은 다음과 같이 소수 넷째 자리까지 반올림되어 주어졌다.

지구의 질량(m_E): 5.9742×10^{24} kg
화성의 질량(m_M): 6.4191×10^{23} kg

풀이

1. 지구의 질량을 화성의 질량으로 나눈다.

$$m_E \div m_M$$
$$5.9742 \times 10^{24} \div 6.4191 \times 10^{23}$$

2. 먼저 앞의 숫자를 나눈다.

$$5.9742 \div 6.4191 = 0.9307$$

3. 그런 다음 지수법칙을 사용하여 10의 거듭제곱을 나눈다. 즉 10의 지수끼리 빼준다.

$$0.9307 \times 10^{24-23}$$
$$= 0.9307 \times 10^1$$
$$= 9.307$$

화성이 9.307개 있어야 지구 하나와 질량이 같아진다.

표준 표기법의 덧셈과 뺄셈

표준 표기법에서 긴 수를 더하거나 뺄 때 첫 번째 단계는 각 수의 10의 거듭제곱 부분이 일치하는지 확인하는 것이다.

📌 **핵심 요약**

✓ 표준 표기법으로 나타난 수를 더하거나 뺄 때 모든 수가 동일한 10의 거듭제곱으로 표현되었는지 확인한다.

✓ 거듭제곱의 지수가 일치하면 앞의 수끼리 별도로 계산한다.

지수 맞추기

하나 이상의 수가 표준 표기법으로 표현된 덧셈 또는 뺄셈에서는 10의 거듭제곱을 표시한 부분의 지수가 같은지 확인해야 한다. 그리고 앞의 수끼리 계산한다. $(2.4 \times 10^7) - 170000$을 계산해 보자.

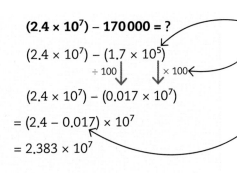

$$(2.4 \times 10^7) - 170\,000 = ?$$

$$(2.4 \times 10^7) - (1.7 \times 10^5)$$

$$\div 100 \qquad \times 100$$

$$(2.4 \times 10^7) - (0.017 \times 10^7)$$

$$= (2.4 - 0.017) \times 10^7$$

$$= 2.383 \times 10^7$$

1. 170000을 표준 표기법으로 변환한다.

2. 10^5의 지수를 2 올려 ($\times 100$) 지수를 맞춰주고 앞의 수에 10^{-2}을 곱해 ($\div 100$) 전체 값이 변하지 않도록 한다.

3. 이제 두 수의 10의 거듭제곱 부분이 같으므로 앞부분의 수를 계산한다.

🧬 DNA의 길이

문제

범죄 현장 수사관이 범인으로부터 DNA를 수집했다. 유전자 지문을 생성하려면 최소 1 mm (1×10^{-3} m)가 필요하다. 수집된 DNA 조각은 2×10^{-4} m, 9.6×10^{-5} m, 5.2×10^{-4} m, 8.4×10^{-5} m이다. 수집된 DNA의 총 길이는 얼마일까?

....

풀이

1. 모든 길이를 동일한 10의 거듭제곱으로 변환한다. 비교하는 값은 10^{-3} 규모이므로 모든 길이를 10^{-3}이 곱해진 형태로 나타낸다.

$$2 \times 10^{-4} \longrightarrow 0.2 \times 10^{-3} \text{ m}$$
$$9.6 \times 10^{-5} \longrightarrow 0.096 \times 10^{-3} \text{ m}$$
$$5.2 \times 10^{-4} \longrightarrow 0.52 \times 10^{-3} \text{ m}$$
$$8.4 \times 10^{-5} \longrightarrow 0.084 \times 10^{-3} \text{ m}$$

2. 이제 앞부분의 수들을 더한다.

$$(0.2 + 0.096 + 0.52 + 0.084) \times 10^{-3} = 0.9 \times 10^{-3}$$

테스트를 실행하는 데 필요한 DNA가 충분하지 않다.

🔍 계산기의 사용

일부 공학용 계산기에는 표준 표기법을 지시하는 전용 버튼이 있다. 그렇지 않은 경우에는 지수 버튼을 사용해야 한다. 답이 너무 길어서 계산기 화면에 표시할 수 없는 경우 표준 표기법으로 표시된다. 다음 예는 4×10^8을 계산기에 입력하는 방법을 나타낸다.

....

표준 표기법 버튼

표준 표기법 버튼은 10의 거듭제곱을 자동으로 곱해준다.

$$\boxed{4} \quad \boxed{\times 10^x} \quad \boxed{8} \quad \boxed{=}$$

....

지수 버튼

지수 버튼은 어떤 수든 밑으로 지정할 수 있으므로 10의 거듭제곱을 지정해야 한다.

$$\boxed{4} \quad \boxed{\times} \quad \boxed{1} \quad \boxed{0} \quad \boxed{X^y} \quad \boxed{8} \quad \boxed{=}$$

방정식과 그래프

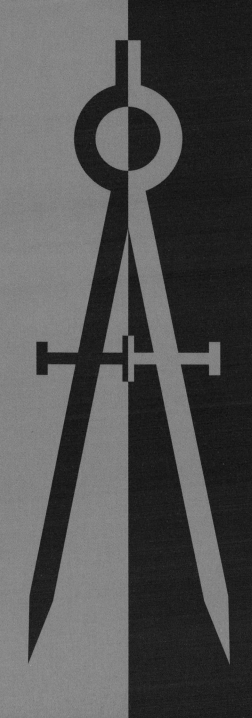

방정식

방정식은 2개의 식을 등호로 연결하여 두 식이 같은 값을 가진 다는 것을 나타내는 수학적 표현이다. 방정식에는 하나 이상의 미지수가 포함될 수 있다.

방정식 풀기

방정식의 정보를 사용하여 그 안에 있는 미지수의 값을 구할 수 있 다. 방정식이 참이 되게 하는 값을 방정식의 근 또는 해라고 하며, 방정식의 근 또는 해를 찾는 것을 방정식을 푼다고 한다. 방정식의 해는 수 또는 식일 수 있다.

미지수 x에 대입했을 때 방정식에 참이 되도록 하는 수가 있을 수 있다. 다음 식의 경우 x에 2를 대입하면 방정식이 성립하므로 2가 x의 해가 된다.

방정식의 양변은 같은 값을 갖는다. 이 경우 $x + 4$는 6과 같다.

$$x + 4 = 6$$

방정식의 양변은 저울이 균형을 이루는 것처럼 같은 값을 가진다.

🔍 항등식

항등식은 항상 같은 두 식을 등호로 연결한 것으로 방정식의 한 유형이다. 따라서 항등식의 양변은 동일한 것을 표현하는 두 가지 방법일 뿐이다. 일반적인 방정식은 미지수에 특정한 값들을 대입할 때만 성립하지만, 항등식은 어떠한 값을 대입해도 항상 성립하므로 무한히 많은 해를 가진다.

이 기호는 '항상 같다'를 의미한다.

괄호가 전개되었다.

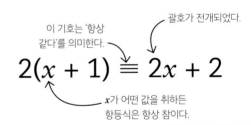

$$2(x + 1) \equiv 2x + 2$$

x가 어떤 값을 취하든 항등식은 항상 참이다.

⚙️ 함수 및 공식

방정식은 대수의 구성 요소로 만들 수 있는 것들 중 하나이다. 이 외에도 항과 연산을 사용하여 함수와 공식을 만들 수 있다.

함수

다음 함수의 등호는 함수의 규칙을 알려준다 (111쪽 참조). 우리는 함수를 풀지는 않지만 이를 사용하여 특정 x값에 대한 함숫값을 찾을 수 있다.

$$f(x) = 2x - 9$$

공식

공식은 변수 사이의 관계를 설명하기 위한 특별한 종류의 방정식이다(109쪽 참조).

$$a^2 + b^2 = c^2$$

간단한 방정식 풀이

방정식을 푸는 것은 방정식 안의 미지수를 결정하는 과정이다. 방정식의 해가 나타낼 때까지 식을 재배열하여 방정식의 해를 구할 수 있다.

미지수 분리하기

방정식을 풀려면 x와 같은 구하고자 하는 미지수가 등식의 한쪽 변에만 남아 있을 때까지 방정식을 변형한다. 미지수를 포함한 변에서 제거할 값에 대해 역연산을 수행하고, 등식의 균형을 유지하기 위해 반대쪽 변에도 같은 연산을 수행한다. 이와 같은 과정을 통하여 한쪽 변에만 미지수를 남길 수 있다.

📌 핵심 요약

✓ 방정식의 한쪽 변에만 미지수가 남아 있을 때까지 방정식을 재배열하여 방정식을 푼다.

✓ 방정식의 한쪽 변에만 미지수를 남기면 해당 미지수에 대한 해를 알 수 있다.

✓ 방정식의 양쪽 변에 동일한 연산을 수행하면 방정식은 여전히 균형을 유지하므로 방정식이 성립한다.

덧셈의 역연산

이 방정식에서 미지수 x를 분리하려면 7을 더하는 것과 반대의 연산을 해야 한다. 방정식의 균형을 유지하기 위해 양변에 7을 뺀다. 해는 3이다.

$$x + 7 = 10$$
$$x + 7 - 7 = 10 - 7$$
$$x = 3$$

곱셈의 역연산

이 방정식에서 x를 구하려면 2을 곱하는 것과 반대의 연산을 해야 한다. 따라서 방정식의 양변을 2로 나눈다. 해는 2이다.

$$2x = 4$$
$$\frac{2x}{2} = \frac{4}{2}$$
$$x = 2$$

뺄셈의 역연산

이 방정식에서 x를 분리하려면 6을 빼는 것과 반대의 연산을 해야 한다. 따라서 양변에 6을 더한다. 해는 9이다.

$$x - 6 = 3$$
$$x - 6 + 6 = 3 + 6$$
$$x = 9$$

나눗셈의 역연산

이 방정식을 풀려면 3으로 나누는 것과 반대의 연산을 해야 한다. 따라서 양변에 3을 곱한다. 해는 6이다.

$$\frac{x}{3} = 2$$
$$\frac{x}{3} \times 3 = 2 \times 3$$
$$x = 6$$

⚙ 균형 유지

방정식의 한쪽 변에서만 연산을 수행하면 방정식의 균형이 깨져 더 이상 식이 성립하지 않는다. 한쪽 변에 어떤 연산을 수행할 때는 다른 쪽 변에도 같은 연산을 수행해야 한다.

$x + 7 = 12$

이 방정식은 균형을 이루고 있다.

$x < 12$

왼쪽 변에서만 7을 빼면 두 변은 더 이상 같지 않다.

$x = 5$

반대쪽 변에서 7을 빼면 균형이 다시 맞아 방정식이 풀린다.

복잡한 방정식 풀이

복잡한 방정식을 풀려면 미지수를 한쪽 변으로 분리하기 위해 두 단계 이상의 연산을 수행해야 할 수도 있다. 연산의 순서 때문에 이러한 단계는 순서가 매우 중요하다.

핵심 요약

✓ 미지수를 분리하여 방정식을 푼다.

✓ 미지수가 방정식의 양변에 나타나면 한쪽 변에서는 미지수를 제거해야 한다.

방정식 분리하기

x와 같은 미지수가 방정식 양쪽에 나타날 수 경우 방정식을 풀기 위해서는 미지수를 한쪽 변으로 분리해야 한다. 연산의 순서를 거꾸로 하여 방정식 양쪽에서 역연산을 수행하면 미지수를 분리할 수 있다(28쪽 참조).

1. 이 방정식은 양변에 미지수 x가 나타난다.

$$4x - 1 = x + 5$$

2. 먼저 x가 방정식의 한쪽에만 나오도록 양쪽 변에서 x를 빼준다.

$$3x - 1 = 5$$

3. 다음으로 양변에 1을 더하여 뺄셈의 역연산을 수행한다.

$$3x = 6$$

4. 양변을 3으로 나누어 좌변에 미지수 x만을 남기고 방정식을 푼다.

$$x = 2$$

x의 해는 2이다.

▤ 실생활에서의 방정식

현실 세계의 문제를 방정식으로 변환한 후 해결할 수 있다.

문제
이 식물의 키는 6 cm 이다. 이 식물은 매주 2 cm씩 자란다. 몇 주 후에 식물의 키가 20 cm가 될까?

풀이

1. 문제의 답을 찾기 위해 문제 상황을 대수적인 방정식으로 표현할 수 있다. 식물의 최종 키는 6 cm에 성장한 주의 수의 두 배를 더한 값이다.

$$6 + 2x = 20$$

x는 성장한 주의 수를 나타낸다.

이것은 식물의 최종 키(cm)이다.

2. x를 분리하여 방정식을 푼다. 먼저 양변에서 6을 뺀 다음 양변을 2로 나눈다.

$$2x = 14$$
$$x = 7$$

식물의 키가 20 cm에 도달하는 데는 7주가 소요된다.

괄호가 있는 방정식

방정식의 괄호는 항들을 모아 그룹화한다. 미지수가 괄호 안에 있으면 방정식을 풀기 전에 괄호를 제거하는 것이 유용할 수 있다.

핵심 요약

✓ 괄호 안에 미지수가 있으면 방정식을 풀기 전에 괄호를 제거한다.

✓ 괄호를 제거하는 방법에는 두 가지가 있다. 괄호를 전개하거나 공통인수를 제거하는 것이다.

방정식의 괄호 전개

하나 이상의 괄호가 포함된 방정식을 풀려면 먼저 괄호를 전개하는 것이 도움이 될 수 있다(99쪽 참조).

1. 이 방정식을 풀기 전에 방정식의 괄호를 먼저 처리해야 한다.

$$3\left(\frac{2x}{3} + 3\right) - 2(1 - x) = 2x + 11$$

2. 괄호 앞에 곱해진 값과 괄호 안의 각각의 값을 곱하여 괄호를 전개한 다음 동류항을 모아 정리한다.

3을 곱하면 이 분모가 제거된다.　　음수를 곱하면 괄호 안에 있는 수의 부호가 바뀐다.

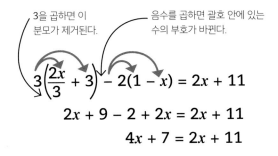

$$3\left(\frac{2x}{3} + 3\right) - 2(1 - x) = 2x + 11$$
$$2x + 9 - 2 + 2x = 2x + 11$$
$$4x + 7 = 2x + 11$$

3. 연산의 순서를 거꾸로 하여 x를 좌변으로 분리한다. 우선 양변에 $2x$를 뺀 다음 다시 양변에 7을 뺀다. 마지막으로 양변을 2로 나눈다.

$$4x + 7 = 2x + 11$$
$$2x + 7 = 11$$
$$2x = 4$$
$$x = 2$$

공통인수 제거

괄호를 전개하는 대신 공통인수를 사용하여 괄호를 제거할 수도 있다(101쪽 참조).

1. 이 평행사변형의 가로는 $x + 2$이고 기울어진 변의 길이는 $x - 3$이다. 만약 평행사변형의 둘레가 14 cm라는 것을 안다면 x의 값을 구할 수 있다.

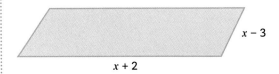

$x - 3$

$x + 2$

2. 주어진 정보를 방정식으로 표현한다. 우리는 둘레(변의 길이의 합)가 가로의 두 배에 기울어진 변의 길이의 두 배를 더한 것과 같다는 것을 알고 있다.

$$2(x + 2) + 2(x - 3) = 14$$

3. 양변을 나눌 공통인수를 찾는다. 괄호와 둘레는 모두 2라는 공통인수를 갖고 있다. 따라서 양변을 2로 나눈다. 이렇게 하면 전개하지 않고도 괄호를 제거할 수 있다.

$$x + 2 + x - 3 = 7$$

4. 동류항을 모아 방정식을 푼다.

$$2x - 1 = 7$$
$$2x = 8$$
$$x = 4$$

연립방정식

하나의 미지수를 포함하는 방정식은 우리가 방정식을 풀 수 있는 충분한 정보를 제공한다. 2개의 미지수가 있는 경우 이를 해결하려면 더 많은 정보가 필요하므로 추가 정보가 두 번째 방정식의 형태로 주어져야 한다. 같은 미지수를 포함하는 두 방정식을 연립방정식이라고 한다.

핵심 요약

✓ 연립방정식은 동일한 변수들을 포함하고, 주어진 식들을 같이 이용하여 해를 구한다.

✓ 한 방정식을 다른 방정식에 대입하거나 변수를 제거하여 연립방정식을 풀 수 있다.

연립방정식의 해

한 쌍의 연립방정식에 대한 해는 두 가지 미지수의 값을 제공한다. 연립방정식을 푸는 방법에는 크게 대입법과 가감법 두 가지가 있다.

$$3x - 5y = 4$$
$$4x + 5y = 17$$

이것은 연립방정식이다.

두 방정식 모두 같은 미지수 x를 포함한다.

두 방정식 모두 같은 미지수 y를 포함한다.

대입법

한 쌍의 연립방정식 중 하나에 계수가 1인 미지수가 포함되어 있는 경우, 해당 방정식을 재배열하고 이를 다른 방정식에 대입하면 연립방정식의 해를 구할 수 있다.

1. 이 연립방정식의 첫 번째 방정식에서 x의 계수가 1이므로 이 연립방정식을 풀기 위해 대입법을 사용할 수 있다.

이 항의 계수는 1이다.

① $x + 2y = 10$

② $2x + 6y = 26$

방정식에 번호를 매겨두면 풀이를 할 때 편리하다.

2. 첫 번째 방정식에서 x만 좌변에 남긴다.

① $x = 10 - 2y$

3. 방정식 ①에서 x에 대한 식 $10 - 2y$를 얻었다. 이제 방정식 ②의 x에 이 식을 대입하고 대입된 식을 재배열하여 y의 해를 구할 수 있다.

방정식 ①에서 구한 x에 대한 식이 방정식 ②의 x에 대입되었다.

② $2(10 - 2y) + 6y = 26$
$$20 - 4y + 6y = 26$$
$$2y = 6$$
$$y = 3$$

4. x의 값을 찾으려면 y의 값을 원래 방정식 중 하나에 대입하고 방정식을 다시 정리한다.

y의 값이 방정식 ①에 대입되었다.

① $x + 2(3) = 10$
$$x + 6 = 10$$
$$x = 4$$

5. x와 y의 값을 구했다. 이것이 한 쌍의 연립방정식에 대한 해이다.

$$x = 4$$
$$y = 3$$

가감법

한 변수에 대한 식으로 쉽게 정리할 수 없는 연립방정식은 가감법이라 불리는 방법을 이용하여 해를 구할 수 있다. 한 변수의 계수가 일치하도록 두 방정식에 적당한 수를 각각 곱한 후, 두 식을 더하거나 빼서 변수가 하나만 있는 방정식을 만든다.

1. 이 연립방정식은 가감법을 사용해 풀 수 있다. 두 방정식의 x 또는 y의 계수가 일치하도록 계수를 수정하여 한 변수를 제거할 수 있게 한다.

① $3x + 2y = 19$
② $5x - 4y = 17$

2. 방정식 ①의 전체에 2를 곱한다. 이제 방정식 ①과 ②에서 y에 대한 항은 모두 $4y$이다. 새로운 방정식에 번호 ③을 매긴다.

① $3x + 2y = 19$
$\downarrow \times 2$
③ $6x + 4y = 38$

3. 새로운 방정식 ③을 방정식 ②에 더해서 y 항을 제거한다.

③ $6x + 4y = 38$
+② $5x - 4y = 17$
$\downarrow$
$11x + 0y = 55$

두 방정식을 더하면 y 항이 제거된다.

4. 11로 나누어 x를 구한다.

$11x = 55$
$x = 5$

5. 이제 x의 값을 원래 방정식 중 하나에 대입한다. 그리고 방정식을 정리하여 y에 대한 해를 구한다.

① $3(5) + 2y = 19$
$15 + 2y = 19$
$2y = 4$
$y = 2$

x의 값을 방정식 ①에 대입하였다.

6. x와 y의 해를 찾았다. 이것이 한 쌍의 연립방정식에 대한 해이다.

$x = 5$
$y = 2$

⚙ 두 방정식에 각각 수를 곱하는 경우

가감법을 사용하기 위해 두 방정식에 각각 적당한 수를 곱해야 하는 경우도 있다. 하나의 방정식에만 수를 곱하면 두 식의 계수를 같게 만들기 어려운 경우 이렇게 한다.

1. 이 연립방정식에서는 같은 변수에 대한 어떤 계수도 다른 계수의 약수가 아니므로 두 계수를 간단하게 일치시키려면 두 방정식에 각각 정수를 곱해야 한다.

① $2x + 5y = 26$
② $3x + 2y = 17$

2. 두 방정식에 각각 적당한 수를 곱하여 y의 계수를 10으로 만든다. 새로운 방정식에 ③과 ④의 번호를 매긴다.

① $2x + 5y = 26$
$\downarrow \times 2$
③ $4x + 10y = 52$

② $3x + 2y = 17$
$\downarrow \times 5$
④ $15x + 10y = 85$

3. 방정식 ④에서 방정식 ③을 빼서 y를 제거하고 동류항을 정리한다.

④ $15x + 10y = 85$
－③ $4x + 10y = 52$
$\downarrow$
$11x = 33$
$x = 3$

4. x의 값을 방정식 ①에 대입하여 y의 값을 구한다.

$2(3) + 5y = 26$
$5y = 20$
$y = 4$

5. x와 y의 해를 구했다.

$x = 3$
$y = 4$

연습문제
실생활의 연립방정식

현실 세계의 문제 상황에서는 모르는 값이 하나 이상 포함된 경우가 많다. 이 경우 우리는 연립방정식을 이용하여 문제를 표현하고 그것을 해결할 수 있다.

함께 보기

97 대입

132 복잡한 방정식 풀이

134-135 연립방정식

문제

한 카페에서 첫 번째 고객이 쿠키 2개와 스무디 3잔을 15,000원에 구입했다. 두 번째 고객은 쿠키 4개와 스무디 5잔을 26,000원에 구입했다. 이 카페의 쿠키와 스무디 가격은 얼마일까?

풀이

1. 문제를 해결하기 위해 각 고객이 구입한 내용을 방정식으로 표현해 보자. 이 연립방정식에서 x는 쿠키 한 개의 가격을, y는 스무디 한 잔의 가격을 나타낸다.

 ① $2x + 3y = 15000$ 고객 1의 구매 결과

 ② $4x + 5y = 26000$ 고객 2의 구매 결과

2. x와 y의 계수는 1이 아니므로 가감법을 이용하여 방정식을 푼다. 방정식 ①에 2를 곱하여 x의 계수를 같게 만든다. 새로운 방정식에 번호 ③을 매긴다.

 ① $2x + 3y = 15000$

     $\downarrow \times 2$

 ③ $4x + 6y = 30000$

3. 방정식 ③에서 방정식 ②를 빼서 x를 제거한다.

  ③ $4x + 6y = 30000$

 $-$ ② $4x + 5y = 26000$

      $\downarrow$

    $0x + y = 4000$

     $y = 4000$

4. 방정식 ①에 y의 값을 대입하여 x의 값을 구한다.

 ① $2x + 3y = 15000$

   $2x + 3(4000) = 15000$

   $2x + 12000 = 15000$

     $2x = 3000$

     $x = 1500$

5. 구해진 x의 값과 y의 값을 방정식 중 하나에 대입하여 해가 올바른지 확인한다. 올바른 해가 되려면 두 방정식에 대입했을 때 모두 성립해야 한다.

 ② $4x + 5y = 26000$

  $4(1500) + 5(4000) = 26000$

   $6000 + 20000 = 26000$

x가 1500이고 y가 4000이므로 카페에서는 쿠키를 1,500원에, 스무디를 4,000원에 판매한다.

간단한 이차방정식 풀이

이차방정식은 이차식을 포함하는 방정식이다(100쪽 참조).
이차방정식은 일반적으로 2개의 해를 가진다.

📌 **핵심 요약**

✓ 이차방정식은 일반적으로 2개의 해를 가진다.

✓ 이차방정식 중 일부는 인수분해를 하여 풀 수 있다.

이차방정식의 일반형

이차방정식을 풀기 위해서는 이차방정식을 일반형이라 불리는 형태로 나타내야 한다. 일반형은 x^2 항을 가장 앞에, x 항을 그다음에, 상수항(수로만 이루어진 항)을 마지막에 나열한 형태이다.

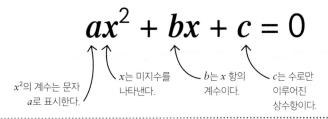

$$ax^2 + bx + c = 0$$

x^2의 계수는 문자 a로 표시한다.

x는 미지수를 나타낸다.

b는 x 항의 계수이다.

c는 수로만 이루어진 상수항이다.

인수분해로 풀기

1. 이 이차방정식을 풀려면 이차식을 인수분해해야 한다.

2. 이차방정식을 인수분해하면 2개의 괄호를 포함한 식으로 표현된다(102-103쪽 참조).

3. 두 수의 곱이 0이면 두 수 중 하나는 반드시 0이다. 방정식의 우변이 0이므로 $(x + 1)$ 또는 $(x + 2)$가 0이어야 한다. 이 두 가지 가능성 때문에 방정식의 해를 2개 얻게 된다.

4. 구해진 해들을 원래 방정식에 대입하여 그것이 맞는지 확인한다.

$$x^2 + 3x + 2 = 0$$

$$(x + 1)(x + 2) = 0$$

해 1

$$(x + 1) = 0$$
$$x = -1$$

해 2

$$(x + 2) = 0$$
$$x = -2$$

해 1의 확인

$$x^2 + 3x + 2 = 0$$
$$(-1)^2 + 3(-1) + 2 = 0$$
$$1 - 3 + 2 = 0$$
$$0 = 0$$

해 2의 확인

$$x^2 + 3x + 2 = 0$$
$$(-2)^2 + 3(-2) + 2 = 0$$
$$4 - 6 + 2 = 0$$
$$0 = 0$$

📋 b가 0일 때

이차방정식에서 b와 c의 값이 0일 수 있다(a는 0이 아니다). b가 0일 때는 방정식을 정리하여 x를 좌변에 남겨서 방정식을 풀 수 있다.

1. 이 방정식에서 b는 0이므로 x 항이 없다. x^2만을 좌변에 남기면 x의 값을 구할 수 있다.

$$x^2 - 16 = 0$$

2. x^2을 분리하려면 양변에 16을 더한다.

$$x^2 = 16$$

3. 해를 구하기 위해 양변의 제곱근을 구한다.

$$x = \pm\sqrt{16}$$

이 기호는 '양수 혹은 음수'를 의미한다.

4. 16의 제곱근은 4 또는 −4이므로 방정식은 2개의 해를 가진다.

$$x = 4 \text{ 또는 } x = -4$$

복잡한 이차방정식 풀이

x^2의 계수인 a가 1이 아닌 이차방정식을 풀어야 할 때도 있다. 이와 같이 더 복잡한 이차방정식을 푸는 방법을 알아보자.

핵심 요약

✓ 이차식을 인수분해할 수 있는 경우 방정식의 해를 찾을 수 있다.

✓ 인수분해 표는 a가 1이 아닐 때 인수분해를 하는 데 도움이 될 수 있다.

✓ $p^2 - q^2$ 형태는 $(p + q)(p - q)$로 인수분해된다.

a가 1이 아닐 때의 인수분해

a가 1이 아닌 경우의 이차식 인수분해가 항상 가능한 것은 아니다. 그러나 인수분해가 가능한 경우 표를 이용하면 인수를 찾는 데 도움이 될 수 있다.

1. 이 방정식은 $ax^2 + bx + c = 0$ 형태이다. 좌변의 식을 인수분해하려면 우선 a와 c의 약수를 구해야 한다. 이 값들은 괄호 안에 들어갈 가능성이 있다.

$$2x^2 + 7x + 6 = 0$$

a는 2이다. 2의 약수 쌍은 1, 2뿐이다. b는 7이다. c는 6이다. 6의 약수 쌍은 6, 1과 3, 2이다.

2. 표를 사용하여 괄호 안에 들어갈 수 있는 각각의 약수 쌍을 확인해 보자. 각 식의 괄호를 전개하여 어떤 조합이 원래 방정식과 같은지 확인한다.

가능한 인수분해 형태	전개된 식	
$(x + 6)(2x + 1)$	$2x^2 + 13x + 6$	✗
$(2x + 6)(x + 1)$	$2x^2 + 8x + 6$	✗
$(x + 3)(2x + 2)$	$2x^2 + 8x + 6$	✗
$(2x + 3)(x + 2)$	$2x^2 + 7x + 6$	✓

괄호 안의 값들의 순서를 바꾸면 식이 달라진다.

이것이 우리가 찾고 있는 전개된 식이다.

3. 표를 통해 $(2x + 3)(x + 2)$가 올바른 인수분해임을 알 수 있다. 표에서 올바른 식이 나타나지 않는다면 방정식을 풀기 위해서 인수분해 이외에 다른 방법을 사용해야 한다.

인수분해된 방정식 → $(2x + 3)(x + 2) = 0$

4. 괄호 중 하나가 0이어야 하므로 방정식에 대한 2개의 해를 찾을 수 있다.

$$(2x + 3) = 0 \qquad (x + 2) = 0$$
$$x = \frac{-3}{2} \qquad\qquad x = -2$$

해 1   해 2

제곱의 차

하나의 제곱 값에서 다른 제곱 값을 뺀 이차식을 두 제곱의 차라고 한다(105쪽 참조). 이러한 이차식은 $p^2 - q^2$의 형태이며, 인수분해하면 $(p + q)(p - q)$가 된다.

1. 9와 25는 제곱수이므로 다음 식의 좌변의 이차식은 두 제곱수의 차이다. 따라서 이 방정식은 $p^2 - q^2$의 형태를 포함한다.

$$9x^2 - 25 = 0$$

2. 두 제곱의 차는 $(p + q)(p - q)$의 형태로 인수분해할 수 있다. 여기서 p와 q는 원래 방정식에 포함된 항들의 제곱근이다.

$$(3x + 5)(3x - 5) = 0$$

5는 25의 제곱근이다.

$3x$는 $9x^2$의 제곱근이다.

3. 이제 식을 정리하여 문제를 해결할 수 있다. 괄호 중 하나가 0이므로 방정식에 대한 2개의 가능한 해를 찾을 수 있다.

$$(3x + 5) = 0 \qquad (3x - 5) = 0$$
$$x = \frac{-5}{3} \qquad\qquad x = \frac{5}{3}$$

해 1   해 2

완전제곱식

이차방정식을 2개의 괄호로 인수분해할 수 없는 경우 이차식을 완전제곱식으로 변형하는 방법을 사용할 수 있다. 이 방법은 식을 재배열하여 이차방적식을 푸는 아이디어를 제공한다.

핵심 요약

✓ 완전제곱식을 이용한 방법은 2개의 식으로 인수분해할 수 없는 이차방정식을 풀 때 유용하다.

✓ 이차방정식은 하나의 완전제곱식에서 그 식과 원래 식의 오차를 보정하기 위한 수를 뺀 형태로 표현된다.

완전제곱식의 기하적 표현

이차방정식 $x^2 + 6x + 3 = 0$은 곱이 3이고 합이 6인 정수의 쌍이 없기 때문에 정수 계수로 인수분해할 수 없다. 대신 완전제곱식을 사용하는 방법으로 방정식을 풀 수 있다. 방정식을 푸는 데 사용할 수 있는 완전제곱식을 만들기 위해 이차식에 어떤 값을 더해야 하는지 알아보자. 다음 설명과 같이 완전제곱식을 만드는 것은 '완전한 정사각형'을 만드는 것으로 생각할 수 있다.

1. 방정식의 각 항이 직사각형의 넓이를 나타낸다고 가정해 보자. x^2은 가로, 세로가 모두 x인 정사각형의 넓이이다. $6x$는 가로가 x이고 세로가 1인 직사각형 6의 넓이와 같다. 상수항인 3은 가로, 세로가 모두 1 인 정사각형 3개의 넓이로 생각할 수 있다.

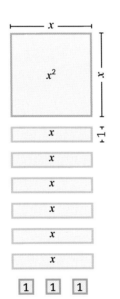

2. 이 직사각형들을 재배열하면 거의 완전한 정사각형을 형성한다. 이 정사각형은 가로가 $x + 3$이고 세로도 $x + 3$이므로 넓이를 식으로 나타내면 $(x + 3)^2$이다. 하지만 약간 부족한 부분이 있다.

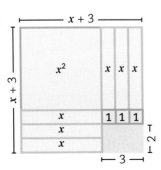

3. 원래 방정식은 전체 정사각형에서 부족한 부분을 뺀 넓이를 나타낸다.

$$x^2 + 6x + 3 = (x + 3)^2 - ?$$

4. 이 정사각형의 부족한 부분은 가로가 3이고 세로가 2이므로 넓이는 6이다. 전체 정사각형의 넓이에 대한 식에서 빠진 영역의 넓이를 빼면 원래 식과 같은 식이 나온다.

$$x^2 + 6x + 3 = (x + 3)^2 - 6$$

전체 정사각형의 넓이 $(x + 3)^2$에서 작은 직사각형의 넓이 6을 뺀다.

5. 이제 원래 식과 동일한 새로운 식을 사용하여 앞에서 배운 것처럼 방정식을 정리하고 풀 수 있다.

$$(x + 3)^2 - 6 = 0$$
$$(x + 3)^2 = 6$$
$$x + 3 = \pm\sqrt{6}$$
$$x = -3 \pm\sqrt{6}$$

이는 제곱근이 양수일 수도 있고 음수일 수도 있음을 의미한다.

따라서 방정식 $x^2 + 6x + 3 = 0$의 해는 $x = -3 - \sqrt{6}$, $x = -3 + \sqrt{6}$이다.

완전제곱식으로 바꾸는 방법

완전제곱식으로 이차방정식을 풀기 위해 직사각형을 그려 정사각형을 완성하는 방법이 항상 실용적인 것은 아니다. 대신에 식을 완전제곱식을 포함한 형태로 바꾸는 다른 방법을 몇 가지 단계로 설명할 수 있다.

완전제곱식을 위한 6단계

완전제곱식을 만들려면 풀어야 하는 이차방정식을 변형하여 괄호로 묶인 제곱식을 찾아야 한다. 그리고 원래 방정식과 같아지게 만들기 위해 제곱식에 더하거나 빼야 할 값을 찾아야 한다. 이 방법은 $ax^2 + bx + c$ 형태의 이차식이 인수분해되지 않을 때 사용할 수 있으며, 특히 a가 1이고 b가 짝수일 때 쉽게 적용할 수 있다.

핵심 요약

✓ 이 방법은 a가 1이고 b가 짝수일 때 사용하는 것이 가장 좋다.

✓ a가 1일 때 괄호는 $(x + {}^b/_2)^2$ 형태가 된다.

✓ a가 1일 때 괄호에 더하거나 빼는 값은 c와 $({}^b/_2)^2$의 차이이다.

1. 다음 이차방정식에서 a는 1이 아니다. 따라서 완전제곱식 방법을 사용하려면 전체 방정식을 3으로 나누어 a를 1로 만든다. a가 1이면 이 단계를 건너뛴다.

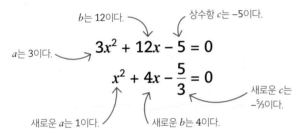

a는 3이다.

b는 12이다.

상수항 c는 −5이다.

$$3x^2 + 12x - 5 = 0$$

$$x^2 + 4x - \frac{5}{3} = 0$$

새로운 a는 1이다.

새로운 b는 4이다.

새로운 c는 −5/3이다.

2. 완전제곱식을 만들기 위해 새로운 b를 2로 나누고 x와 더해 괄호 안에 넣어 제곱해 준다. 그러면 괄호의 식은 $(x + {}^b/_2)^2$ 형태가 된다.

새로운 방정식의 b는 4이므로 이를 2로 나누어 2를 얻고 괄호 안에 쓴다.

$$(x + 2)^2$$

3. 괄호를 전개하고 원래 방정식과 비교한다. 괄호의 제곱식을 전개하면 c에 해당하는 값으로 4를 얻는다. 그러나 원하는 식의 c값은 −5/3이다.

괄호를 전개하면 c가 −5/3가 아닌 4임을 알 수 있다.

$$(x + 2)^2 = x^2 + 4x + 4$$

4. 괄호의 제곱식이 원래 방정식과 같게 만들기 위해 더하거나 빼야 하는 값을 찾는다. 따라서 c와 $({}^b/_2)^2$의 차이를 찾아야 한다.

c는 −5/3이다.

$({}^b/_2)^2$은 4이다.

$$-\frac{5}{3} - 4 = -\frac{17}{3}$$

이것이 원래 방정식과 완전제곱식의 차이이다.

5. 마지막으로 이 차이를 제곱식에서 빼는 방식으로 써준다. 이것은 원래 방정식의 완전제곱식 형태를 제공한다.

$$(x + 2)^2 - \frac{17}{3} = 0$$

6. 이제 식을 정리하여 방정식을 풀 수 있다.

$$(x + 2)^2 = \frac{17}{3}$$

$$x + 2 = \pm\sqrt{\frac{17}{3}}$$

$$x = -2 \pm \sqrt{\frac{17}{3}}$$

따라서 가능한 해는 다음과 같다.

$$x = -2 + \sqrt{\frac{17}{3}} \qquad 과 \qquad x = -2 - \sqrt{\frac{17}{3}}$$

근의 공식

이차방정식을 푸는 가장 확실한 방법은 근의 공식을 사용하는 것이다. 이 방법은 다른 방법을 사용하는 것이 어렵거나 불가능할 때 매우 유용하다.

핵심 요약

✓ 인수분해나 완전제곱식을 이용하여 이차방정식을 푸는 것이 어렵거나 불가능할 경우 근의 공식을 사용할 수 있다.

✓ a, b, c의 값을 근의 공식에 대입한다.

✓ 먼저 공식의 판별식 부분(제곱근 안의 부분)을 계산한다.

근의 공식 만들기

일반적인 이차방정식 $ax^2 + bx + c = 0$에 완전제곱식 방법을 적용하면 '근의 공식'이라 불리는 공식을 얻게 된다. 근의 공식은 수를 대입하고 계산만 하면 답을 얻기 때문에 완전제곱식으로 변형하는 방법의 대안이 될 수 있다.

일반적인 이차방정식

이차방정식을 풀기 위해 근의 공식을 사용하려면 이차방정식을 일반형으로 나타내야 한다. 일반형에서는 x^2 항 뒤에 x 항이 오고 그다음에 상수항이 온다. 문자 a, b, c는 수를 나타낸다.

$$ax^2 + bx + c = 0$$

근의 공식

x에 대한 이차방정식을 풀기 위해 근의 공식을 사용하려면 이차방정식의 a, b, c 값을 공식에 대입한 다음 이를 계산하면 된다.

이차방정식에는 일반적으로 2개의 해가 있다. 양수 및 음수 제곱근을 모두 사용하면 2개의 해를 모두 찾을 수 있다.

$$x = \frac{-b \pm \sqrt{b^2 - 4ac}}{2a}$$

공식의 적용

근의 공식을 사용할 때는 수를 대입하기만 하면 되지만, 단계를 나누어 계산하는 것이 더 합리적일 수 있다.

문제
다음 방정식을 풀어 x의 값을 구하시오.
$$3x^2 - 5x + 2 = 0$$

풀이

1. 우선 이차방정식에서 a, b, c의 값을 확인하자.
$$a = 3$$
$$b = -5$$
$$c = 2$$

2. 다음으로 공식에서 제곱근 안에 있는 부분을 계산한다. 근의 공식에서 제곱근 안에 있는 부분을 판별식이라고 한다. 판별식에 a, b, c를 대입하여 값을 구한다.

$$b^2 - 4ac$$
$$= -5^2 - 4 \times 3 \times 2$$
$$= 25 - 24$$
$$= 1$$

3. 방정식의 해를 구하기 위해 나머지 변수를 공식에 대입하고 이를 계산한다. 음수를 곱할 때는 실수하지 않도록 주의한다.

$$x = \frac{(-b \pm \sqrt{1})}{2a}$$
$$x = \frac{(5 \pm 1)}{6}$$
$$x = \frac{6}{6} = 1 \ \text{또는} \ x = \frac{4}{6} = \frac{2}{3}$$

따라서 $x = 1$, $x = \frac{2}{3}$이다.

연습문제
이차방정식의 풀이 방법 고르기

함께 보기

137 간단한 이차방정식 풀이
138 복잡한 이차방정식 풀이
140 완전제곱식으로 바꾸는 방법
141 근의 공식

근의 공식, 인수분해, 완전제곱식의 형태로 고치기, 두 제곱식의 차로 나타내기 등 이차방정식의 풀이 방법은 다양하다. 이차방정식 문제를 풀 때 가장 적절한 풀이 방법이 무엇일지 고르기 위해 고민하고 적절한 방법을 이용하여 문제를 해결하자.

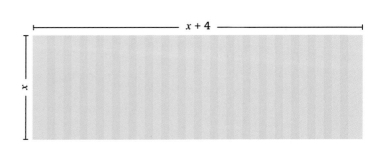

문제

직사각형 모양의 잔디밭의 가로의 길이가 세로의 길이보다 4 m 더 길고, 넓이는 11 m²이다. 잔디밭의 세로의 길이가 몇 m인지 소수 셋째 자리에서 반올림하여 나타내시오.

풀이

1. 직사각형의 넓이는 가로의 길이와 세로의 길이를 곱한 것과 같다. 잔디밭의 가로, 세로의 길이와 넓이에 관한 정보를 방정식으로 표현하자. 잔디밭의 세로의 길이를 x m라 하자.

(넓이) = (가로의 길이) × (세로의 길이)

$$11 = (x + 4) \times x$$

2. 이 방정식은 x에 관한 이차방정식이다. 방정식을 풀기 위해 이차방정식의 일반형($ax^2 + bx + c = 0$) 형태로 정리한 뒤 어떤 방법을 이용하여 방정식을 풀지 결정하자.

$$(x + 4) \times x = 11$$
$$x^2 + 4x = 11$$
$$x^2 + 4x - 11 = 0$$

3. 이차식을 쉽게 인수분해할 수는 없지만, a가 1이고 b가 짝수이기 때문에 완전제곱식으로 만들기 쉬운 형태이다 (139쪽 참조).

$a = 1$ ⟶ $x^2 + 4x - 11 = 0$ ⟵ b는 짝수

4. x와 b의 절반인 2를 괄호로 묶어 완전제곱식을 만든다. c와 $(\frac{b}{2})^2$의 차인 −15를 완전제곱식 뒤에 써서 원래의 이차방정식과 같은 이차방정식으로 만든다.

$$(x + 2)^2 - 15 = 0$$

$c - (\frac{b}{2})^2$
$= -11 - 4$
$= -15$

5. 방정식을 x에 대해 푼다.

$$(x + 2)^2 = 15$$
$$x + 2 = \pm \sqrt{15}$$
$$x = -2 \pm \sqrt{15}$$
$$x = -2 + \sqrt{15} \text{ 또는 } x = -2 - \sqrt{15}$$

6. 길이에 관한 이차방정식을 풀고 있으므로 방정식의 두 해 중 양수 해를 택한다.

$$x = -2 + \sqrt{15}$$
$$= 1.87$$

따라서 잔디밭의 세로의 길이는 1.87 m이다.

시행착오법

거듭제곱이나 제곱근에 관한 문제를 풀어야 하는데 계산기로
계산할 수 없다면 시행착오법을 이용하여 해결할 수 있다. 시행
착오법은 계산을 반복하여 정답에 점점 가까워지는 방법이다.

핵심 요약

✓ 시행착오법은 식에 값을 반복적으로
대입해 보는 방법이다.

✓ 대입한 값이 정답에 비해 큰지, 작은지
파악하여 개선한다.

✓ 필요한 만큼의 정확도를 가질 때까지
과정을 반복한다.

정답에 가까워지는 과정

시행착오법은 다양한 값을 대입해 보고 원하는 만큼 정답에 가까
운 값을 구할 때까지 범위를 좁히는 과정이다. 시행착오법을 이용
하여 $\sqrt{160}$을 소수 첫째 자리까지 구해보자.

정답은 파랗게 표시된
부분에 있다.

1. $12^2 = 144$, $13^2 = 169$이므로
$\sqrt{160}$은 12와 13 사이의 값이다.

곱셈법을
이용하여 12.5^2을
계산할 수 있다
(16-17쪽 참조).

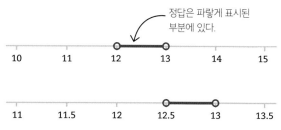

2. 12.5와 같이 12와 13 사이의 수를
제곱한다. 12.5^2이 160보다 작으므로
$\sqrt{160}$은 12.5와 13 사이의 값이다.

$$12.5^2 = 156.25$$

3. 12.7과 같이 12.5와 13 사이의 수를
제곱한다. 12.7^2이 160보다 크므로
$\sqrt{160}$은 12.5와 12.7 사이의 값이다.

$$12.7^2 = 161.29$$

4. 12.6을 제곱하면 160보다
작으므로 $\sqrt{160}$은 12.6과 12.7
사이의 값이다.

$$12.6^2 = 158.76$$

5. 이제 12.65를 제곱하면 160보다
크므로 $\sqrt{160}$은 12.6과 12.65 사이의
값이다. 따라서 $\sqrt{160}$을 반올림하여
소수 첫째 자리까지 구하면 12.6이다.

$$12.65^2 = 160.0225$$

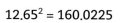

삼차방정식의 풀이

삼차방정식은 최대 3개의 해를 가질 수 있다.
시행착오법은 삼차방정식을 풀 수 있는 방법 중
하나이다. 삼차방정식 $x^3 - 2x^2 - x + 1 = 0$의 해 중
하나는 0과 1 사이의 값이다. 시행착오법을 이용하여
이 해를 소수 첫째 자리까지 구할 수 있다.

해가 0.55와 0.6 사이의 값이므로 해를 소수 첫째
자리까지 구하면 0.6이다.

x	$x^3 - 2x^2 - x + 1$	비교
0	1	0보다 큼
1	−1	0보다 작음
0.5	0.125	0보다 큼
0.7	−0.337	0보다 작음
0.6	−0.104	0보다 작음
0.55	0.011375	0보다 큼

0과 1 사이의 다양한
값을 x에 대입해 본다.

x에 0을 대입한
결과인 1이 0보다
크므로 다른 값을
x에 대입해 봐야 한다.

원하는 만큼 해에
가까운 값을 찾기
위해 한 번만 더
계산해 보면 된다.

좌표평면

함수, 방정식, 부등식을 이해하고 해석할 때 그래프로 표현하면 도움이 된다. 그래프는 좌표평면에 그릴 수 있다.

좌표평면의 구성 요소

좌표평면은 x축, y축이라고 하는 2개의 직선으로 이루어지며, 두 축은 원점이라는 점에서 만난다. 두 축은 평면을 4개의 부분으로 나누는데, 이를 사분면이라고 한다. 좌표평면의 점은 좌표라고 하는 순서쌍으로 표현할 수 있고, 좌표는 x축 방향의 위치와 y축 방향의 위치를 나타낸다.

 핵심 요약

- ✓ 좌표평면은 x축이라는 가로 방향의 직선과 y축이라는 세로 방향의 직선으로 구성된다. x축과 y축은 원점에서 만난다.
- ✓ 좌표평면 위의 점은 (x, y)와 같은 형태의 좌표로 나타낼 수 있다.

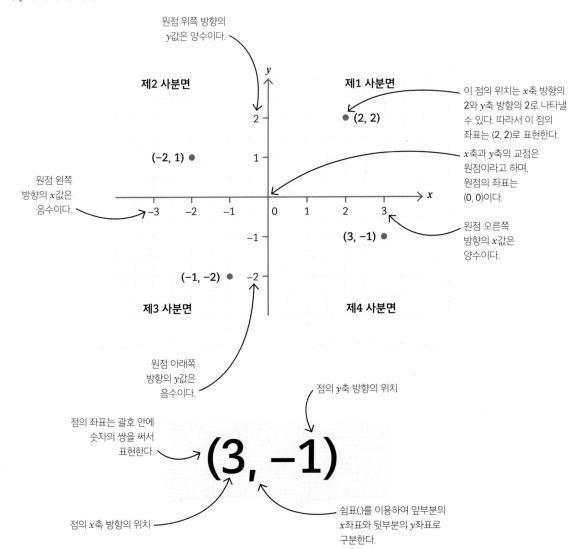

원점 위쪽 방향의 y값은 양수이다.

제2 사분면

제1 사분면

이 점의 위치는 x축 방향의 2와 y축 방향의 2로 나타낼 수 있다. 따라서 이 점의 좌표는 (2, 2)로 표현한다.

● (2, 2)

(−2, 1) ●

x축과 y축의 교점은 원점이라고 하며, 원점의 좌표는 (0, 0)이다.

원점 왼쪽 방향의 x값은 음수이다.

(3, −1) ●

원점 오른쪽 방향의 x값은 양수이다.

(−1, −2) ●

제3 사분면

제4 사분면

원점 아래쪽 방향의 y값은 음수이다.

점의 y축 방향의 위치

점의 좌표는 괄호 안에 숫자의 쌍을 써서 표현한다.

(3, −1)

점의 x축 방향의 위치

쉼표(,)를 이용하여 앞부분의 x좌표와 뒷부분의 y좌표로 구분한다.

일차함수의 그래프

함수(111쪽 참조)를 좌표평면에 그래프로 표현할 수 있다. 변수(입력)의 값을 x좌표, 함숫값(출력)을 y좌표로 갖는 점을 찍어 표현한다.

일차함수의 그래프 그리기

일차함수는 모든 변수의 차수가 1인 함수이다. 일차함수의 그래프는 직선 모양으로 그려진다. 몇 개의 점의 좌표를 표로 나타내어 일차함수의 그래프를 그릴 수 있다.

핵심 요약

✓ 함수를 좌표평면에 그래프로 표현할 수 있다.

✓ 몇 개의 변수의 값(x)에 따른 함숫값(y)을 표로 만들어 이들을 좌표로 갖는 점을 찍는다.

✓ 점들을 매끄럽게 이어서 함수의 그래프를 그린다.

✓ 일차함수의 그래프는 직선 모양이다.

1. 함수는 변수를 함숫값으로 만드는 일련의 과정이다. 다음 함수는 x에 2를 곱하고 1을 더하는 함수이다.

$$f(x) = 2x + 1$$

2. 함수의 그래프를 그리기 위해 함수를 y에 관한 방정식으로 표현한다.

$$y = 2x + 1$$

3. 그래프를 그리기 위해 함수의 그래프가 지나는 몇 개의 점의 좌표를 구하여 표로 정리한다. x값을 식에 대입하여 y값을 찾는다.

변수의 값(x)과 함숫값(y)을 좌표로 갖는 점을 찍어 함수의 그래프를 그린다.

x값(변수)	y값(함숫값)	점의 좌표
−1	$2(-1) + 1 = -1$	(−1, −1)
0	1	(0, 1)
1	3	(1, 3)
2	5	(2, 5)

주변에서 4~5개 정도의 x값을 택한다.

4. 좌표평면에 점을 찍으면 점들은 직선 모양으로 찍힌다. 점들을 자와 연필을 이용하여 매끄럽게 잇는다.

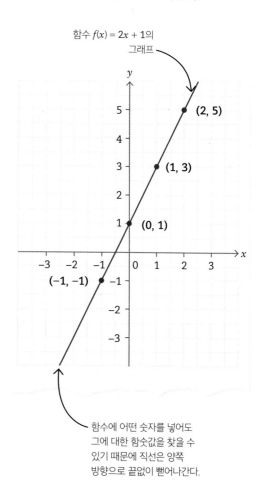

함수 $f(x) = 2x + 1$의 그래프

함수에 어떤 숫자를 넣어도 그에 대한 함숫값을 찾을 수 있기 때문에 직선은 양쪽 방향으로 끝없이 뻗어나간다.

직선의 방정식

직선 그래프의 구성 요소에는 가파른 정도를 의미하는 기울기와 y축과 교차하는 지점을 의미하는 y절편이 있다.

핵심 요약

✓ 직선의 방정식은 $y = mx + c$ 형태이다.

✓ 방정식에서 m은 기울기의 값을 나타내고, c는 y절편의 값을 나타낸다.

✓ m이 양수라면 직선은 오른쪽 위로 올라가는 모양이고, m이 음수라면 직선은 오른쪽 아래로 내려가는 모양이다.

직선의 방정식 구하기

좌표평면의 직선의 방정식은 $y = mx + c$ 형태이다. 그래프의 방정식을 찾을 때는 기울기(m)와 y절편(c)을 찾아 식 $y = mx + c$에 대입한다.

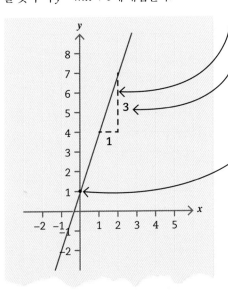

1. 직선에서 두 점을 선택하고 이들을 꼭짓점으로 하는 직각삼각형을 만든다.

2. 직선의 기울기는 직각삼각형의 높이를 직각삼각형의 밑변의 길이로 나눈 것이다. 주어진 직선의 기울기는 $^3/_1$ = 3이다. 이와 같이 오른쪽 위로 올라가는 직선의 기울기는 양수이고, 오른쪽 아래로 내려가는 직선의 기울기는 음수이다.

3. y절편은 직선과 y축의 교점의 y좌표이다. 주어진 직선의 y절편은 1이다.

4. $y = mx + c$에 기울기 3과 y절편 1을 대입하여 직선의 방정식을 만든다.

$$y = 3x + 1$$

5. 직선의 방정식을 옳게 구했는지 검토하기 위해 (0, 1)과 같이 직선 위의 아무 점을 선택하여 방정식에 x와 y의 좌표를 대입해 본다.

$$1 = 3 \times 0 + 1$$
$$1 = 1$$

🔍 기울기의 공식

직선 위의 두 점의 좌표를 기울기의 공식에 대입하여 직선의 기울기를 찾을 수도 있다.

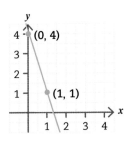

$$\text{기울기} = \frac{y\text{값의 변화량}}{x\text{값의 변화량}} = \frac{y_2 - y_1}{x_2 - x_1}$$

변화량을 구하기 위해 두 번째 점의 각 좌표에서 첫 번째 점의 각 좌표를 뺀다.

$$\text{기울기} = \frac{4 - 1}{0 - 1} = \frac{3}{-1} = -3$$

직선이 오른쪽 아래로 내려가는 모양이므로 기울기는 음수이다.

평행선과 수선

좌표평면의 한 직선의 방정식을 알고 있다면 그 직선과 평행한 직선의 방정식을 찾거나 그 직선이 다른 직선과 수직임을 설명할 수 있다.

핵심 요약

✓ 평행선의 기울기는 서로 같다.

✓ 수직으로 만나는 두 직선의 기울기의 곱은 −1이다.

평행선

좌표평면에서 두 평행선의 기울기는 서로 같다. 이를 이용하여 한 직선과 평행한 직선의 방정식을 찾을 수 있다.

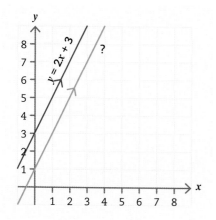

1. 직선의 방정식은 $y = mx + c$ 형태이고, m은 기울기를, c는 y절편을 의미한다.

2. 파란색 직선의 방정식은 $y = 2x + 3$이다. 이는 파란색 직선의 기울기가 2이고 y축과의 교점이 (0, 3)임을 의미한다.

3. 두 직선의 화살표 표시는 두 직선이 서로 평행함을 의미한다. 파란색 선의 직선의 방정식을 이용하여 초록색 선의 방정식을 구할 수 있다.

4. 평행선의 기울기는 서로 같다. 파란색 직선의 기울기가 2이므로 초록색 직선의 기울기(m)도 2이다.

5. 초록색 직선은 y축과 (0, 1)에서 만나므로 $c = 1$이다.

6. 이 값을 직선의 방정식 $y = mx + c$에 대입하여 초록색 직선의 방정식을 구할 수 있다.

$$y = 2x + 1$$

수선

한 직선이 다른 직선과 직교하는 경우 그 직선을 다른 직선의 수선이라고 한다. 직교하는 두 직선의 기울기의 곱은 −1이다. 이를 이용하여 두 직선이 직교함을 설명할 수 있다.

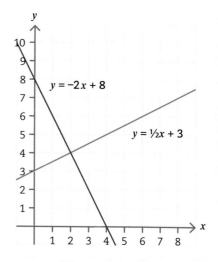

1. 보라색 직선의 방정식은 $y = -2x + 8$이다.

2. 주황색 직선의 방정식은 $y = \frac{1}{2}x + 3$이다.

3. 두 직선의 기울기를 서로 곱해서 두 직선이 서로 직교하는지 확인할 수 있다. 두 직선의 기울기의 곱이 −1이라면 두 직선은 서로 직교한다.

4. 보라색 직선과 주황색 직선의 기울기는 각각 −2와 $\frac{1}{2}$이고, 그 둘의 곱은 $-2 \times \frac{1}{2} = -1$이다.

5. 두 직선의 기울기의 곱이 −1이므로 두 직선은 서로 직교한다.

선분의 길이와 중점

모든 선이 끝없이 뻗어나가는 것은 아니다. 양 끝점이 있는 선을 선분이라고 한다. 선분의 양 끝점을 이용하여 선분의 길이와 중점을 구할 수 있다.

핵심 요약

✓ 선분의 길이는 피타고라스 정리를 이용하여 구한다.

✓ 선분의 중점의 좌표는 선분의 양 끝점의 좌표의 평균으로 구한다.

선분의 길이

길이를 구하고자 하는 선분을 빗변으로 갖는 직각삼각형에서 피타고라스 정리(196쪽 참조)를 이용하면 선분의 길이를 구할 수 있다. 선분의 양 끝점의 좌표를 이용하여 삼각형의 다른 변의 길이를 구할 수 있다.

선분의 길이는 피타고라스 정리로 구할 수 있다.
$$c = \sqrt{(a^2 + b^2)}$$

직각삼각형의 높이는 양 끝점의 y좌표의 차로 구할 수 있다.
$$b = y_2 - y_1$$

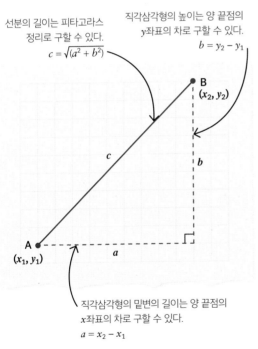

직각삼각형의 밑변의 길이는 양 끝점의 x좌표의 차로 구할 수 있다.
$$a = x_2 - x_1$$

두 점 (x_1, y_1), (x_2, y_2)를 양 끝점으로 하는 선분의 길이를 구할 수 있다.

$$선분의\ 길이 = \sqrt{(x_2 - x_1)^2 + (y_2 - y_1)^2}$$

선분의 중점

선분의 중점은 선분의 양 끝점의 중간 점이다. 양 끝점의 좌표를 더하고 2로 나누어 평균을 구하면 중점의 좌표를 구할 수 있다(231쪽 참조).

중점 M의 x좌표는 선분의 양 끝점 A, B의 x좌표의 평균이고, 중점 M의 y좌표는 선분의 양 끝점 A, B의 y좌표의 평균이다.

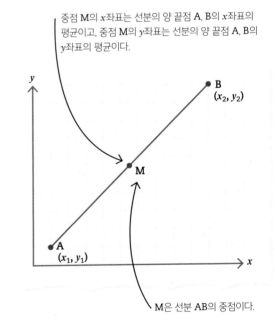

M은 선분 AB의 중점이다.

두 점 (x_1, y_1), (x_2, y_2)를 양 끝점으로 하는 선분의 중점의 좌표를 구할 수 있다.

$$중점의\ 좌표 = \left(\frac{x_1 + x_2}{2}, \frac{y_1 + y_2}{2} \right)$$

이차함수의 그래프

$f(x) = ax^2 + bx + c$ 형태로 표현되는 이차함수로부터 이차함수의 그래프를 그릴 수 있다. 이차함수의 그래프는 직선이 아니라 포물선이라는 곡선 모양으로 그려진다.

핵심 요약

✓ 이차함수의 그래프를 좌표평면에 표현하면 포물선이라는 곡선이 그려진다.

✓ 이차함수의 그래프와 x축의 교점의 x좌표는 이차함수의 근이다.

이차함수의 그래프 그리기

이차함수의 그래프를 그리기 위해서는 함수에 몇 개의 값을 대입하여 좌표평면에 그릴 수 있는 몇 개의 점의 좌표를 찾아내야 한다.

1. 함수 $f(x) = x^2 + 2x - 3$을 그래프로 나타내기 위해 함수를 y에 관한 방정식으로 표현한다.

$$y = x^2 + 2x - 3$$

2. 그래프를 그리기 위해 함수의 그래프가 지나는 몇 개의 점의 좌표를 구하여 표로 정리한다. 0 주변에서 x값을 몇 개 택하고 식에 대입하여 y값을 찾는다. 이차함수의 그래프를 그리기 위해서는 최소 5개 정도의 점의 좌표를 구하는 것이 좋다.

−3을 대입했을 때의 함숫값이 0이다.

입력 (x값)	출력 (y값)	점의 좌표
−3	$(-3)^2 + (2 \times -3) - 3 = 0$	(−3, 0)
−2	−3	(−2, −3)
−1	−4	(−1, −4)
0	−3	(0, −3)
1	0	(1, 0)
2	5	(2, 5)
3	12	(3, 12)

3. 좌표평면에 점을 찍으면 점들은 포물선이라는 곡선 모양으로 찍힌다. 점들을 자연스러운 모양으로 잇는다.

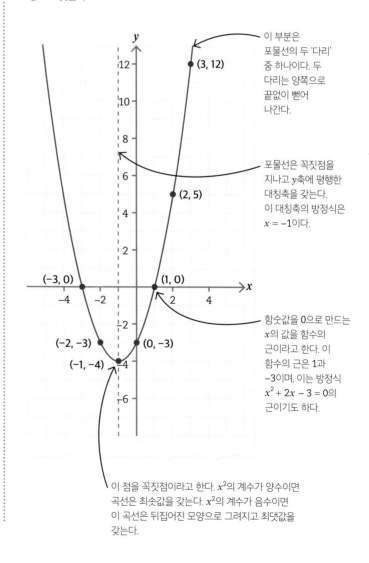

이 부분은 포물선의 두 '다리' 중 하나이다. 두 다리는 양쪽으로 끝없이 뻗어 나간다.

포물선은 꼭짓점을 지나고 y축에 평행한 대칭축을 갖는다. 이 대칭축의 방정식은 $x = -1$이다.

함숫값을 0으로 만드는 x의 값을 함수의 근이라고 한다. 이 함수의 근은 1과 −3이며, 이는 방정식 $x^2 + 2x - 3 = 0$의 근이기도 하다.

이 점을 꼭짓점이라고 한다. x^2의 계수가 양수이면 곡선은 최솟값을 갖는다. x^2의 계수가 음수이면 이 곡선은 뒤집어진 모양으로 그려지고 최댓값을 갖는다.

생활 속의 이차함수

중력에 관한 현상을 비롯한 생활 속의 여러 물리 현상들은 이차함수를 이용하여 설명할 수 있다. 대수학과 그래프는 이런 현상들을 이해하는 데 유용하게 쓰인다.

 핵심 요약

✓ 생활 속의 몇몇 현상은 이차함수로 표현할 수 있다.
✓ 이차함수에 관한 실생활 문제를 풀 때는 주어진 방정식의 근을 구한다.
✓ 방정식의 근을 이용하여 대략적인 그래프의 개형을 그리고 문제를 푼다.

공 던지기

지면으로부터 2 m 높이에서 공을 위쪽으로 초속 9 m의 속력으로 던진다. 이 공의 움직임을 이차함수로 표현하고 그래프로 나타내면 공의 움직임을 쉽게 이해할 수 있다. 공의 최대 높이와 공이 땅에 닿는 데 걸리는 시간을 구해보자.

공의 움직임에 관한 함수

1. 오른쪽의 함수는 공의 움직임에 관한 이차함수이다. 함수의 근을 구하고 함수의 그래프를 그려 공의 움직임에 대해 자세히 알아보자.

$$y = -5t^2 + 9t + 2$$

↳ y는 지면으로부터의 공의 높이를 나타낸다.

↱ t는 공을 던진 이후 경과한 시간을 나타낸다.

2. 함수의 그래프를 그리려면 그래프와 x축의 교점의 좌표를 구해야 한다. $y = 0$을 대입하고 t에 관한 방정식을 풀면 함수의 근을 구할 수 있다. $y = 0$을 대입하자.

$$-5t^2 + 9t + 2 = 0$$

↳ 높이가 0이라는 것은 공이 지면에 있음을 의미한다.

3. 방정식을 인수분해한다(104쪽 참조).

$$(5t + 1)(-t + 2) = 0$$

4. 두 식의 곱이 0이므로 두 식 중 하나는 0이다. 각 방정식을 풀어 함수의 근을 구한다.

$$(5t + 1) = 0 \qquad (-t + 2) = 0$$
$$5t = -1 \qquad\qquad 2 = t$$
$$t = -0.2 \qquad\qquad t = 2$$

↳ 그래프와 x축의 교점의 x좌표는 −0.2와 2이다.

그래프 그리기

1. 공의 최대 높이와 공이 땅에 닿는 데 걸리는 시간을 찾기 위해 시간에 따른 공의 높이의 그래프를 그린다. 그래프를 그릴 때 함수의 근을 활용할 수 있다.

2. 공을 2 m 높이에서 위쪽으로 던졌으므로 시간(x)이 0일 때의 높이(y)는 2이다. 즉 절편은 2이다.

3. 방정식을 풀어 높이(y)가 0일 때의 시간(t)을 구하면 그래프가 두 점 $(-0.2, 0)$과 $(2, 0)$을 지나는 것을 알 수 있다.

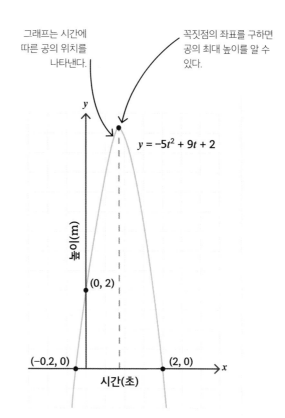

그래프는 시간에 따른 공의 위치를 나타낸다.

꼭짓점의 좌표를 구하면 공의 최대 높이를 알 수 있다.

$y = -5t^2 + 9t + 2$

$(0, 2)$

$(-0.2, 0)$ $(2, 0)$

높이(m)

시간(초)

그래프의 해석

1. 그래프를 통해 공이 땅에 닿는 데 걸리는 시간을 구한다. -0.2와 2에서 높이가 0이다. 공이 땅에 닿는 데 걸리는 시간은 양수이므로 2초이다.

2. 다음으로 공의 최대 높이를 구하기 위해 꼭짓점을 찾는다. 먼저 꼭짓점의 x좌표를 찾는다.

3. 이차함수의 그래프는 꼭짓점을 지나는 대칭축을 갖는다. 따라서 꼭짓점의 x좌표는 그래프와 x축과의 두 교점의 중점의 x좌표이다. 그래프의 x축과의 교점의 좌표와 선분의 중점의 좌표에 관한 공식을 이용하여 꼭짓점의 x좌표를 계산한다(148쪽 참조).

$$\text{중점의 좌표} = \left(\frac{x_1 + x_2}{2}, \frac{y_1 + y_2}{2} \right)$$

함수의 그래프와 축의 교점의 좌표를 대입한다.

$$= \left(\frac{-0.2 + 2}{2}, \frac{0 + 0}{2} \right)$$

$$= (0.9, 0)$$

0.9는 꼭짓점의 x좌표이다.

4. 구한 꼭짓점의 x좌표를 함수에 대입하면 꼭짓점의 y좌표, 즉 공의 최대 높이를 구할 수 있다. 최대 높이는 6.05 m이다.

$$y = -5t^2 + 9t + 2$$

$$= -5(0.9)^2 + 9(0.9) + 2$$

$$= -4.05 + 8.1 + 2$$

$$= 6.05$$

그래프를 이용한 간단한 방정식 풀이

그래프 위의 모든 점은 방정식의 모든 해가 된다. 이러한 원리를 이용하면 그래프를 이용하여 방정식을 풀 수 있다.

핵심 요약

✓ 함수의 그래프는 변수의 값을 함숫값에 대응시킨다.

✓ 방정식의 그래프는 방정식의 모든 해를 나타낸다.

✓ 연립방정식의 해는 두 방정식의 그래프의 교점의 좌표이다.

그래프로 함숫값 구하기

함수 $f(x)$의 그래프는 변수 x를 함숫값 y로 대응시킨다. 함수의 그래프로부터 함숫값을 구하기 위해서는 원하는 x에 대한 y좌표를 읽으면 된다.

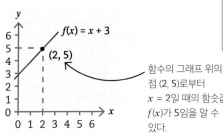

함수의 그래프 위의 점 (2, 5)로부터 $x = 2$일 때의 함숫값 $f(x)$가 5임을 알 수 있다.

그래프를 이용한 연립방정식 풀이

연립방정식을 이루는 두 방정식의 그래프를 이용하면 연립방정식의 해를 빠르게 구할 수 있다. 두 방정식의 그래프의 교점은 두 방정식을 모두 만족하는 해를 나타내므로 연립방정식의 해가 된다. 만약 두 방정식의 그래프가 서로 평행하다면 교점이 없으므로 연립방정식의 해가 없다.

1. 그래프를 이용하여 연립방정식을 풀기 위해 각 방정식을 y에 대해 나타낸다.

2. 그래프를 그리기 위해 방정식의 그래프가 지나는 몇 개의 점의 좌표를 구하여 표로 정리한다. 몇 개의 x값을 두 식에 대입하여 y값을 찾는다.

3. 좌표평면에 좌표를 구한 점을 표시하고 그래프를 그린다. 주어진 연립방정식의 해는 $x = 4$, $y = 5$이다.

방정식 ①

$x + y = 9$

$y = -x + 9$

방정식 ①

x	y
1	$-1 + 9 = 8$
2	7
3	6

방정식 ②

$2x - y = 3$

$y = 2x - 3$

방정식 ②

x	y
1	$2 \times 1 - 3 = -1$
2	1
3	3

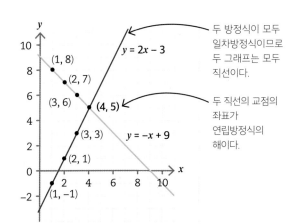

두 방정식이 모두 일차방정식이므로 두 그래프는 모두 직선이다.

두 직선의 교점의 좌표가 연립방정식의 해이다.

그래프를 이용한 복잡한 방정식 풀이

연립방정식을 이루는 두 방정식 중 하나가 이차방정식이고 하나가 일차방정식인 경우 두 그래프의 교점의 개수는 2개, 1개가 되거나 교점이 존재하지 않을 수 있으며, 각각은 연립방정식의 해가 2개, 1개, 0개임을 의미한다.

핵심 요약

✓ 일차방정식과 이차방정식의 연립방정식을 그래프를 이용하여 풀 수 있다.

✓ 연립방정식의 해의 개수는 두 그래프의 교점의 개수이다.

이차방정식을 포함한 연립방정식

이차방정식과 일차방정식으로 이루어진 연립방정식을 풀기 위해 하나의 좌표평면 위에 두 방정식의 그래프를 그린다. 연립방정식의 해는 두 방정식의 그래프의 교점의 좌표이다.

결과 확인하기

구한 해를 연립방정식에 대입하여 해를 옳게 구했는지 확인할 수 있다.

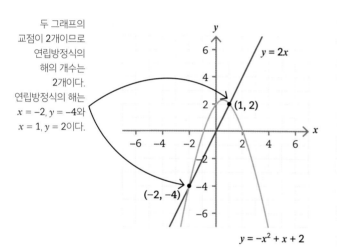

두 그래프의 교점이 2개이므로 연립방정식의 해의 개수는 2개이다. 연립방정식의 해는 $x = -2, y = -4$와 $x = 1, y = 2$이다.

1. 연립방정식에 $x = -2$, $y = -4$를 대입하여 첫 번째 해를 옳게 구했는지 확인한다.

첫 번째 해

$$y = 2x \qquad\qquad y = -x^2 + x + 2$$
$$-4 = 2(-2) \qquad -4 = -(-2)^2 - 2 + 2$$
$$-4 = -4 \qquad\qquad -4 = -4$$

2. 연립방정식에 $x = 1$, $y = 2$를 대입하여 두 번째 해를 옳게 구했는지 확인한다.

두 번째 해

$$y = 2x \qquad\qquad y = -x^2 + x + 2$$
$$2 = 2(1) \qquad\quad 2 = -(1)^2 + 1 + 2$$
$$2 = 2 \qquad\qquad 2 = 2$$

⚙ 이차함수의 근

이차함수의 그래프와 x축의 교점은 그 함수의 근을 나타낸다. 이차함수의 근은 $y = 0$일 때의 x의 값이다. 이차함수의 근을 찾는 과정은 한 쌍의 연립방정식을 푸는 과정으로도 생각할 수 있다.

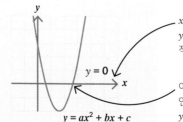

x축은 방정식 $y = 0$을 나타내는 직선이다.

이차함수의 근은 연립방정식 $y = 0, y = ax^2 + bx + c$의 해이다.

부등식

방정식과 마찬가지로 부등식도 두 식의 관계를 나타내지만, 등호가 아닌 다른 기호를 이용하여 값을 비교한다. 부등식의 해는 값의 범위로 구해진다.

📌 핵심 요약

✓ 부등식은 서로 같지 않을 수 있는 두 식을 비교하는 데 사용된다.

✓ 부등식의 해는 값의 범위로 구해진다.

✓ 수직선을 이용하여 부등식을 표현할 수 있다.

부등호

부등호를 나타내는 다섯 가지 기호가 있다. 각 기호는 등호(=)와 비슷하게 기호 양쪽을 비교하는 데 쓰이지만, 양쪽이 서로 같을 수도 있고 다를 수도 있다.

$$x \neq y$$

≠ 기호는 양쪽이 '같지 않음'을 의미하고, 위 식은 x와 y가 서로 같지 않음을 나타낸다.

$$x > y$$

> 기호는 '보다 큼'을 의미하고, 위 식은 x가 y보다 크다는 것을 나타낸다.

$$x \geq y$$

≥ 기호는 '보다 크거나 같음'을 의미하고, 위 식은 x가 y보다 크거나 같다는 것을 나타낸다.

$$x < y$$

< 기호는 '보다 작음'을 의미하고, 위 식은 x가 y보다 작다는 것을 나타낸다.

$$x \leq y$$

≤ 기호는 '보다 작거나 같음'을 의미하고, 위 식은 x가 y보다 작거나 같다는 것을 나타낸다.

수직선

부등식을 표현하기 위해 수직선을 사용할 수 있다. 수직선은 부등식을 시각화하는 데 도움이 된다.

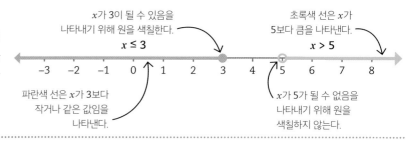

x가 3이 될 수 있음을 나타내기 위해 원을 색칠한다.
$x \leq 3$

초록색 선은 x가 5보다 큼을 나타낸다.
$x > 5$

파란색 선은 x가 3보다 작거나 같은 값임을 나타낸다.

x가 5가 될 수 없음을 나타내기 위해 원을 색칠하지 않는다.

부등식의 계산

방정식과 마찬가지로 부등식도 변수와 숫자를 양변으로 서로 분리하여 푼다. 등식을 계산할 때와 마찬가지로 부등식의 양변에 같은 연산을 하여 동등한 부등식을 만들어 나간다. 방정식과 다른 점이 하나 있는데, 음수를 곱할 때는 부등호의 방향을 바꿔야 한다.

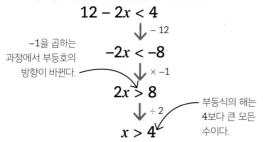

$$12 - 2x < 4$$
↓ − 12

−1을 곱하는 과정에서 부등호의 방향이 바뀐다.

$$-2x < -8$$
↓ × −1

$$2x > 8$$
↓ ÷ 2

부등식의 해는 4보다 큰 모든 수이다.

$$x > 4$$

2개의 부등식을 이용한 부등식

2개의 부등호를 이용하여 식의 최댓값과 최솟값을 함께 나타낼 수 있다. 이 경우도 부등호가 하나 있는 부등식과 같은 방법으로 부등식을 풀 수 있다.

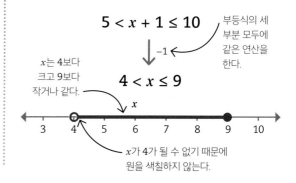

$$5 < x + 1 \leq 10$$

부등식의 세 부분 모두에 같은 연산을 한다.
↓ −1

$$4 < x \leq 9$$

x는 4보다 크고 9보다 작거나 같다.

x가 4가 될 수 없기 때문에 원을 색칠하지 않는다.

일차부등식의 그래프

2개의 변수를 갖는 부등식도 있다. 이때는 좌표평면에 그래프를 이용하여 부등식을 표현할 수 있고, 이를 통해 연립부등식의 해를 표현하고 시각화할 수 있다.

📌 **핵심 요약**

✓ 변수가 2개인 부등식을 좌표평면에 나타낼 수 있다.

✓ 그래프를 기준으로 한쪽 영역이 부등식의 해이다.

✓ 연립부등식의 해는 각 부등식의 영역이 겹쳐지는 부분이다.

부등식의 영역

2개의 변수를 갖는 부등식의 해를 좌표평면에 표시하면 선이 아니라 영역으로 나타난다. 부등식의 해의 영역은 부등식을 방정식으로 바꾸었을 때의 그래프로 나뉜 영역 중 한쪽이다.

1. 오른쪽 부등식의 해를 좌표평면에 나타내기 위해 먼저 부등식을 방정식으로 바꾼다.

$$4 + y > 3x$$

2. 부등호를 등호로 바꿔 부등식의 경계를 표현한다.

$$4 + y = 3x$$

3. 방정식을 그래프로 나타낼 수 있도록 $y = mx + c$ 형태로 정리한다.

$$y = 3x - 4$$

부등식에 (2, 4)를 대입하면 부등식이 성립한다.

$$y > 3x - 4$$
$$4 > (3 \times 2) - 4$$
$$4 > 2$$

4. 그래프의 색칠된 부분이 부등식의 해를 나타내는 영역이다. (2, 4)와 같이 영역 안에 있는 모든 점의 좌표는 부등식을 만족한다.

부등식 $y > 3x - 4$의 해는 표시된 점선보다 위쪽에 있는 모든 점이다.

경계의 점이 부등식의 해에 포함되지 않음을 나타내기 위해 점선으로 경계를 그린다.

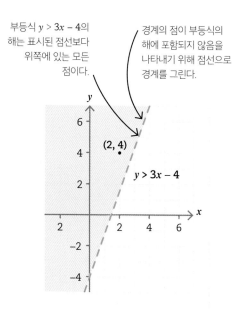

(2, 4)

$y > 3x - 4$

⚙️ **연립부등식의 그래프**

연립부등식의 그래프를 그릴 때도 연립방정식의 그래프를 그릴 때와 비슷하게 그리면 되지만, 부등식의 해는 방정식과 다르게 두 그래프의 교점이 아닌 두 부등식의 영역이 겹치는 부분이다.

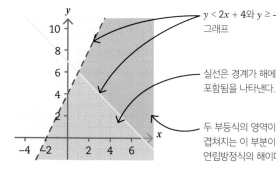

$y < 2x + 4$와 $y \geq -x + 7$의 그래프

실선은 경계가 해에 포함됨을 나타낸다.

두 부등식의 영역이 겹쳐지는 이 부분이 연립방정식의 해이다.

이차부등식

이차식을 포함한 부등식도 있다. 이차방정식의 근이 2개이기 때문에 일차부등식을 풀 때와는 다르게 풀이 과정이 간단하지 않다.

이차부등식의 그래프 그리기

이차방정식을 풀 때 그래프를 그리는 것이 도움이 되었듯이, 이차부등식의 그래프를 그리는 것 역시 이차부등식의 풀이에 도움이 될 수 있다.

1. 오른쪽 부등식은 이차부등식이다.

$$-x^2 + 6x - 3 < 2$$

2. 한 변이 0이 되도록 항을 이항하여 부등식을 정리한 뒤, 부등호를 등호로 바꿔 방정식으로 변환한다.

$$-x^2 + 6x - 5 < 0$$
$$-x^2 + 6x - 5 = 0$$

3. 이차식을 인수분해한다(102쪽 참조). 두 일차식의 곱이 0이기 때문에 $(-x + 1) = 0$ 또는 $(x - 5) = 0$ 이어야 한다. 이러한 과정을 통해 이차방정식의 두 근을 찾는다.

$$(-x + 1)(x - 5) = 0$$

$$(-x + 1) = 0 \qquad (x - 5) = 0$$
$$x = 1 \qquad\qquad x = 5$$

4. 앞서 구한 방정식의 근을 이용하여 부등식 $-x^2 + 6x - 5 < 0$의 그래프를 그린다. $x = 1$ 또는 $x = 5$일 때 y가 0이 되는 것을 알고 있으므로 그래프는 $x = 1$과 $x = 5$에서 x축과 교차해야 한다.

x^2의 계수가 음수이므로 그래프는 위로 볼록하다.

색칠된 영역의 점이 부등식을 만족하는지 확인하려면 x축 위의 점의 x좌표를 부등식에 대입하면 된다.

$$-x^2 + 6x - 3 < 2$$
$$-6^2 + (6 \times 6) - 3 < 2$$
$$- 3 < 2$$

그래프가 x축 아래로 내려갈 때, 즉 $x < 1$ 또는 $x > 5$일 때 부등식이 성립한다.

(1, 0)
(6, 1)
(5, 0)

$$-x^2 + 6x - 5 < 0$$

5. 부등식의 해를 수직선에 그려서 나타낼 수도 있다. 수직선은 위 그래프의 x축과 같다. 이를 통해 부등식의 해가 $x < 1$ 또는 $x > 5$임을 알 수 있다.

$$-x^2 + 6x - 3 < 2$$

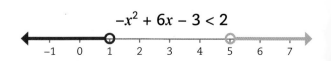

비와 비율

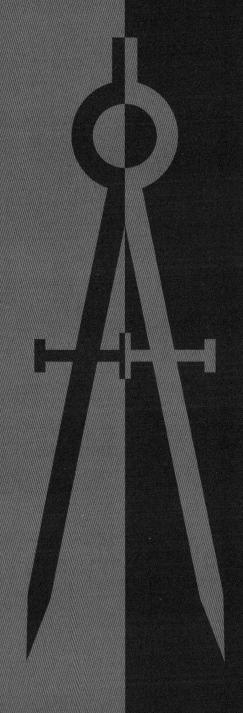

비

과일 그릇에 사과가 바나나보다 두 배 더 많이 있다면 사과와 바나나의 비는 2 : 1이라고 할 수 있다. 비는 둘 이상의 양을 비교할 때 유용하다. 비를 통해 한쪽이 다른 쪽에 비해 얼마나 많은지 또는 적은지를 쉽게 파악할 수 있으며, $a : b$와 같이 쓴다.

핵심 요약

✓ 비를 최대공약수로 약분하여 간단히 나타낼 수 있다.

✓ 단위가 있는 무게, 길이 등의 비를 나타낼 때는 같은 단위를 사용해야 한다.

비의 약분

비를 약분할 수 있을 때는 더 작은 수들의 비로 나타낼 수 있다. 비를 가장 간단한 자연수의 비로 나타내기 위해서는 비를 이루는 수의 최대공약수로 약분하면 된다. 오른쪽 예에서 최대공약수는 6이다.

사과 12개

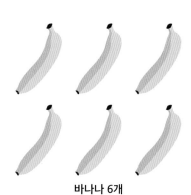

바나나 6개

두 수를 모두 6으로 나누어 가장 간단한 수의 비로 나타낸다.

$$12 : 6$$
$÷6 \qquad ÷6$
$$2 : 1$$

비를 더 이상 나눌 수 없으므로 가장 간단한 자연수의 비로 나타냈다. 이는 사과가 바나나보다 두 배 더 많음을 나타낸다.

🖫 비와 단위

무게, 길이 등 단위가 있는 양을 비로 나타내기 위해서는 같은 단위로 통일시킨 뒤 단위를 계산해야 한다.

문제

길이가 다른 세 파이프의 길이를 가장 간단한 자연수의 비로 나타내시오.

120 cm

$1 \frac{2}{5}$ m

1.6 m

풀이

1. 분수를 소수로 바꾼다(55쪽 참조).

$$1 \frac{2}{5} = 1.4$$

2. 모든 길이를 같은 단위로 통일시킨다. 여기에서는 단위를 cm로 통일시켰다.

1.4 m = 140 cm
1.6 m = 160 cm

3. 각 길이를 최대공약수로 나눈다. 120 : 140 : 160 에서 세 수의 최대공약수는 20이다.

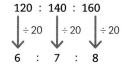

120 : 140 : 160
÷20 ÷20 ÷20
6 : 7 : 8

비례배분

돈, 재료 등과 같은 것들을 같은 양으로 나누는 것이 아닌 주어진 비율로 나누어야 할 때가 있다. 어떤 것을 주어진 비율에 따라 나누는 것을 비례배분이라고 한다.

핵심 요약

✓ 양을 주어진 비율에 따라 나눌 수 있다.

✓ 비례배분을 할 때는 먼저 1에 해당하는 양이 얼마인지를 구한다.

비

3명의 화가가 함께 방을 꾸미고 150만 원을 받기로 하였다. 3명의 화가는 각각 3시간, 1시간, 2시간 동안 방을 꾸몄고 3 : 1 : 2의 비로 돈을 나누기로 하였다. 각 화가가 받아야 할 돈은 얼마인가?

1. 수량을 비례배분 하려면 먼저 1의 부분에 해당하는 양이 얼마인지 구해야 한다. 오른쪽 그림과 같이 자연수의 비에 관한 그림을 그리면 쉽게 구할 수 있다. 3 + 1 + 2 = 6이므로 6개의 사각형으로 이루어진 그림을 그린다. 150만 원을 6으로 나누면 25만 원이므로 사각형 하나에 해당하는 양, 즉 1의 부분에 해당하는 양은 25만 원이다.

25만 원	25만 원	25만 원	25만 원	25만 원	25만 원

비를 이루는 수의 합은 6이다.

1의 부분에 해당하는 양은 25만 원이다.

2. 각 화가가 받아야 할 돈을 계산한다.

3 × 25만 원 = 75만 원	1 × 25만 원 = 25만 원	2 × 25만 원 = 50만 원
첫 번째 화가	두 번째 화가	세 번째 화가

📑 비례배분의 활용

문제

파란색 물감과 노란색 물감을 4 : 3의 비로 혼합하여 녹색 물감을 만들 수 있다. 녹색 물감 126 ml를 만들기 위해 필요한 파란색 물감과 노란색 물감의 양은 각각 얼마인가?

풀이

1. 7개의 사각형으로 이루어진 비 그림을 그린다.

18 ml	18 ml	18 ml	18 ml	18 ml	18 ml	18 ml

7의 부분에 해당하는 양 = 126 ml

1의 부분에 해당하는 양 = 126 ÷ 7 = 18 ml

2. 각 물감의 양을 계산한다.

파란색: 4 × 18 ml = 72 ml

노란색: 3 × 18 ml = 54 ml

3. 구한 답이 맞는지 확인한다.

72 + 54 = 126

정비례

두 양을 같은 비율로 늘리거나 줄이면 두 양 사이의 비율은 변하지 않는다. 이러한 관계를 정비례라고 한다.

정비례 관계

왼쪽의 케이크는 4명이 먹을 수 있는 양이다. 8인분의 케이크를 만들기 위해서는 양을 두 배로 늘려야 한다. 각 재료의 양은 늘어나지만 두 케이크 모두 재료 사이의 비율은 일정하다. 예를 들어 두 케이크에는 모두 밀가루가 당근보다 3배 더 많이 들어 있다. 밀가루와 당근의 비는 3 : 1로 일정하므로 밀가루와 당근의 양은 정비례한다. y를 밀가루의 양이라고 하고, x를 당근의 양이라고 할 때, "y가 x에 정비례한다"를 기호 $\propto$를 이용하여 $y \propto x$와 같이 쓴다.

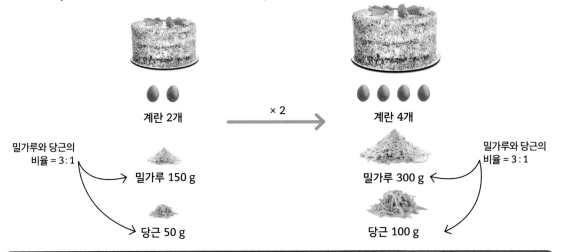

계란 2개   × 2   계란 4개

밀가루와 당근의 비율 = 3 : 1

밀가루 150 g

당근 50 g

밀가루와 당근의 비율 = 3 : 1

밀가루 300 g

당근 100 g

비율의 활용

문제
밀가루 360 g으로 컵케이크 9개를 만들 수 있다. 밀가루 1 kg으로는 컵케이크를 몇 개 만들 수 있을까?

풀이
밀가루의 양과 컵케이크의 개수는 정비례한다. 정비례에 관한 문제를 풀 때는 한 양을 다른 양으로 나누어보는 것이 도움이 되는 경우가 많다.

1. 컵케이크 하나에 밀가루가 얼마나 들어가는지 계산한다.

$$\text{컵케이크 하나에 들어가는 밀가루의 양} = \frac{360}{9}$$
$$= 40$$

2. 1 kg (1000 g)에 40 g이 몇 번 들어가는지 계산한다.

$$\text{컵케이크의 수} = \frac{1000}{40}$$
$$= 25개$$

반비례

집을 짓는 데 걸리는 시간은 얼마나 많은 사람이 함께 집을 짓는지에 따라 다르다. 작업자가 많을수록 걸리는 시간은 더 짧아진다. 한 양이 증가할 때 다른 한 양이 반대의 비율로 줄어든다면 두 양은 반비례한다고 한다.

핵심 요약

✓ 한 양이 증가할 때 다른 한 양이 반대 비율로 줄어드는 관계를 반비례라고 한다.

✓ 두 양 x와 y가 서로 반비례한다면 두 양의 곱 xy는 항상 일정하다.

일의 반비례

한 사람이 창고를 짓는 데 걸리는 시간이 60분이라고 하자. 두 사람이 일을 나눠서 같은 속도로 일하면 절반의 시간 안에 작업을 마칠 수 있다. 4명이면 1/4의 시간 안에 작업을 마칠 수 있다. 여기서 인원수와 소요 시간은 서로 반비례한다. 두 양 x, y가 서로 반비례하면 두 양의 곱 xy는 항상 일정하므로 상수 k에 대해 $xy = k$라고 쓸 수 있다. 창고를 짓는 인원수와 소요 시간을 곱하면 항상 60으로 일정한 것을 확인할 수 있다.

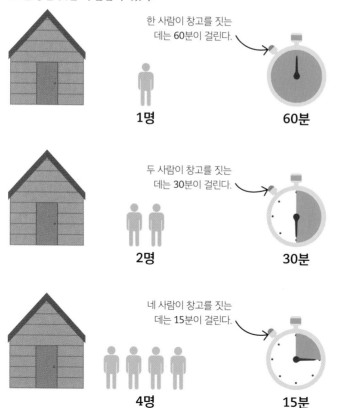

한 사람이 창고를 짓는 데는 60분이 걸린다.

1명   **60분**

두 사람이 창고를 짓는 데는 30분이 걸린다.

2명   **30분**

네 사람이 창고를 짓는 데는 15분이 걸린다.

4명   **15분**

요리 시간 구하기

문제
요리사 3명이 2시간에 피자 60판을 만들 수 있다고 한다. 요리사 6명이 피자 30판을 만드는 데 걸리는 시간은?

풀이
요리사의 수와 요리 시간은 서로 반비례한다.

1. 요리사 한 명이 피자 60판을 만드는 데 걸리는 시간을 계산한다.

$$\text{요리사 한 명이 피자 60판을 만드는 데 걸리는 시간} = 3 × 2\text{시간}$$
$$= 6\text{시간}$$

2. 요리사 6명이 피자 60판을 만드는 데 걸리는 시간은 요리사가 한 명일 때에 비해 ⅙이므로 소요 시간을 6으로 나눈다.

$$\text{요리사 6명이 피자 60판을 만드는 데 걸리는 시간} = \frac{6\text{시간}}{6}$$
$$= 1\text{시간}$$

3. 만들어야 하는 피자는 30판으로 60판의 절반이므로 1시간(60분)을 2로 나눈다.

$$\frac{60\text{분}}{2} = 30\text{분}$$

단위법

비를 이용하면 어떤 길이의 물건 가격을 이용하여 다른 길이의 물건 가격을 계산하는 등의 문제를 해결할 수 있다. 이때 가격을 계산하기 위해 단위 길이의 물건 가격을 먼저 계산한 후 구매하고자 하는 물건의 길이를 곱하여 가격을 계산할 수 있다. 이러한 방법을 단위법이라고 한다.

핵심 요약

✓ 단위법은 기본 단위의 값을 이용하여 구하고자 하는 단위의 값을 구하는 방법이다.

✓ 단위법을 이용하여 물건의 가격을 계산할 수 있다.

기본 단위의 값 구하기
카펫 5 m의 가격이 3만 원일 때 카펫 4 m의 가격은 얼마인지 구하고자 한다. 이때 기본 단위 1 m의 가격을 먼저 구하는 단위법을 이용하여 문제를 해결할 수 있다.

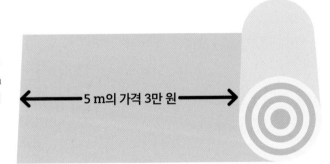

1. 카펫 5 m의 가격은 3만 원이다.

2. 카펫 1 m의 가격은 다음과 같이 계산할 수 있다.

30,000원 ÷ 5 = 6,000원

3. 카펫 4 m의 가격은 다음과 같다.

6,000원 × 4 = 24,000원

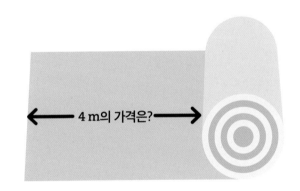

똑똑하게 물건 구매하기

문제
어떤 잼을 크기가 다른 세 가지 병에 담아 판매하고 있다. 무게 대비 가격이 가장 효율적인 병은 어느 병인가?

200 g 잼의 가격: 3,000원
350 g 잼의 가격: 3,500원
500 g 잼의 가격: 4,000원

풀이
각 잼의 가격을 1 g당 가격으로 계산한다.

3000 ÷ 200 = 15 원/g
3500 ÷ 350 = 10 원/g
4000 ÷ 500 = 8 원/g

500 g 잼의 1 g당 가격이 8원으로 가장 낮으므로 무게 대비 가격이 가장 저렴하다.

환산법

환산법은 단위법과 유사한 방법이다. 기본 단위의 값을 구하는 대신 양의 변화율을 곱해 답을 구하는 과정을 환산법이라고 하고, 양의 변화율을 환산계수라고 한다. 요리 레시피와 같이 양을 늘리거나 줄일 때 유용하다.

핵심 요약

✓ 환산법은 환산계수를 곱하여 값을 늘이거나 줄이는 방법이다.

✓ 많은 경우 환산법을 이용하면 단위법보다 효율적으로 답을 구할 수 있다.

환산계수 찾기

이전 페이지의 카펫 문제를 환산법을 이용하여 풀어보자. 카펫 5 m의 가격이 3만 원일 때, 카펫 4 m의 가격을 구하기 위해 길이의 비율을 가격에 곱해서 답을 구할 수 있다.

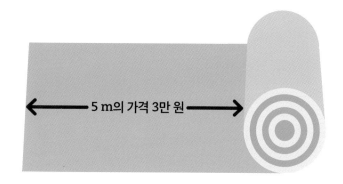

5 m의 가격 3만 원

1. 카펫 5 m의 비용은 3만 원이다.

2. 5 m를 4 m로 줄이기 위한 환산계수는 다음과 같다.

$$4 \div 5 = 0.8$$

3. 카펫 4 m의 비용은 다음과 같다.

$$30,000원 \times 0.8 = 24,000원$$

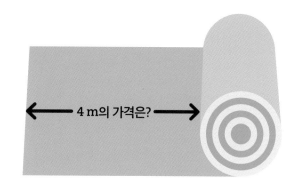

4 m의 가격은?

가격과 무게

문제

금의 가격은 금의 무게에 비례한다. 1.25 kg 금괴의 가격이 1억 원일 때 50 g 금화의 가격은 얼마인가?

풀이

1. 무게를 같은 단위(g)로 통일시키고 환산계수를 계산한다.

$$50 \div 1250 = 0.04$$

2. 가격에 환산계수를 곱한다.

$$1억 원 \times 0.04 = 400만 원$$

비율

한 값이 다른 값의 몇 배인지 나타내는 수를 비율이라고 하며, ‰를 비 $a : b$의 비율이라고 한다. 비율을 이용하면 두 값의 크기를 비교하거나 전체 대비 부분의 크기를 비교할 수 있다. 비율은 비, 분수, 소수, 백분율로 표현할 수 있다.

전체에 대한 부분의 비율

비 3 : 5를 비율로 나타내면 3/5이고, 이는 3의 부분이 5의 부분에 비해 그 양이 3/5배임을 의미한다. 다음 그림은 두 수의 비 3 : 5를 다양한 방법으로 비율로 표현하는 과정이다.

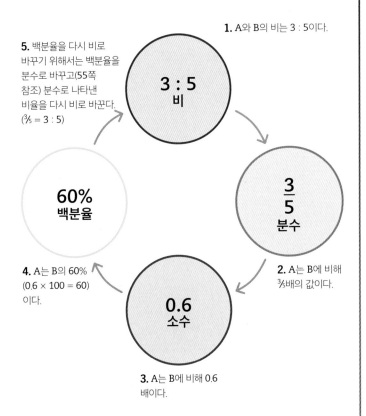

5. 백분율을 다시 비로 바꾸기 위해서는 백분율을 분수로 바꾸고(55쪽 참조) 분수로 나타낸 비율을 다시 비로 바꾼다. (3/5 = 3 : 5)

1. A와 B의 비는 3 : 5이다.

2. A는 B에 비해 3/5배의 값이다.

3. A는 B에 비해 0.6배이다.

4. A는 B의 60% (0.6 × 100 = 60) 이다.

※ 비를 이용하면 한 부분이 전체에 비해 차지하는 비율을 계산할 수 있는데, 이 경우 전체가 3 + 5 = 8이므로 전체 대비 3에 해당하는 부분의 비율은 3/8이다.

비율의 계산

연못에 두 종류의 양서류인 개구리와 두꺼비가 3 : 7의 비로 살고 있다.

문제 1
연못의 전체 양서류 수에 대한 개구리 수의 비율을 소수로 표현하시오.

풀이 1
1. 비에서 각 부분을 더하여 전체를 구한다.

$$3 + 7 = 10$$

2. 개구리의 부분을 전체로 나눈다.

$$3 ÷ 10 = 0.3$$

개구리의 비율은 전체의 0.3이다.

문제 2
연못에 있는 두꺼비의 수컷과 암컷의 비는 2 : 1이다. 연못에 총 1,800마리의 양서류가 있을 때, 연못에 있는 암컷 두꺼비는 총 몇 마리인가?

풀이 2
전체 양서류 중 개구리의 비율은 0.3, 두꺼비의 비율은 0.7이다.

$$1,800 × 0.7 = 1,260마리$$

수컷 두꺼비와 암컷 두꺼비의 비는 2 : 1이므로 수컷은 2/3, 암컷은 1/3이다.

$$1,260 × \frac{1}{3} = 420마리$$

암컷 두꺼비는 420마리이다.

비율의 비교

다양한 상황에서 비율을 비교해야 할 때가 있다. 2개 이상의 비율의 크기를 비교할 때는 모두 같은 표현 방법으로 바꾸어 비교해야 한다.

핵심 요약

✓ 비율을 비교할 때는 같은 표현 방법으로 바꿔야 한다.

✓ 일상생활에서는 비율을 비교할 때 백분율을 가장 많이 사용한다.

시험 점수의 비교

시험 문제 20개 중 18개를 맞춘 경우와 시험 문제 25개 중 22개를 맞춘 경우에서 어느 경우가 정답률이 더 높은지 비교해 보자. 두 경우를 분수, 소수, 백분율 중 한 가지 방법으로 통일시켜 표현하면 그 크기를 비교할 수 있다.

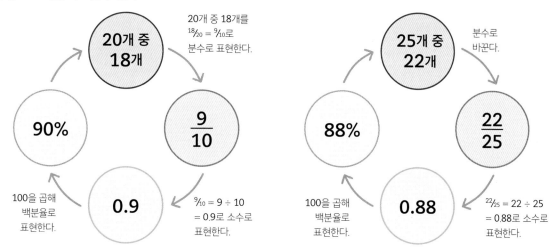

20개 중 18개를 $\frac{18}{20}$ = $\frac{9}{10}$로 분수로 표현한다.

$\frac{9}{10}$ = 9 ÷ 10 = 0.9로 소수로 표현한다.

100을 곱해 백분율로 표현한다.

분수로 바꾼다.

$\frac{22}{25}$ = 22 ÷ 25 = 0.88로 소수로 표현한다.

100을 곱해 백분율로 표현한다.

📑 다양한 형태의 비율 비교

문제

영어, 과학, 수학 선생님은 각각 시험 결과를 서로 다른 표현 방법으로 알려준다. 영어 시험의 정답률은 87%이고, 과학 시험의 정답률은 $\frac{35}{40}$이며, 수학 시험의 정답 문항과 오답 문항의 비는 17 : 3이었다. 세 과목의 시험 중 가장 정답률이 높은 시험은 어느 시험인가?

풀이

각 시험 점수를 같은 표현 방법으로 바꾸자. 일상생활에서는 백분율을 가장 자주 사용하므로 백분율로 바꿔보자.

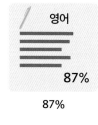

영어

87%

87%

과학

$\frac{35}{40}$

$\frac{35}{40}$ = 35 ÷ 40 × 100

= 87.5%

수학

17 : 3

$\frac{17}{20}$ = 17 ÷ 20 × 100

= 85%

(전체 문항 대비 정답 문항의 비율)

가장 정답률이 높은 시험은 과학 시험이다.

비율 방정식

y가 x에 정비례한다는 등의 비율에 관한 문제는 방정식으로 표현할 수 있다. 문제를 방정식으로 표현하면 방정식을 풀거나 방정식의 그래프를 그리는 등 다양한 방법을 통해 답을 구할 수 있다.

 핵심 요약

✓ 두 값이 변화할 때 두 값 사이의 비율이 일정하다면 두 값은 서로 정비례한다. 두 값이 정비례하는 경우 $y = kx$와 같이 방정식으로 쓸 수 있다.

✓ 두 값이 변화할 때 두 값의 곱이 일정하다면 두 값은 서로 반비례한다. 두 값이 반비례하는 경우 $y = \dfrac{k}{x}$와 같이 방정식으로 쓸 수 있다.

정비례

y가 x에 정비례할 때 기호로는 $y \propto x$라고 쓴다. 정비례 관계는 $y = kx$와 같이 방정식으로 다시 쓸 수 있다. 방정식 $y = kx$의 그래프는 원점을 지나고 기울기가 k인 직선으로 그려진다.

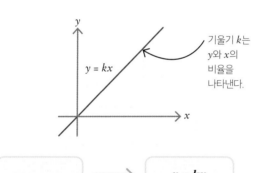

기울기 k는 y와 x의 비율을 나타낸다.

$$y \propto x \quad \longrightarrow \quad y = kx$$

반비례

y가 x에 반비례할 때 기호로는 $y \propto \frac{1}{x}$라고 쓴다. 반비례 관계는 $y = \frac{k}{x}$와 같이 방정식으로 다시 쓸 수 있다. 방정식 $y = \frac{k}{x}$의 그래프는 곡선 모양으로 그려진다.

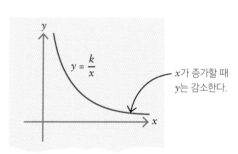

x가 증가할 때 y는 감소한다.

$$y \propto \frac{1}{x} \quad \longrightarrow \quad y = \frac{k}{x}$$

🗒 비율 방정식의 활용

문제

오른쪽 그래프는 특정 날짜의 유로화(x축)와 같은 값어치를 갖는 달러(y축)의 양을 나타낸 것이다. 이 그래프를 상수 k에 대한 방정식 $y = kx$의 형태로 나타내고, 방정식을 이용하여 250유로가 몇 달러와 같은지 구하시오.

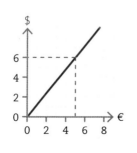

풀이

1. 그래프에서 x좌표, y좌표가 모두 자연수인 점을 선택한다. 예를 들어 $x = 5$일 때 $y = 6$이다.

2. $y = kx$에서 x, y에 $x = 5, y = 6$을 대입한다.

   $6 = k \times 5$

   $k = \dfrac{6}{5} = 1.2$

   $y = 1.2x$임을 알 수 있다.

3. $k = 1.2$임을 이용하여 $x = 250$일 때의 y값을 구한다.

   $y = 1.2 \times 250$

   $= 300$달러

연습문제
비와 비율

비와 비율에 관한 문제를 풀 때는 곱셈 또는 나눗셈을 이용하여 비와 비율을 값으로 나타내거나, 거꾸로 값을 비나 비율로 나타내어 풀 때가 많다.

함께 보기

159 비례배분

166 비율 방정식

문제
들판에 수컷 양과 암컷 양이 2 : 5의 비로 있다. 농부가 들판에 17마리의 수컷 양을 추가로 풀어놓았더니 수컷 양과 암컷 양의 비가 3 : 5가 되었다. 들판에 암컷 양은 몇 마리가 있는가?

풀이
1. 비의 변화가 있는 문제를 풀 때는 막대 그림을 그리면 도움이 된다. 처음 상태를 2 + 5 = 7개의 부분으로 이루어진 막대 그림으로 나타내자.

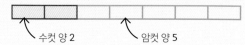

수컷 양 2　　　암컷 양 5

2. 비가 변화한 이후에 대한 막대 그림을 그린다. 3 + 5 = 8개의 부분으로 이루어진 그림을 그리면 된다.

추가된 한 부분은 수컷 양 17마리에 해당하는 부분이다.

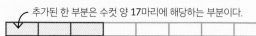

3. 막대 그림을 통해 한 부분에 해당하는 양의 마릿수가 17임을 알 수 있다. 따라서 들판의 암컷 양의 마릿수는 다음과 같다.

$$5 × 17 = 85마리$$

문제
자전거를 타고 16 km/h로 6시간 걸리는 거리를 15 km/h로 달린다면 소요 시간은 얼마인가?

풀이
1. 소요 시간과 속도는 반비례하므로, 문제를 $y = {}^k/_x$와 같은 형태로 표현하여 k의 값을 구한다.

$$소요\ 시간 = \frac{k}{속도}$$

$$6 = \frac{k}{16}$$

$$k = 96$$

2. 구한 k의 값을 이용하여 15 km/h의 속도로 자전거를 탔을 때의 소요 시간을 계산한다.

$$소요\ 시간 = \frac{96}{15}$$

$$= 6.4\ (6시간\ 24분)$$

문제
길이가 다른 막대 A, B, C가 있다. A는 B보다 1/4만큼 더 길고, C는 A의 2.4배이며, C는 B보다 40 cm 더 길다. A의 길이는 몇 cm인가?

풀이
1. 막대를 개략적으로 그린다. A는 B보다 길고 C는 A보다 길기 때문에 B가 가장 짧다.

A

B

C

2. 문제의 조건을 방정식으로 표현하고 이들을 연립하여 답을 찾는다.

C는 B보다 40 cm 더 길다.
$$C - B = 40 \quad \cdots ①$$

A는 B보다 $1^1/_4$배 더 길다.
$$A = 1.25B \quad \cdots ②$$

C는 A의 2.4배이다.
$$C = 2.4A \quad \cdots ③$$

3. ②를 ③에 대입한다.
$$C = 2.4 × 1.25B$$
$$= 3B$$

4. C = 3B를 ①에 대입한다.
$$3B - B = 40$$
$$B = 20$$

5. A를 계산한다.
$$A = 1.25 × 20$$
$$= 25$$

따라서 A의 길이는 25 cm이다.

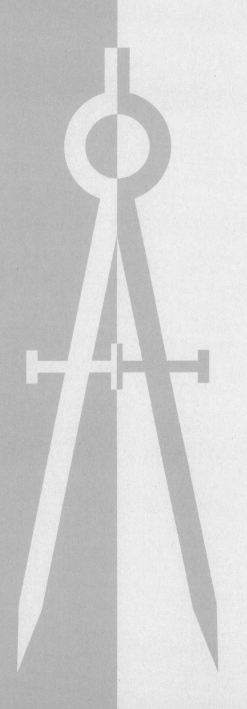

기하

벡터

생활 속의 대부분의 측정값은 스칼라 또는 벡터로 분류된다. 크기(규모)만을 가진 것을 스칼라라고 하고, 크기와 방향을 함께 갖는 것을 벡터라고 한다.

벡터와 스칼라

다음 그림에서 보라색 화살표는 공원을 산책하는 사람의 경로를 나타낸다. 얼마나 많이 이동했을까? 두 가지 관점에서 답할 수 있다. 먼저 구불구불한 보라색 경로의 거리를 측정하는 것으로, 이를 이동 거리라고 한다. 이는 방향이 없기 때문에 스칼라량이다. 다른 방법으로는 시작점과 끝점 사이의 직선 거리와 방향을 측정할 수 있다. 이를 변위라고 하며, 변위는 크기와 방향을 함께 갖기 때문에 벡터량이다.

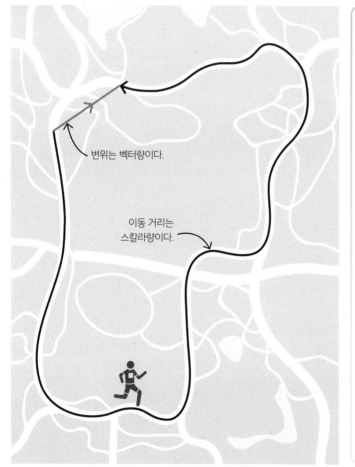

변위는 벡터량이다.

이동 거리는 스칼라량이다.

📌 **핵심 요약**

- ✓ 크기만을 갖는 값을 스칼라라고 한다.
- ✓ 크기와 방향을 함께 갖는 값을 벡터라고 한다.
- ✓ 벡터는 보통 일직선의 화살표로 나타낸다.
- ✓ 벡터를 나타내는 기호는 다음과 같이 다양하다.

  $\mathbf{a}, \vec{a}, \overrightarrow{AB}, (3, 2), \begin{pmatrix} 3 \\ 2 \end{pmatrix}$

🗒 **벡터의 표기**

벡터는 보통 일직선의 화살표로 나타내지만, 이외에도 기호 표기 방법이 다양하다. 점 A와 B 사이의 벡터를 $\overrightarrow{AB}$와 같이 쓰기도 하고, 굵은 글씨로 표시하기도 한다. 또한 다음과 같이 열벡터로 쓸 수 있다.

$$\begin{pmatrix} 3 \\ 2 \end{pmatrix}$$

열벡터 표기에서 위쪽 수는 x축 방향으로 이동한 거리를 나타내고, 아래쪽 수는 y축 방향으로 이동한 거리를 나타낸다. 특히 그 수가 음수인 경우 x축의 음의 방향, 또는 y축의 음의 방향으로 이동했다는 의미로 쓰인다.

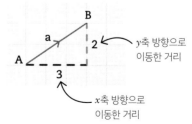

y축 방향으로 이동한 거리

x축 방향으로 이동한 거리

$$\overrightarrow{AB} = \mathbf{a} = \begin{pmatrix} 3 \\ 2 \end{pmatrix}$$

벡터의 이해

벡터는 좌표평면 위의 화살표로 생각하면 이해하기 쉽다. 좌표로 표현된 벡터에서 좌표의 부호는 벡터가 축을 기준으로 어느 방향인지를 나타낸다. 벡터는 크기와 방향을 갖지만, 일반적으로 위치와는 무관하게 사용한다. 따라서 벡터는 좌표평면의 다른 위치에 있는 벡터와 같은 벡터일 수 있다.

핵심 요약

✓ 좌표로 표현된 벡터에서 좌표의 부호는 축을 기준으로 벡터가 가리키는 방향을 나타낸다.

✓ 위치가 달라도 크기와 방향이 같은 두 벡터는 같은 벡터이다.

✓ 음의 벡터는 그 방향을 반대로 한 것이다.

벡터의 방향

순서쌍이나 열벡터와 같이 좌표로 표현된 벡터를 이루는 수는 벡터가 가리키는 방향에 따라 양수 또는 음수일 수 있다. 예를 들어 $\binom{2}{3}$은 x축 방향으로 2만큼, y축 방향으로 3만큼 이동하는 벡터이고, $\binom{-2}{-3}$은 x축 반대 방향으로 2만큼, y축 반대 방향으로 3만큼 이동하는 벡터이다.

벡터의 수평 방향, 수직 방향 이동 거리는 직각삼각형의 밑변의 길이와 높이로 생각할 수 있다. 피타고라스 정리(196쪽 참조)를 이용하면 벡터의 길이를 계산할 수 있다.

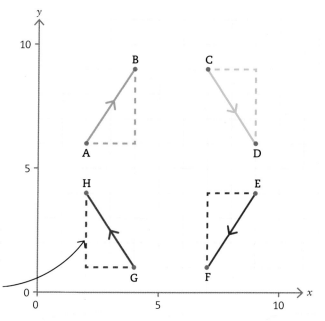

$$\overrightarrow{AB} = \binom{2}{3}$$

$$\overrightarrow{CD} = \binom{2}{-3}$$

$$\overrightarrow{EF} = \binom{-2}{-3}$$

$$\overrightarrow{GH} = \binom{-2}{3}$$

벡터의 상등과 음의 벡터

좌표평면에서 두 벡터의 x축 방향으로 이동한 값과 y축 방향으로 이동한 값이 각각 같다면 그 위치가 다르더라도 서로 같은 벡터라고 하며, 이들을 상등이라고 한다. 오른쪽 좌표평면에서 **a**와 **b**는 모두 $\binom{4}{6}$이므로 **a** = **b**이다. 또한 음의 부호는 벡터의 방향을 반대로 뒤집은 것을 나타낸다.

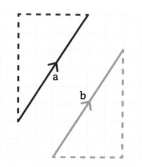

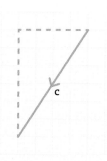

$$a = b$$

$$a = -c$$

벡터의 덧셈과 뺄셈

수와 마찬가지로 벡터도 두 벡터를 서로 더하거나 뺄 수 있다. 좌표평면에서 두 벡터를 더하거나 뺄 수도 있고, 순서쌍 또는 열벡터와 같이 좌표로 표현된 벡터를 더하거나 뺄 수도 있다.

핵심 요약

✓ 좌표평면에서 두 벡터를 더하거나 뺄 때는 두 번째 벡터의 시작점을 첫 번째 벡터의 끝점이 되도록 옮겨 삼각형 모양을 만들어서 계산할 수 있다.

✓ 좌표로 표현된 두 벡터를 더하거나 뺄 때는 각 좌표를 더하거나 뺀다.

✓ 두 벡터 a와 b의 합을 벡터합이라고 한다.

벡터의 덧셈

화살표로 표현된 두 벡터를 더할 때는 두 번째 벡터의 시작점이 첫 번째 벡터의 끝점이 되도록 옮겨 삼각형 모양을 만들어서 계산할 수 있다. 이때 첫 번째 벡터의 시작점으로부터 두 번째 벡터의 끝점으로 향하는 벡터가 두 벡터의 합이며, 이를 벡터합(resultant)이라고 한다. 좌표로 표현된 두 벡터를 더할 때는 각 좌표들을 서로 더하면 된다. $a + b = b + a$이므로 벡터를 더하는 순서는 중요하지 않다.

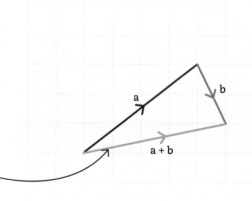

$4 + 1 = 5$

$$\begin{pmatrix} 4 \\ 3 \end{pmatrix} + \begin{pmatrix} 1 \\ -2 \end{pmatrix} = \begin{pmatrix} 5 \\ 1 \end{pmatrix}$$

$3 + -2 = 1$

a + b는 **a**를 따라 이동한 뒤 **b**를 따라 이동한다는 의미이다.

벡터의 뺄셈

한 벡터에서 다른 벡터를 뺄 때는 두 번째 벡터의 반대 방향으로 이동한다는 의미이다. 예를 들어 $a - b$는 a를 따라 이동한 뒤 b의 반대 방향으로 이동한다는 의미이고, 이는 $a + (-b)$와 같다. 좌표로 표현된 두 벡터를 뺄 때는 각 좌표들을 서로 빼면 된다. 벡터의 덧셈과는 달리 $a - b$와 $b - a$는 서로 같지 않다.

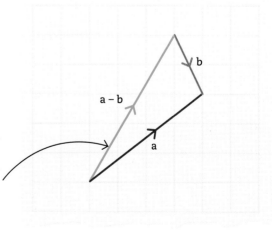

$4 - 1 = 3$

$$\begin{pmatrix} 4 \\ 3 \end{pmatrix} - \begin{pmatrix} 1 \\ -2 \end{pmatrix} = \begin{pmatrix} 3 \\ 5 \end{pmatrix}$$

$3 - -2 = 5$

a - b는 **a**를 따라 이동한 뒤 **b**의 반대 방향으로 이동한다는 의미이다.

벡터의 스칼라 곱

벡터에 수를 곱하여 더 길거나 짧게 만들 수 있다. 양수를 곱하면 벡터의 방향은 바뀌지 않고, 음수를 곱하면 방향이 반대가 된다.

핵심 요약

✓ 벡터에 양수를 곱하면 벡터가 확대 또는 축소되고 방향은 변하지 않는다.

✓ 벡터에 음수를 곱하면 벡터가 확대 또는 축소되는 동시에 방향이 반대로 바뀐다.

스칼라 곱

화살표로 표현된 벡터에 수를 곱할 때는 기존 벡터와 평행한 새로운 화살표를 그리되, 곱하는 수를 배율로 하여 그 길이를 늘리거나 줄여서 그린다. 예를 들어 벡터에 2를 곱하는 경우 길이를 두 배로 늘린다. 벡터에 수, 즉 스칼라를 곱해 만든 새로운 벡터를 스칼라 곱이라고 하며, 스칼라 곱인 벡터끼리는 서로 평행하다. 좌표로 표현된 벡터에 수를 곱하는 경우에는 각 좌표에 수를 곱하면 된다.

직선 위의 점

같은 방향 또는 반대 방향을 가리키는 두 벡터는 서로 스칼라 곱이어야 한다. 이를 이용하여 몇 개의 점이 한 직선 위에 있음을, 즉 공선점임을 보일 수 있다.

문제

$\overrightarrow{AB} = \binom{3}{2}$, $\overrightarrow{AC} = \binom{-6}{-4}$이다. 세 점 A, B, C가 한 직선 위에 있음을 보이시오.

풀이

1. 두 벡터 중 하나에 어떤 수를 곱하여 다른 벡터가 되는지를 확인한다.

$$\binom{-6}{-4} = -2 \times \binom{3}{2}$$

2. 두 벡터는 스칼라 곱이며 공통점(A)을 갖는다. 따라서 A, B, C는 한 직선 위에 있다.

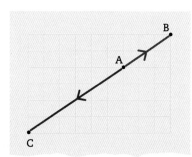

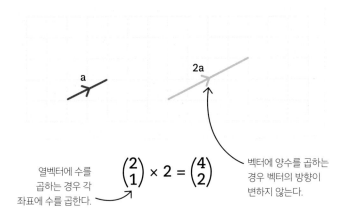

열벡터에 수를 곱하는 경우 각 좌표에 수를 곱한다.

$$\binom{2}{1} \times 2 = \binom{4}{2}$$

벡터에 양수를 곱하는 경우 벡터의 방향이 변하지 않는다.

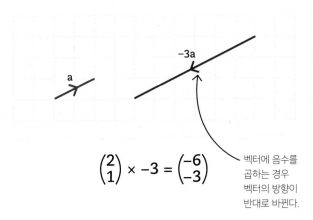

$$\binom{2}{1} \times -3 = \binom{-6}{-3}$$

벡터에 음수를 곱하는 경우 벡터의 방향이 반대로 바뀐다.

연습문제
벡터와 도형

도형 문제를 풀 때 벡터를 이용하여 어떤 성질을 증명해야 하는 경우가 있다. 벡터를 이용하여 문제를 해결해야 할 때는 도형의 선분들을 벡터로 취급하여 접근한다.

함께 보기

170 벡터의 이해

171 벡터의 덧셈과 뺄셈

172 벡터의 스칼라 곱

문제

오른쪽 삼각형과 같이 삼각형 PQR에서 선분 PQ의 중점 S와 선분 PR의 중점 T를 연결한 선분 ST가 선분 QR과 평행하며 그 길이가 절반임을 증명하시오.

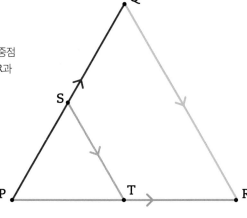

풀이

1. 삼각형에서 분홍색 화살표 PQ를 벡터 **a**, 주황색 화살표 PR을 벡터 **b**라 하자.

이 변을 벡터 **a**라 한다.

이 변을 벡터 **b**라 한다.

2. 이제 녹색 화살표 $\overrightarrow{QR}$을 **a**, **b**를 이용하여 벡터로 표현한다. Q에서 R로 이동하기 위해서는 Q에서 **a**를 따라 반대로 이동하고, **b**를 따라 앞으로 이동할 수 있으므로, 다음과 같이 $\overrightarrow{QR}$을 벡터합으로 나타낼 수 있다.

$$\overrightarrow{QR} = -a + b$$

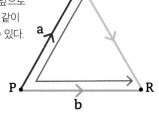

3. 같은 방법으로 파란색 화살표 $\overrightarrow{ST}$도 벡터로 표현한다.

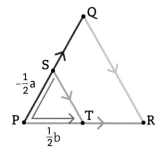

$$\overrightarrow{ST} = -\frac{1}{2}a + \frac{1}{2}b = \frac{1}{2}(-a + b)$$

4. 이제 두 벡터 $\overrightarrow{ST}$, $\overrightarrow{QR}$을 비교하면 하나가 다른 하나의 스칼라 배수임을 확인할 수 있다. 두 벡터가 스칼라 곱이므로 두 벡터는 서로 평행하며, 길이 비는 1 : 2임을 알 수 있다.

선분 ST의 길이는 선분 QR의 길이의 절반이다.

$$\overrightarrow{ST} = \frac{1}{2}(-a + b) = \frac{1}{2}\overrightarrow{QR}$$

평행이동

기하학에서 도형의 크기 또는 위치의 변경, 도형의 회전을 변환이라고 한다. 평행이동은 변환의 한 유형으로 도형의 크기, 모양, 또는 방향을 바꾸지 않으면서 새로운 위치로 이동시킨다. 도형을 평행이동한 뒤의 새로운 도형을 상(image)이라고 한다.

평행이동의 표기

평행이동은 벡터를 이용하여 표현할 수 있다(169쪽 참조). 다음 그림에서 삼각형은 두 단계를 거쳐 평행이동한다. 첫 번째는 격자에서 오른쪽으로 9칸, 아래로 4칸 이동하는 평행이동이며, 두 번째는 오른쪽으로 8칸, 위로 1칸 이동하는 평행이동이다. 이러한 평행이동은 $\binom{9}{-4}$, $\binom{8}{1}$과 같이 열벡터를 이용하여 표기하는 경우가 많다.

핵심 요약

✓ 평행이동은 도형의 크기, 모양, 또는 방향을 바꾸지 않으면서 새로운 위치로 이동시키는 변환이다.

✓ 평행이동은 벡터로 표현할 수 있으며, 통상적으로 열벡터를 이용하여 표기한다.

✓ 평행이동된 도형을 상이라고 한다.

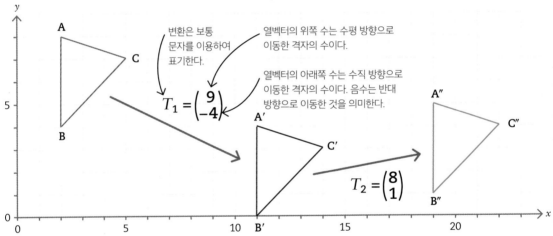

변환은 보통 문자를 이용하여 표기한다.

열벡터의 위쪽 수는 수평 방향으로 이동한 격자의 수이다.

열벡터의 아래쪽 수는 수직 방향으로 이동한 격자의 수이다. 음수는 반대 방향으로 이동한 것을 의미한다.

$$T_1 = \begin{pmatrix} 9 \\ -4 \end{pmatrix}$$

$$T_2 = \begin{pmatrix} 8 \\ 1 \end{pmatrix}$$

📑 평행이동의 설명

문제

직사각형 ABCD를 직사각형 A′B′C′D′으로 만드는 평행이동에 대해 설명하시오.

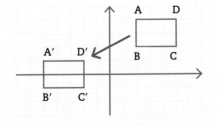

풀이

직사각형 ABCD를 직사각형 A′B′C′D′으로 만드는 평행이동은 다음 열벡터로 표현할 수 있다.

$$\begin{pmatrix} -7 \\ -3 \end{pmatrix}$$

선대칭이동

도형을 직선을 기준으로 반사시켜 새로운 도형으로 만드는 것을 선대칭이동이라고 한다. 선대칭이동의 결과 만들어진 새로운 도형은 기존 도형을 뒤집은 모양이지만 기존 도형과 서로 합동이다.

📌 핵심 요약

✓ 직선을 기준으로 도형을 선대칭이동할 수 있다.

✓ 선대칭이동의 결과는 기존 도형과 합동이다.

✓ 좌표평면에서 선대칭이동을 정의하려면 기준이 되는 직선의 방정식을 제시해야 한다.

기준선

좌표평면에서 선대칭이동을 정의하려면 기준이 되는 직선의 방정식을 제시해야 한다. 오른쪽 그림은 초록색 도형을 두 종류의 직선에 대해 대칭이동하여 2개의 새로운 도형이 만들어지는 과정을 나타낸 것이다. 초록색 도형을 $x = 0$(y축)을 기준으로 대칭이동하면 파란색 도형이 되고, $y = x$을 기준으로 대칭이동하면 주황색 도형이 된다.

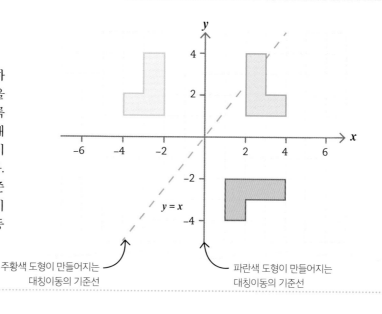

주황색 도형이 만들어지는 대칭이동의 기준선

파란색 도형이 만들어지는 대칭이동의 기준선

선대칭이동한 도형의 작도

선대칭이동한 도형의 각 점은 기존 도형에서 대응되는 점과 기준선으로부터의 거리가 같다. 이를 이용하여 선대칭이동한 도형을 작도할 수 있다.

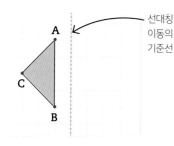

선대칭이동의 기준선

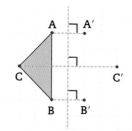

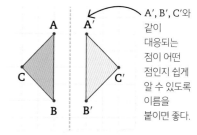

A′, B′, C′와 같이 대응되는 점이 어떤 점인지 쉽게 알 수 있도록 이름을 붙이면 좋다.

1. 먼저 대칭축을 그리고 반사시키려는 도형에서 필요한 점을 몇 개 택한다. 위의 경우 삼각형의 세 꼭짓점을 택하였다.

2. 각 점이 기준선으로부터 얼마나 떨어져 있는지 측정한다. 반대쪽에 같은 거리만큼 떨어진 반사점을 표시한다.

3. 대칭이동한 점들을 연결하여 도형을 완성한다.

회전이동

도형과 하나의 점이 주어져 있을 때 점을 기준으로 도형을 회전시킬 수 있다. 이를 도형의 회전이동이라고 하며, 기준이 되는 점을 회전의 중심이라고 한다. 도형을 회전이동시켜도 크기나 모양이 변하지 않아 회전이동된 도형은 기존 도형과 합동이다.

핵심 요약

✓ 회전의 기준이 되는 점을 회전의 중심이라고 한다.

✓ 회전이동을 통해 만들어진 도형은 기존 도형과 합동이다.

✓ 회전을 정의하기 위해서는 회전 각도, 방향, 회전의 중심이라는 세 가지 요소가 필요하다.

회전이동의 요소

회전이동을 정의하기 위해서는 회전 각도, 방향, 회전의 중심이 필요하다. 다음 그림은 주황색 도형을 원점을 중심으로 시계 방향으로 90° 회전시키고 분홍색 도형을 점 (8, 3)을 중심으로 시계 방향으로 180° 회전시키는 과정을 나타낸 것이다.

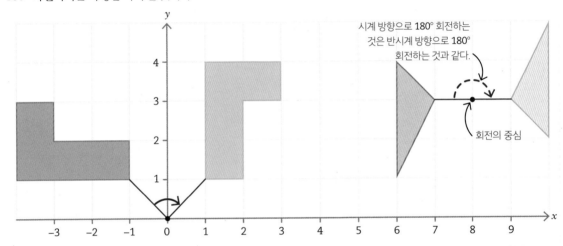

시계 방향으로 180° 회전하는 것은 반시계 방향으로 180° 회전하는 것과 같다.

회전의 중심

회전의 중심과 각도 찾기

도형과 그 도형을 회전이동시킨 도형이 주어진 경우 다음과 같은 과정을 통해 회전의 중심과 각도를 찾을 수 있다.

첫 번째 대응점 사이의 선분의 수직이등분선

1. 도형의 한 점을 잡고, 회전이동시킨 도형에서 그 점과 대응되는 점을 찾아 선분으로 연결한다. 만들어진 선분의 수직이등분선을 작도한다(184쪽 참조).

두 번째 대응점 사이의 선분의 수직이등분선

2. 다른 한 점을 더 잡아 같은 과정을 한 번 더 수행한다.

회전의 중심

이 각도를 측정한다.

3. 회전의 중심은 2개의 수직이등분선의 교점이다. 회전 각도를 찾으려면 회전의 중심으로부터 도형의 한 점과 그에 대응하는 점을 각각 선분으로 연결하고 만들어지는 각을 측정하면 된다.

회전이동의 작도

회전이동을 작도한다는 것은 도형과 회전이동이 주어져 있을 때 도형을 회전이동시킨 새로운 도형(상)을 그리는 것을 말한다. 회전이동을 작도하는 방법을 알아보자.

핵심 요약

✓ 도형과 회전이동이 주어져 있으면 회전이동으로 만들어지는 새로운 도형을 작도할 수 있다.

✓ 각도기와 컴퍼스를 이용하여 점의 회전이동을 작도할 수 있다.

✓ 투명 종이를 이용하면 회전이동을 쉽게 확인할 수 있다.

1. 주어진 삼각형을 원점을 중심으로 시계 반대 방향으로 90° 회전이동시킨다. 컴퍼스의 바늘을 원점에 두고, 삼각형의 각 꼭짓점에서 시계 반대 방향으로 호를 그린다.

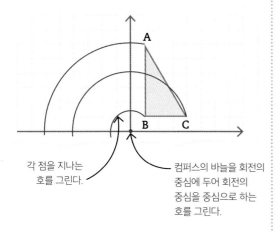

각 점을 지나는 호를 그린다.

컴퍼스의 바늘을 회전의 중심에 두어 회전의 중심을 중심으로 하는 호를 그린다.

2. 각도기의 중심을 회전의 중심에 둔다. 삼각형의 각 점에서 시계 반대 방향으로 90° 회전시킨 점을 찾아 표시한다.

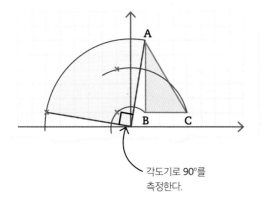

각도기로 90°를 측정한다.

3. 세 점을 연결하여 새로운 삼각형을 그린다.

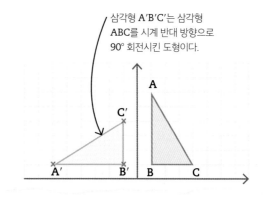

삼각형 A′B′C′는 삼각형 ABC를 시계 반대 방향으로 90° 회전시킨 도형이다.

🔍 투명 종이의 활용

투명 종이를 이용하면 회전이동을 바르게 작도했는지 쉽게 확인할 수 있다. 투명 종이를 기존 도형에 덧대어 따라 그리고, 연필 끝으로 회전의 중심을 고정한 상태에서 투명 종이를 회전시켜서 확인할 수 있다.

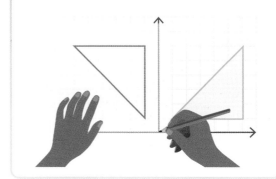

닮음변환

회전 각도나 변 사이의 각도, 변의 길이의 비율에 영향을 주지 않고 도형의 위치와 크기를 바꾸는 변환을 닮음변환이라고 한다. 닮음변환은 닮음의 중심이라는 점을 기준으로 도형을 확대 또는 축소시키는 변환이다.

핵심 요약

✓ 닮음변환은 도형의 크기와 위치를 바꾼다.

✓ 닮음변환을 정의하기 위해서는 닮음의 중심과 배율이 필요하다.

✓ 배율 = 새 길이 ÷ 기존 길이

닮음변환의 요소

닮음변환을 정의하기 위해서는 닮음의 중심과 배율(닮음비)이라는 두 가지 요소가 필요하다. 오른쪽 그림에서 노란색 삼각형은 닮음의 중심 (1,5)에서 2와 4의 배율로 확대되어 각각 초록색, 분홍색 삼각형으로 변환된다. 새로운 도형의 한 변의 길이를 기존 도형의 대응되는 변의 길이로 나누어 닮음변환의 배율을 계산할 수 있다. 예를 들어 분홍색 삼각형의 선분 A″B″의 길이는 12이고, 기존 삼각형의 선분 AB의 길이는 3이므로 배율은 $^{12}\!/_3$ = 4이다.

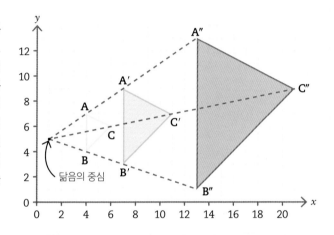

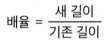

$$배율 = \frac{새\ 길이}{기존\ 길이}$$

닮음변환의 작도

닮음의 중심에서 도형의 각 꼭짓점을 지나는 직선을 그려서 닮음변환을 작도할 수 있다. 오른쪽 그림은 닮음의 중심 (1, 4)를 기준으로 주황색 사각형을 3배 확대시키는 과정이다.

1. 닮음의 중심으로부터 도형의 각 꼭짓점을 지나는 직선을 그린다.

2. 닮음의 중심으로부터 도형의 각 꼭짓점까지의 거리를 측정한다. 여기에 3을 곱하여 각 점을 닮음변환한 결과에 대응되는 점을 찾는다.

3. 2단계에서 찾은 점을 연결하여 새 도형을 그린다.

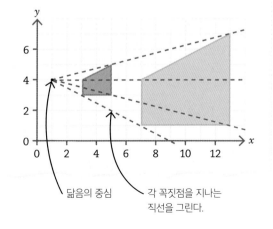

축소 닮음변환과
음의 배율의 닮음변환

닮음변환을 통해 도형을 확대시키는 것뿐 아니라 도형을 축소시키거나
닮음의 중심을 기준으로 도형을 뒤집을 수도 있다.

축소 닮음변환

배율이 0과 1 사이인 닮음변환은
도형을 축소시켜 더 작게 만든다.
오른쪽 그림은 분홍색 삼각형을
(20, 12)를 닮음의 중심으로 하여
$\frac{1}{3}$의 배율로 닮음변환한 것이다.
변 AB의 길이가 6이고 변 A′B′
의 길이는 2인데, 이처럼 삼각형
의 각 변은 대응되는 변의 길이의
$\frac{1}{3}$로 줄어든다. 반대로 노란색 삼
각형 역시 (20, 12)를 닮음의 중
심으로 하는 닮음변환으로 분홍
색 삼각형으로 만들 수 있는데,
이때 배율은 $\frac{1}{3}$의 역수인 3이다.

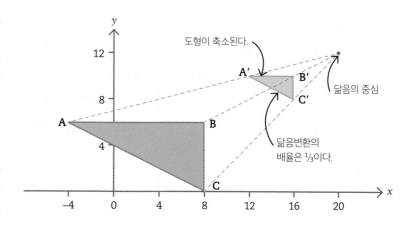

음의 배율의 닮음변환

닮음변환의 배율이 음수인 경우
닮음변환의 결과는 도형을 닮음
의 중심을 기준으로 뒤집은 모양
이 된다. 특히 배율이 −1인 경우
닮음변환의 결과는 기존 도형을
180° 회전시킨 도형이 된다. 오른
쪽 그림은 초록색 사각형을 원점
을 닮음의 중심으로 하여 −2의
배율로 닮음변환한 것이다.

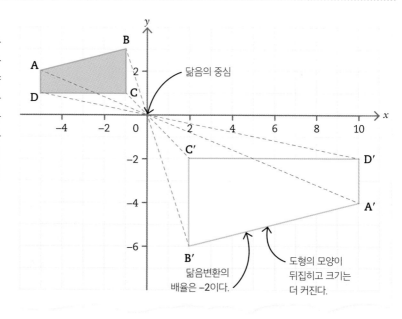

닮음변환에서의 넓이와 부피

도형을 배율 2로 닮음변환하면 도형을 이루는 선분은 각각 그 길이가 두 배로 늘어난다. 하지만 넓이와 부피는 그보다 더 큰 배율로 늘어난다.

핵심 요약

✓ 도형의 길이가 배율 x로 증가하면 도형의 넓이는 x^2의 배율로 증가한다.

✓ 도형의 길이가 배율 x로 증가하면 도형의 부피는 x^3의 배율로 증가한다.

닮음변환한 도형의 넓이

오른쪽 그림은 넓이가 $1\ cm^2$인 작은 사각형을 배율 3으로 닮음변환하여 확대시킨 것이다. 이때 가로의 길이와 세로의 길이가 모두 3배로 늘어나므로 넓이는 $3 \times 3 = 9$배로 늘어나게 된다. 이처럼 도형을 배율 x로 닮음변환할 때 그 면적은 x^2배가 된다.

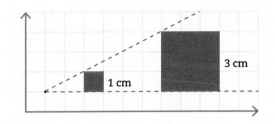

닮음변환한 도형의 부피

오른쪽 그림은 넓이가 $1\ cm^3$인 작은 정육면체를 배율 3으로 닮음변환하여 확대시킨 것이다. 닮음변환의 결과 만들어진 새로운 정육면체의 부피는 $27\ cm^3$이며, 이는 기존 정육면체 부피의 $3 \times 3 \times 3$배로 늘어난 것이다. 이처럼 도형을 배율 x로 닮음변환할 때 그 부피는 x^3배가 된다.

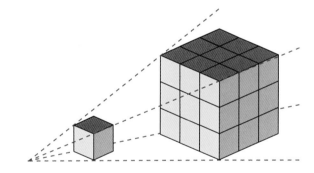

닮음변환한 도형의 넓이 활용

문제

아래 왼쪽 피자는 지름이 15 cm이고, 오른쪽 피자는 지름이 30 cm이며 가격은 2배이다. 둘 중 가격 대비 양이 더 많은 것은 어느 것인가?

 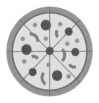

풀이

1. 배율을 계산한다.

$$\text{배율} = \frac{\text{큰 피자의 지름}}{\text{작은 피자의 지름}}$$
$$= \frac{30}{15} = 2$$

2. 넓이의 배율을 계산한다.

$$\text{넓이의 배율} = (\text{길이의 배율})^2$$
$$= 2^2 = 4$$

3. 큰 피자는 작은 피자에 비해 가격은 2배인데 양은 4배이므로 가격 대비 양이 더 많다.

연습문제
변환의 합성

한 도형을 몇 차례 순차적으로 변환하여 새로운 도형을 만드는 것을 변환의 합성이라고 한다. 여러 변환을 합성하면 새로운 변환이 된다. 다음 문제를 통해 특정 변환의 합성이 간단한 변환이 되는 과정을 알아보자.

함께 보기

175 선대칭이동
176 회전이동
177 회전이동의 작도

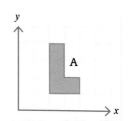

문제
오른쪽 그림과 같은 도형 A를 $x = -1$을 기준선으로 하여 선대칭이동한 것을 도형 B라고 하고, 도형 B를 $y = 0$을 기준선으로 하여 선대칭이동한 것을 도형 C라고 하자. 도형 A를 도형 C로 만드는 변환을 하나의 변환으로 설명하시오.

. . . .

풀이

1. 도형 A의 각 꼭짓점을 직선 $x = -1$을 기준으로 선대칭이동하여 대칭되는 점을 찍고 점을 연결하여 도형 B를 그린다.

2. $y = 0$ (x축)을 기준선으로 하여 같은 방법으로 선대칭이동하여 도형 C를 그린다.

3. 도형 C는 도형 A를 $(-1, 0)$을 회전의 중심으로 하여 180° 회전이동시킨 도형임을 알 수 있다.

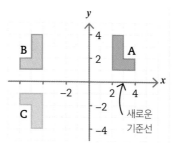

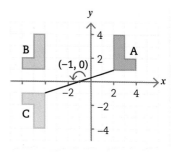

문제
다음과 같은 도형 P를 원점을 중심으로 시계 방향으로 90° 회전이동한 것을 도형 Q라고 하고, 도형 Q를 직선 $y = x$를 기준선으로 하여 선대칭이동한 것을 도형 R이라 하자. 도형 P를 도형 R로 만드는 변환을 하나의 변환으로 설명하시오.

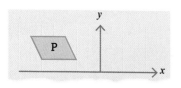

풀이

1. 투명 종이에 P를 따라 그리고 연필로 회전의 중심 $(0, 0)$을 고정한 뒤 시계 방향으로 90° 회전하여 도형 Q의 모양과 위치를 찾는다. 도형 Q를 그린다.

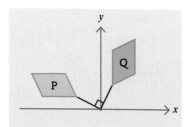

2. 도형 Q를 직선 $y = x$를 기준선으로 선대칭이동하여 도형 R을 그린다.
도형 R은 도형 P를 $x = 0$ (y축)을 기준선으로 선대칭이동한 도형임을 알 수 있다.

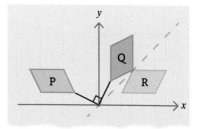

축척도

축척도는 실제 물체 또는 위치 등을 정해진 비율로 축소하여 그린 것이다. 축척도의 비율을 이용하면 축척도에서 얻은 값을 실제 길이나 크기 등으로 변환할 수 있다.

핵심 요약

✓ 축척도는 물체나 위치의 크기를 일정 비율로 줄여서 그린 것이다.

✓ 축척과 도면상의 길이를 이용하여 실제 길이를 계산할 수 있다.

축척

다음 그림에 표시된 다리의 길이는 15 cm이지만 실제 길이는 150 m이다. 도면상의 길이와 실제 길이의 비를 축척이라고 하는데, 여기서는 실제 크기가 1000배이므로 1 : 1000으로 축척이 표시되어 있다. 다리의 일부에 해당하는 실제 길이를 찾고 싶다면 도면의 해당 부분을 측정하고 그 길이에 1000을 곱하면 된다. 축척을 1 cm = 10 m와 같이 표시하기도 하는데, 단위를 변환하지 않고도 거리를 더 쉽게 계산할 수 있다는 점에서 편리하다.

작은 정사각형의 한 변에 해당하는 실제 길이는 10 m이다.

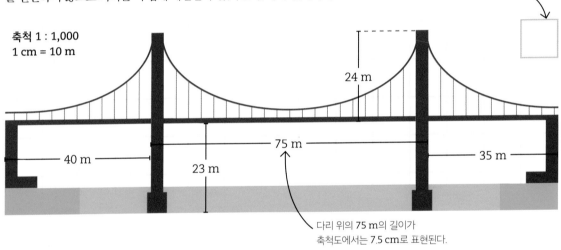

축척 1 : 1,000
1 cm = 10 m

24 m

75 m

40 m

23 m

35 m

다리 위의 75 m의 길이가 축척도에서는 7.5 cm로 표현된다.

📐 거리 계산하기

문제

다음 지도의 축척은 1 : 10,000이다.
두 마을 A와 B가 지도상에서 7.3 cm 떨어져 있다면, 실제로는 얼마나 떨어져 있을까?

• B

•A

축척 1 : 10,000

풀이

1. 지도상에서의 마을 사이의 거리에 축척을 곱해 실제 거리를 계산한다.

$$거리(cm) = 7.3 \text{ cm} \times 10000$$
$$= 73{,}000 \text{ cm}$$

2. cm를 m로 변환하기 위해 100으로 나눈다.

$$거리(m) = \frac{73\,000}{100}$$
$$= 730 \text{ m}$$

방위각

방위각이란 북쪽을 기준으로 시계 방향으로 측정한 각도이다. 등산객이나 배, 비행기 조종사 등은 두 지점 사이의 이동 방향을 표시할 때 방위각을 사용한다.

핵심 요약

✓ 두 지점 사이의 이동 방향을 방위각을 이용하여 표현할 수 있다.

✓ 방위각은 북쪽을 기준으로 시계 방향으로 측정한다.

✓ 방위각은 045°와 같이 보통 세 자리 숫자로 표시한다.

방위각의 그림 표현

방위각을 그림으로 표현할 때는 2개의 화살표가 필요하다. 하나는 원점으로부터 북쪽을 가리키는 화살표이고, 하나는 표시하고자 하는 방향을 가리키는 화살표이다. 방위각은 북쪽을 가리키는 방향으로부터 표시하고자 하는 방향까지의 시계 방향 각도인데, 180°가 넘는 방위각을 다룰 때 단순히 두 방향 사이의 더 작은 각을 측정하지 않도록 주의해야 한다. 방위각은 보통 060°와 같이 앞부분에 0을 붙여 세 자리 수로 표시한다.

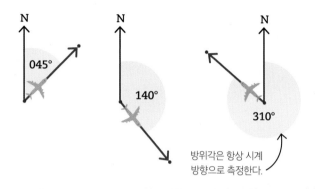

방위각은 항상 시계 방향으로 측정한다.

🖹 방위각을 이용한 거리 계산

문제

비행기가 290°의 방위로 300 km를 비행한 후 다시 045°로 200 km를 비행하여 출발지로 돌아온다고 한다. 1 cm = 100 km의 축척으로 비행기의 이동 경로를 그림으로 나타내고, 비행기의 마지막 경로의 방향과 길이를 측정하시오.

풀이

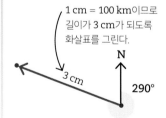
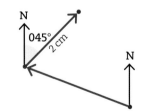
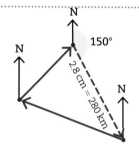

1. 출발점을 표시하고 북쪽 방향 화살표를 그린다. 출발점을 기준으로 하여 각도기를 이용해 290°의 방위를 표시한다. 첫 번째 이동 경로인 300 km를 나타내는 화살표를 그린다.

2. 새로운 북쪽 선을 그리고 각도기를 이용하여 045°의 방위를 표시한다. 200 km를 나타내는 2 cm의 화살표를 그린다.

3. 마지막 지점으로부터 출발점까지의 화살표를 그린다. 마지막 경로의 방위각을 측정하고 선분의 길이를 측정하여 km로 변환한다. 마지막 경로의 방위각은 150°이고, 그 길이는 약 280 km이다.

수선의 작도

눈금 없는 자와 컴퍼스만을 이용하여 그림을 그리는 것을 작도라고 한다. 눈금 없는 자와 컴퍼스만을 이용해 수선을 포함한 다양한 각도와 도형 등을 작도할 수 있다. 작도를 할 때는 중간 단계에서 그린 호와 선분이 모두 보이도록 지우지 않는다.

핵심 요약

✓ 작도는 자와 컴퍼스를 이용하여 그린 그림이다.

✓ 작도를 할 때 중간 단계의 호와 선분이 모두 보이도록 지우지 않는다.

✓ 수직이등분선은 선분의 중점을 지나는 수선이다.

직선 위의 점을 지나는 수선의 작도

직선 위의 점을 지나는 수선의 작도는 오른쪽 과정을 따른다.

1. 컴퍼스의 바늘을 직선 위의 점에 두고 호를 그려 점의 양쪽으로 같은 거리에 있는 두 점을 표시한다.

2. 앞서 찾은 두 교점으로부터 같은 거리에 있는 점을 찾는다. 두 교점에 바늘을 두고 같은 반지름의 호를 그려 교점을 표시한다.

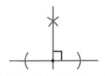

3. 자를 이용하여 교점과 직선 위의 점을 연결하는 직선을 그린다.

직선 밖의 점을 지나는 수선의 작도

직선 밖의 점을 지나는 수선도 직선 위의 점을 지나는 수선의 작도와 비슷한 방법으로 작도할 수 있다.

1. 직선 밖의 점에 컴퍼스의 바늘을 두고 적당한 반지름의 호를 그려 직선과 교점이 2개 생기도록 한다.

2. 앞서 찾은 두 교점으로부터 같은 거리에 있는 점을 찾는다. 두 교점에 바늘을 두고 같은 반지름의 호를 그려 교점을 표시한다.

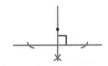

3. 자를 이용하여 마지막으로 찾은 교점과 직선 밖의 점을 연결하는 직선을 그린다.

수직이등분선의 작도

수직이등분선은 선분의 중점을 지나는 수선이다.

1. 선분의 한쪽 끝에 컴퍼스의 바늘을 놓고 선분의 중점을 넘어 선분을 통과하는 호를 그린다.

2. 반대쪽 끝에서도 같은 길이의 호를 그린다.

3. 자를 이용하여 두 호의 교점을 연결하는 직선을 그린다.

각도의 작도

눈금 없는 자와 컴퍼스만을 이용해서 각을 크기가 같은 두 부분으로 나누거나 60°와 같은 각을 작도할 수 있다.

각의 이등분선 작도

주어진 각을 같은 크기의 두 각으로 나누는 직선을 각의 이등분선이라고 한다. 눈금 없는 자와 컴퍼스만을 이용해서 각의 이등분선을 작도할 수 있다.

각의 이등분선

1. 각의 꼭짓점에 컴퍼스의 바늘을 두고 적당한 크기의 호를 그린다.

2. 호와 각 반직선의 교점에 바늘을 두고 같은 크기의 호를 각각 그려 두 호가 만나도록 한다.

3. 자를 이용하여 마지막으로 찾은 교점과 각의 꼭짓점을 연결하는 직선을 그린다.

60° 작도

정삼각형의 세 각의 크기는 모두 60°라는 성질을 이용하면 다음 과정을 따라 60°를 작도할 수 있다. 60°를 작도한 뒤 각의 이등분선을 그리면 30° 역시 작도할 수 있다.

  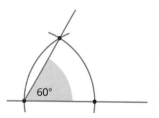

1. 직선을 그리고 그 위에 점을 하나 찍는다. 점에 컴퍼스의 바늘을 두고 적당한 반지름의 호를 하나 그린다.

2. 직선과 호의 교점에 바늘을 둔 상태에서 앞서 그린 호와 같은 반지름의 호를 한 번 더 그린다.

3. 자를 이용하여 그린 두 호의 교점과 처음에 찍은 점을 이어 직선을 그린다.

자취

특정 규칙을 따르는 점들의 모임을 자취(locus)
라고 한다. 예를 들어 원은 한 점으로부터 같은 거
리에 있는 점들의 자취이다. 자취는 직선, 곡선,
또는 더 복잡한 모양을 나타내거나, 면적이나 부
피를 나타낼 수도 있다.

> **핵심 요약**
>
> ✓ 자취는 특정 규칙을 따르는 점들의 모임이다.
> ✓ 자취는 직선, 곡선, 영역 등으로 그려진다.
> ✓ 교차하는 두 직선으로부터 같은 거리에 있는 점들의
>   자취는 각의 이등분선이다.
> ✓ 두 점으로부터 같은 거리에 있는 점들의 자취는 두 점을
>   잇는 선분의 수직이등분선이다.

한 점으로부터 같은 거리에 있는 점들의 자취

원은 주어진 한 점으로부터 같은 거리에 있는 점들의
자취이다. 컴퍼스는 회전하면서 바늘의 위치로부터 같
은 거리에 있는 곳에 선을 그리기 때문에 원을 그릴 수
있다.

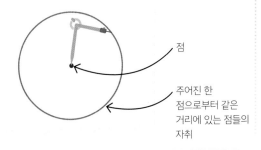

점

주어진 한
점으로부터 같은
거리에 있는 점들의
자취

한 선분으로부터 같은 거리에 있는 점들의 자취

선분 AB로부터 같은 거리에 있는 점들의 자취는 양 끝이
반원 모양인 소시지 모양으로 그려진다. 이런 자취를 작
도할 때는 컴퍼스를 이용하여 양 끝부분의 반원 모양을
그리고, 선분 모양은 자를 이용하여 그린다.

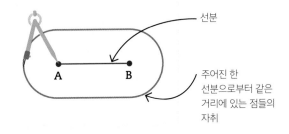

선분

주어진 한
선분으로부터 같은
거리에 있는 점들의
자취

각을 이루는 두 직선으로부터 같은 거리에 있는 점들의 자취

교차하는 두 직선으로부터 같은 거리에 있는 점들의
자취는 각의 이등분선이다(185쪽 참조).

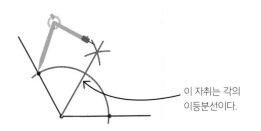

이 자취는 각의
이등분선이다.

선분의 양 끝점으로부터 같은 거리에 있는 점들의 자취

두 점으로부터 같은 거리에 있는 점들의 자취는 선분의
수직이등분선이다(184쪽 참조).

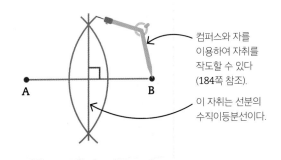

컴퍼스와 자를
이용하여 자취를
작도할 수 있다
(184쪽 참조).

이 자취는 선분의
수직이등분선이다.

연습문제
자취의 활용

자취는 다양한 형태로 그릴 수 있다. 다양한 자취를 결합하여 한번에 여러 조건을 만족하는 영역을 만들 수도 있다. 자취에 관한 다음 문제 들을 해결해 보자.

함께 보기

182 축척도

184 수선의 작도

185 각도의 작도

186 자취

문제

20 m × 10 m 직사각형 모양의 닭 울타리 주위에 울타리를 추가로 설치하려고 한다. 새 울타리는 기존 울타리 바깥으로 2 m 떨어뜨려 설치하기로 하였다. 울타리의 모양을 1 cm = 1 m 축척으로 나타내시오(182쪽 참조).

풀이

1. 20 cm × 10 cm 크기의 직사각형을 그린 뒤, 각 변과 평행하게 2 cm 떨어진 선분을 그린다.

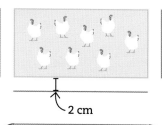

2 cm

2. 컴퍼스의 폭을 2 cm로 하여 직사각형의 각 꼭짓점을 중심으로 4개의 사분원을 그린다.

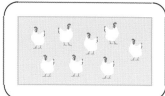

문제

높이가 200 m인 두 무선 송신탑이 400 m 떨어져 있다. 각 송신탑의 꼭대기에서 250 m 떨어진 곳까지 전파가 닿는다. 송신탑을 축척도로 그리고 두 송신탑의 전파가 모두 닿는 영역을 표시하시오.

풀이

1. 높이가 2 cm인 2개의 송신탑을 간격이 4 cm가 되도록 그린다.

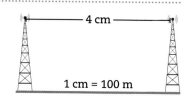

4 cm

1 cm = 100 m

2. 각 송신탑의 송신 범위를 나타내는 원을 그린다. 전파의 범위가 250 m 이므로 각 원의 반지름은 2.5 cm 가 되어야 한다.

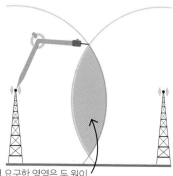

문제에서 요구한 영역은 두 원이 겹치는 부분이다.

문제

한 변의 길이가 4 cm인 정사각형 ABCD에서 점 B보다 점 D에 더 가까우면서 점 A에서 3 cm 이상 떨어진 사각형 내부의 영역을 표시하시오.

풀이

1. A와 C를 잇는 대각선을 그린다. 대각선보다 왼쪽 아래에 있는 부분이 B보다 D에 더 가까운 곳이다.

2. 컴퍼스의 폭을 3 cm로 하여 A를 중심으로 하는 원을 그린다. 그린 원 밖의 부분이 A에서 3 cm 이상 떨어져 있는 부분이다.

3. B보다 D에 더 가까우면서 A에서 3 cm 이상 떨어진 부분을 색칠하여 표시한다.

합동과 닮음

두 도형의 크기와 모양이 같은 경우 두 도형을 서로 합동이라고 한다. 모양은 같은데 크기는 다른 두 도형은 서로 닮음이라고 한다.

핵심 요약

✓ 도형의 모양과 크기가 서로 같은 것을 합동이라고 한다.

✓ 도형을 회전변환, 선대칭변환한 것은 기존 도형과 합동이다.

✓ 닮은 도형은 모양이 같은 도형을 의미하며, 크기는 다를 수 있다.

✓ 도형을 회전변환, 선대칭변환, 닮음변환한 것은 기존 도형과 닮은 상태를 유지한다.

합동

합동이란 모양과 크기가 같다는 뜻이다. 합동인 도형은 도형을 이루는 모든 각의 크기와 변의 길이는 같지만, 회전된 방향이 다르거나 서로 대칭적이거나 위치가 다를 수 있다. 다음 도형들 중 분홍색 도형들은 서로 합동이지만, 주황색 도형들은 서로 합동이 아니다.

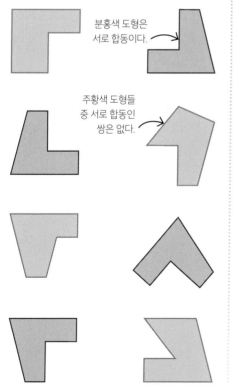

분홍색 도형은 서로 합동이다.

주황색 도형들 중 서로 합동인 쌍은 없다.

닮음

닮음은 도형의 모양이 서로 같은 것을 의미하지만, 그 크기는 다를 수 있다. 닮음인 도형은 도형을 이루는 모든 각의 크기가 같고, 변의 길이의 비율이 같다. 두 도형은 서로 확대하거나 축소한 도형이다. 도형을 회전변환, 선대칭변환, 닮음변환한 것은 기존 도형과 닮은 상태를 유지한다.

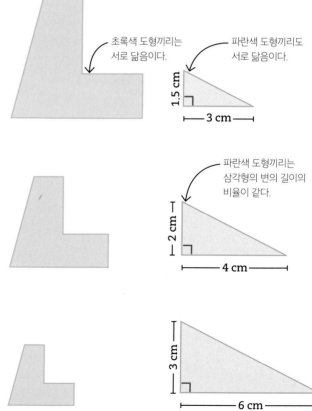

초록색 도형끼리는 서로 닮음이다.

파란색 도형끼리도 서로 닮음이다.

1.5 cm
3 cm

파란색 도형끼리는 삼각형의 변의 길이의 비율이 같다.

2 cm
4 cm

3 cm
6 cm

삼각형의 합동

크기와 모양이 같은 두 삼각형을 서로 합동이라고 한다. 합동인 삼각형은 대응되는 각의 크기와 변의 길이가 서로 같지만 그 방향은 다를 수 있으며, 한 삼각형이 다른 삼각형을 선대칭변환한 모양일 수도 있다.

삼각형의 합동의 증명

두 삼각형의 모든 요소를 알지 못하더라도 서로 합동임을 증명할 수 있다. 다음 다섯 가지 합동 조건 중 하나를 만족하는 두 삼각형은 서로 합동이다.

1. 변, 변, 변(SSS)

두 삼각형에서 세 쌍의 대응변의 길이가 서로 같을 때 두 삼각형은 서로 합동이다.

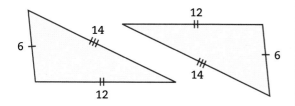

2. 각, 각, 변(AAS)

두 삼각형에서 두 쌍의 대응각의 크기가 서로 같고 한 쌍의 변의 길이가 같을 때 두 삼각형은 서로 합동이다. 이때 대응하는 각과 변의 순서가 일치해야 한다.

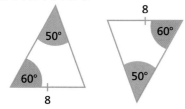

3. 변, 각, 변(SAS)

두 삼각형에서 두 쌍의 대응변의 길이가 서로 같고 그 두 변 사이의 각이 서로 같을 때 두 삼각형은 서로 합동이다. 이때 두 변 사이의 각을 끼인각이라고 한다.

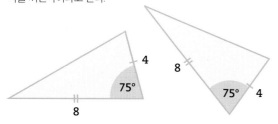

4. 각, 변, 각(ASA)

두 삼각형에서 한 쌍의 대응변의 길이가 서로 같고 대응변의 양 끝 각이 서로 같을 때 두 삼각형은 서로 합동이다.

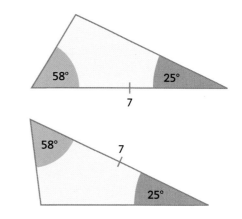

5. 직각, 빗변, 변(RHS)

두 직각삼각형의 빗변의 길이가 서로 같고 빗변이 아닌 한 쌍의 대응변의 길이가 서로 같을 때 두 삼각형은 서로 합동이다.

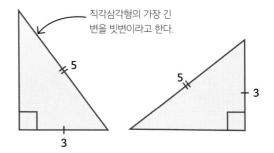

직각삼각형의 가장 긴 변을 빗변이라고 한다.

삼각형의 닮음

두 삼각형이 서로 닮음이라면 그 모양은 같지만 크기가 서로 같지 않을 수도 있다. 서로 닮음인 두 삼각형의 세 각의 크기는 서로 같으며, 세 변의 길이의 비도 서로 같다.

핵심 요약

✓ 닮음인 삼각형은 모양은 같지만 크기는 서로 다를 수 있다.

✓ 모든 각의 크기와 변의 길이를 알지 못하더라도 두 삼각형이 서로 닮음임을 증명할 수 있다.

삼각형의 닮음의 증명

두 삼각형의 모든 요소를 알지 못하더라도 서로 닮음임을 증명할 수 있다. 다음 네 가지 닮음 조건 중 하나를 만족하는 두 삼각형은 서로 닮음이다.

1. 각, 각

두 삼각형에서 두 쌍의 대응각의 크기가 서로 같으면 서로 닮음이다. 두 각의 크기가 A, B로 서로 같을 때 나머지 한 각의 크기도 $180° - (A + B)$로 서로 같다.

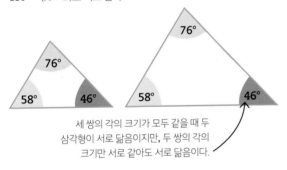

세 쌍의 각의 크기가 모두 같을 때 두 삼각형이 서로 닮음이지만, 두 쌍의 각의 크기만 서로 같아도 서로 닮음이다.

2. 변, 변, 변

두 삼각형에서 세 변의 길이의 비율이 서로 같을 때 두 삼각형은 서로 닮음이다. 예를 들어 다음 두 삼각형은 모두 세 변의 길이 비가 3 : 4 : 5이므로 두 삼각형은 서로 닮음이다.

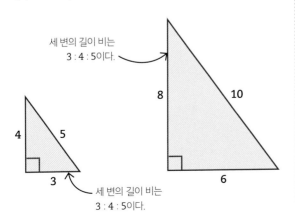

세 변의 길이 비는 3 : 4 : 5이다.

세 변의 길이 비는 3 : 4 : 5이다.

3. 변, 각, 변

두 삼각형에서 두 쌍의 대응변의 길이 비가 서로 같고 끼인 각의 크기가 같을 때 두 삼각형은 서로 닮음이다.

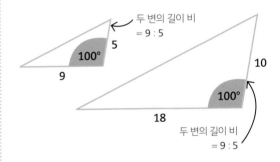

두 변의 길이 비 = 9 : 5

두 변의 길이 비 = 9 : 5

4. 직각, 빗변, 변

두 직각삼각형의 빗변과 다른 한 변의 길이 비가 서로 같으면 두 삼각형은 서로 닮음이다.

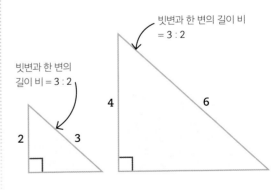

빗변과 한 변의 길이 비 = 3 : 2

빗변과 한 변의 길이 비 = 3 : 2

연습문제
합동과 닮음의 활용

도형의 합동과 닮음을 이용한 규칙은 다양한 모양을 비교하거나 알지 못하는 길이 등의 요소를 찾는 데 유용하다. 주어진 문제를 해결하고 합동과 닮음에 대한 이해도를 점검해 보자.

함께 보기

188 합동과 닮음

189 삼각형의 합동

190 삼각형의 닮음

문제

키가 큰 나무의 높이를 측정하려고 하는데, 줄자로 측정하기에는 나무의 키가 너무 높다. 키가 큰 나무의 그림자의 길이가 7.5 m이고 높이가 3 m인 작은 나무의 그림자의 길이가 5 m일 때 키가 큰 나무의 높이 h를 구하시오.

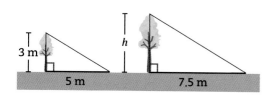

풀이

나무와 그림자를 높이와 밑변으로 하는 두 삼각형은 서로 닮음이다. 닮음인 삼각형의 변의 길이의 비율이 서로 같으므로 나무의 그림자와 높이의 길이 비는 5 : 3이다.

$$7.5 : h = 5 : 3$$

$$\frac{7.5}{h} = \frac{5}{3}$$

$$h = \frac{7.5 \times 3}{5}$$

$$= 4.5 \text{ m}$$

문제

두 각의 크기가 25°와 75°인 삼각형 A와 두 각의 크기가 25°와 80°인 삼각형 B가 있다. 두 삼각형 A와 B는 서로 합동인가?

풀이

1. 삼각형의 세 번째 각의 크기를 계산한다.

$$\text{삼각형 A의 세 번째 각도} = 180° - (25° + 75°)$$

$$= 80°$$

$$\text{삼각형 B의 세 번째 각도} = 180° - (25° + 80°)$$

$$= 75°$$

2. 두 삼각형의 세 각의 크기가 서로 같으므로 두 삼각형은 서로 닮음인 삼각형이다. 하지만 두 삼각형의 크기가 서로 같은지는 판단할 수 없다. 한 변의 길이가 서로 같다는 조건이 추가로 있어야만 두 삼각형이 서로 합동이라고 할 수 있다.

문제

다음 삼각형에서 선분 ED는 선분 CB와 평행하다. 선분 BD의 길이 x를 유효 숫자 세 자리로 구하시오.

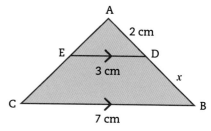

풀이

삼각형 ADE는 삼각형 ABC와 세 각의 크기가 서로 같으므로 두 삼각형은 서로 닮음이다. 따라서 세 변의 길이 비가 서로 같다.

$$\frac{2}{3} = \frac{2 + x}{7}$$

$$\frac{14}{3} = 2 + x$$

$$x = \frac{14}{3} - 2$$

$$x = 2.67 \text{ cm}$$

삼각형의 작도

삼각형을 작도할 때는 자와 컴퍼스, 그리고 때에 따라서는 각도기가 필요하다. 삼각형을 작도할 때 필요한 도구는 변의 길이와 각의 크기에 관한 조건에 따라 달라진다.

핵심 요약

✓ 삼각형을 작도할 때는 자, 컴퍼스, 각도기를 사용한다.

✓ 삼각형의 세 변의 길이가 주어진 경우 컴퍼스를 이용하여 변의 길이를 옮겨 삼각형을 작도한다.

✓ 삼각형의 변의 길이와 각의 크기에 관한 조건이 모두 있는 경우 각도기가 있어야 삼각형을 작도할 수 있다.

삼각형의 세 변의 길이가 주어진 경우

삼각형의 세 변의 길이가 주어진 경우 자와 컴퍼스만을 이용하여 삼각형을 작도할 수 있다. 다음은 삼각형의 세 변의 길이가 각각 6 cm, 7 cm, 8 cm인 삼각형을 작도하는 과정이다.

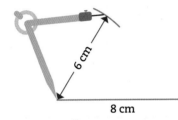

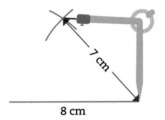

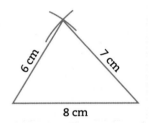

1. 자를 이용하여 기준으로 할 변을 하나 그린다. 컴퍼스로 변의 한쪽 끝에서 다른 변의 길이를 반지름으로 하는 호를 하나 그린다.

2. 컴퍼스로 변의 다른 쪽 끝에서 세 번째 변의 길이를 반지름으로 하는 호를 하나 그린다.

3. 자를 이용하여 기준이 되는 변의 양 끝점과 두 호의 교점을 연결한다.

삼각형의 변의 길이와 각의 크기가 주어진 경우

삼각형의 변의 길이와 각의 크기에 관한 조건이 같이 주어진 경우 각도기를 사용하여 각을 측정해야 한다. 다음은 삼각형의 두 변의 길이가 8 cm, 5 cm이고 끼인각이 42°인 삼각형을 작도하는 과정이다.

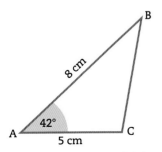

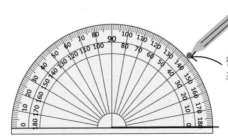

필요한 각을 표시한다.

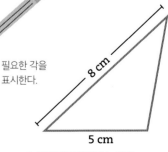

1. 조건에 따라 삼각형의 대략적인 형태를 그린다.

2. 자를 이용하여 기준으로 할 변을 하나 그린다. 각도기를 이용하여 42°의 각을 표시한다.

3. 각도기의 원점이 놓였던 점으로부터 앞서 표시한 점으로 선을 그려 8 cm 선분을 표시한다. 삼각형을 완성한다.

원주각

원에서 호의 양 끝점과 원주 위의 다른 한 점을 이었을 때 생기는 각을 원주각이라고 하며, 호의 양 끝점과 원의 중심을 이었을 때 생기는 각을 중심각이라고 한다. 원주각의 크기와 중심각의 크기에는 특별한 성질이 있다.

핵심 요약

✓ 원의 지름과 원 위의 한 점이 이루는 각의 크기는 90°이다.

✓ 원에서 한 호에 대한 중심각의 크기는 원주각의 크기의 2배이다.

✓ 원에 내접하는 사각형에서 마주 보는 각의 크기의 합은 항상 180°이다.

✓ 원에서 하나의 호(현)에 대한 원주각의 크기는 항상 일정하다.

반원에 대한 원주각

원의 지름과 원 위의 한 점이 이루는 각의 크기는 90°이다.

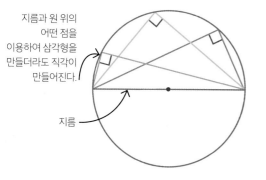

지름과 원 위의 어떤 점을 이용하여 삼각형을 만들더라도 직각이 만들어진다.

지름

원주각과 중심각의 관계

한 호에 대한 중심각의 크기는 원주각의 크기의 2배이다.

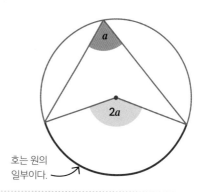

a

$2a$

호는 원의 일부이다.

원에 내접하는 사각형

네 꼭짓점이 모두 한 원 위에 있는 사각형을 원에 내접한다고 한다. 원에 내접하는 사각형의 마주 보는 각의 크기의 합은 항상 180°이다.

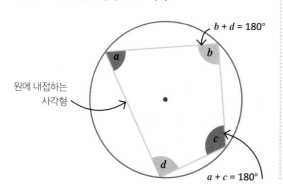

$b + d = 180°$

a

b

원에 내접하는 사각형

c

d

$a + c = 180°$

원주각의 성질

원 위의 두 점을 이은 선분을 현이라고 한다. 한 호에 대한 원주각 또는 한 현에 대한 원주각의 크기는 항상 일정하다.

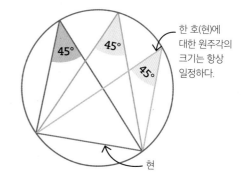

45°   45°

45°

한 호(현)에 대한 원주각의 크기는 항상 일정하다.

현

원과 접선

원과 하나의 점에서 스치듯이 만나는 직선을 원의 접선이라고 하고, 그 하나의 점을 접점이라고 한다. 원의 접선에 관한 다양한 성질들에 대해 알아보자.

핵심 요약

✓ 접선과 반지름은 서로 직교한다.
✓ 한 점에서 원에 그린 2개의 접선에서 점으로부터 접점까지의 길이는 서로 같다.
✓ 현과 접선이 이루는 각의 크기는 그 현에 대한 원주각의 크기와 같다.
✓ 현의 수직이등분선은 항상 원의 중심을 지난다.

접선과 반지름

접선은 접점과 원의 중심을 이은 반지름과 수직으로 만난다.

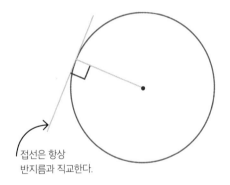

접선은 항상 반지름과 직교한다.

한 점으로부터 그린 두 접선 사이의 관계

원 밖의 한 점에서 원에 그린 2개의 접선에서 점으로부터 두 접점까지의 길이는 서로 같다.

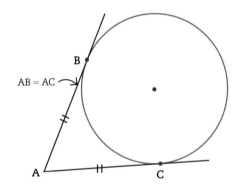

AB = AC

현과 접선이 이루는 각

현과 접선이 이루는 각의 크기는 그 현에 대한 원주각의 크기와 같다.

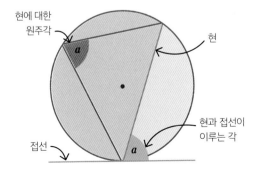

현에 대한 원주각
현
현과 접선이 이루는 각
접선

현의 수직이등분선

현의 수직이등분선은 항상 원의 중심을 지난다.

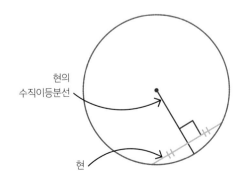

현의 수직이등분선
현

삼각비

피타고라스 정리

고대 그리스의 철학자 피타고라스의 이름을 따 만들어진 피타고라스 정리는 직각삼각형의 세 변의 길이 사이의 관계에 대한 정리이다. 직각삼각형의 두 변의 길이를 알면 피타고라스 정리를 이용하여 나머지 한 변의 길이를 알 수 있다.

피타고라스 정리와 정사각형의 넓이

피타고라스 정리는 직각삼각형에서 짧은 두 변의 길이의 제곱의 합이 가장 긴 변, 즉 빗변의 길이의 제곱의 합과 같다는 것이다. 직각삼각형의 각 변을 한 변으로 갖는 정사각형에 대하여 빗변을 낀 정사각형의 넓이가 나머지 두 정사각형의 넓이와 같다고도 표현할 수 있으며, 수식 $a^2 + b^2 = c^2$으로 간단히 표현하기도 한다.

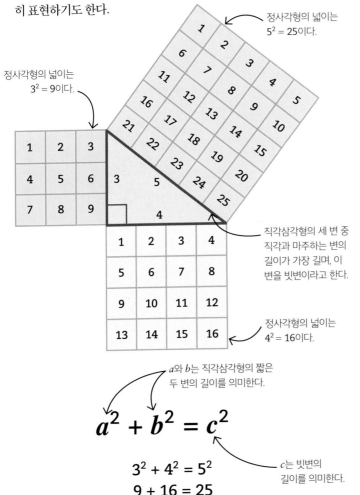

정사각형의 넓이는 $5^2 = 25$이다.

정사각형의 넓이는 $3^2 = 9$이다.

직각삼각형의 세 변 중 직각과 마주하는 변의 길이가 가장 길며, 이 변을 빗변이라고 한다.

정사각형의 넓이는 $4^2 = 16$이다.

a와 b는 직각삼각형의 짧은 두 변의 길이를 의미한다.

$$a^2 + b^2 = c^2$$

c는 빗변의 길이를 의미한다.

$$3^2 + 4^2 = 5^2$$
$$9 + 16 = 25$$

핵심 요약

✓ 직각삼각형의 가장 긴 변을 빗변이라고 한다.

✓ 피타고라스 정리는 직각삼각형의 빗변이 아닌 두 변의 길이의 제곱의 합이 빗변의 길이의 제곱과 같다는 것이다.

✓ 피타고라스 정리를 수식으로 나타내면 다음과 같다.
$$a^2 + b^2 = c^2$$

피타고라스 정리 적용

문제

직각삼각형에서 두 변의 길이를 알면 피타고라스 정리를 이용하여 나머지 한 변의 길이를 계산할 수 있다. 다음 그림에서 미지수 b의 값은 얼마인가?

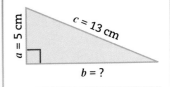

$a = 5$ cm

$c = 13$ cm

$b = ?$

풀이

$$a^2 + b^2 = c^2$$
$$b^2 = c^2 - a^2$$
$$= 13^2 - 5^2$$
$$= 169 - 25$$
$$= 144$$
$$b = \sqrt{144}$$
$$= 12 \text{ cm}$$

삼각비

직각삼각형의 변 사이의 비율을 이용하여 기하학적 도형을 연구하는 수학의 한 분야를 삼각법이라고 한다. 예를 들어 화창한 날 나무가 그림자를 드리우면 나무와 그림자로 만들어지는 직각삼각형을 이용하여 나무의 높이를 계산할 수 있다. 이때 이용하는 직각삼각형의 변 사이의 비율을 삼각비라고 한다.

> 📌 **핵심 요약**
>
> ✓ 삼각법은 직각삼각형의 두 변 사이의 비율을 이용하는 수학의 한 분야이다.
>
> ✓ 삼각비를 이용하여 삼각형의 변이나 각도 등 모르는 값을 찾을 수 있다.

나무의 높이 구하기

직접 나무에 올라 나무의 높이를 측정하는 것보다 나무의 그림자의 길이를 측정하고 그것을 통해 높이를 계산하는 편이 더 쉽고 편하다. 그림자의 높이를 이용하여 나무의 높이를 계산하기 위해서는 직각삼각형의 밑변과 높이의 길이 비가 필요한데, 직각삼각형의 경사면 아래의 각도에 따라 두 변 사이의 길이 비가 달라진다. 예를 들어 오른쪽 그림과 같이 경사면의 각도가 37°일 때 삼각형의 높이는 밑변의 약 3/4임이 알려져 있다. 이 비율은 37°에 대한 탄젠트(tangent)라고 하며, tan 37°로 표기한다. 계산기에서도 tan 버튼을 누른 다음 각도를 입력하여 이 값을 찾을 수 있다.

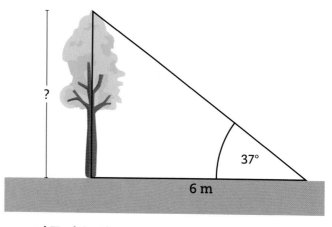

$$\frac{\text{나무의 높이}}{\text{그림자의 길이}} = \tan 37° = 0.753$$
(유효 숫자 세 자리)

나무의 높이 = 0.753 × 그림자의 길이
= 4.5 m

⚙️ **삼각비**

삼각형의 가장 긴 변을 빗변이라고 하며, 직각삼각형에서 기준이 될 각을 아래쪽에 놓았을 때 그 각과 마주하는 변을 높이라고 한다. 아래쪽에 위치한 나머지 한 변은 밑변이라고 한다. 탄젠트와 같이 자주 사용하는 직각삼각형의 변 사이의 비율에 대해서는 특별한 이름이 붙여져 있다. 높이/빗변을 사인(sine), 밑변/빗변을 코사인(cosine)이라고 하고, 높이/밑변을 탄젠트(tangent)라고 한다.

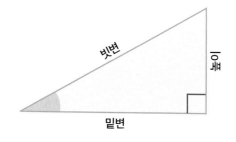

사인, 코사인, 탄젠트

사인, 코사인, 탄젠트는 직각삼각형의 두 변 사이의 길이의 비율이다. 이 비율은 삼각법(197쪽 참조)의 직각삼각형과 관련된 계산에서 유용하게 쓰인다.

삼각비의 정의

삼각비의 값은 직각삼각형의 각의 크기에 따라 달라진다. 각도의 크기가 a일 때 사인, 코사인, 탄젠트는 각각 sin a, cos a, tan a와 같이 쓰고, 세 삼각비의 정의는 다음과 같다.

핵심 요약

✓ 사인, 코사인, 탄젠트는 직각삼각형의 변 사이의 비율을 나타내는 이름이다.

✓ 사인, 코사인, 탄젠트는 다음과 같이 정의된다.

$$\sin a = \frac{높이}{빗변}$$

$$\cos a = \frac{밑변}{빗변}$$

$$\tan a = \frac{높이}{밑변}$$

사인, 코사인, 탄젠트는 각각 sin, cos, tan으로 표기된다.

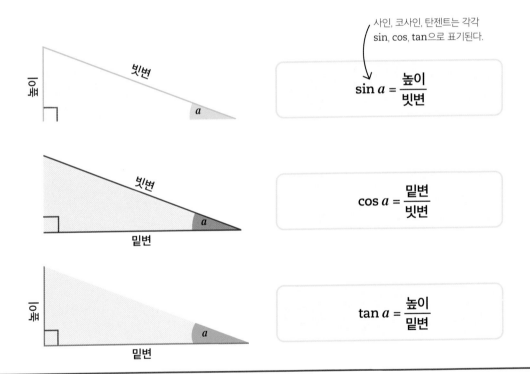

$$\sin a = \frac{높이}{빗변}$$

$$\cos a = \frac{밑변}{빗변}$$

$$\tan a = \frac{높이}{밑변}$$

🔍 계산기의 삼각비

공학용 계산기에는 사인, 코사인, 탄젠트의 값을 구할 수 있는 기능이 있다. 구하고자 하는 삼각비의 버튼을 누르고 각도를 입력한 뒤 등호(=)를 누르면 삼각비의 값을 구할 수 있다.

cos 60° = 0.5

| cos | 6 | 0 | = | 0.5 |

삼각비를 이용한 길이와 각도의 계산

사인, 코사인, 탄젠트를 이용하면 적절한 조건이 주어져 있는 직각삼각형에서 모르는 변의 길이나 모르는 각의 크기를 구할 수 있다. 주어진 것과 구하고자 하는 것을 연관지을 수 있는 삼각비를 이용하여 값을 계산한다.

핵심 요약

✓ 직각삼각형에서 한 변의 길이와 한 예각의 크기가 주어져 있을 때 나머지 변의 길이를 구할 수 있다.

✓ 직각삼각형에서 두 변의 길이가 주어져 있을 때 예각의 크기를 구할 수 있다.

✓ 계산기에서 사인, 코사인, 탄젠트의 역함수의 값을 구할 때는 $\sin^{-1}$, $\cos^{-1}$, $\tan^{-1}$ 버튼을 이용한다.

길이의 계산

직각삼각형에서 한 변의 길이와 한 예각의 크기를 알면 나머지 두 변의 길이를 구할 수 있다. 예를 들어 다음 그림과 같이 빗변의 길이와 한 예각의 크기를 알 때 밑변의 길이 p를 알 수 있다.

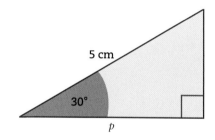

1. 밑변과 빗변의 길이를 연관지어야 하므로 코사인을 이용해야 한다.

$$\cos a = \frac{\text{밑변}}{\text{빗변}}$$

2. 구하고자 하는 밑변의 길이에 대하여 식을 정리한다.

$$\text{밑변} = \cos a \times \text{빗변}$$

3. 계산기를 사용하여 $\cos a$를 구하고 각 수치를 밑변의 식에 대입한다.

$$p = \cos 30° \times 5$$
$$p = 4.33 \text{ cm}$$

각도의 계산

직각삼각형에서 두 변의 길이를 알면 한 예각의 크기를 알 수 있다. 두 변의 길이를 이용하여 삼각비를 계산한 다음 계산기를 사용하면 이를 각도로 바꿀 수 있다. 예를 들어 다음 그림과 같이 밑변과 높이의 길이를 알 때 각의 크기 a를 구해보자.

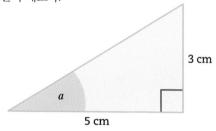

1. 밑변과 높이의 길이를 알고 있으므로 탄젠트를 이용해야 한다.

$$\tan a = \frac{\text{높이}}{\text{밑변}}$$

$$\tan a = \frac{3}{5} = 0.6$$

2. 탄젠트가 0.6이 되는 각도를 찾기 위해서는 삼각비 0.6을 각도로 변환해 주는 '탄젠트의 역함수'를 이용해야 한다. 공학용 계산기에 있는 $\tan^{-1}$ 버튼을 누르고 삼각비의 값을 입력하거나, tan 버튼 위에 $\tan^{-1}$이 쓰여 있다면 shift 또는 2nd 버튼을 누른 뒤 tan 버튼을 누르고 삼각비의 값을 입력한다. 이처럼 삼각비의 값을 각도로 바꿔주는 것을 역삼각함수라고 한다.

$$\tan^{-1} 0.6 = 31.0°$$

특수각

대부분의 각도에 대한 삼각비의 값은 계산기를 이용해야지만 그 값을 구할 수 있는 무한소수이다. 하지만 특수한 몇 개의 각에 대해서는 삼각비의 값을 정수, 간단한 분수, 또는 간단한 제곱근으로 이루어진 수로 표현할 수 있다.

 핵심 요약

✓ 몇 개의 특수각에 대한 삼각비의 값은 정수, 간단한 분수, 간단한 제곱근으로 이루어진 수로 표현할 수 있다.

✓ 삼각형을 그리면 30°, 45°, 60°의 삼각비의 값을 계산할 수 있다.

30°와 60°의 삼각비

30°와 60°의 사인, 코사인, 탄젠트의 값을 구해보자. 한 변의 길이가 2 cm인 정삼각형을 그리고 가운데에 선분을 그려 합동인 두 직각삼각형으로 나눈다. 제시된 선분의 길이를 기입하고, 피타고라스 정리(196쪽 참조)를 이용하여 높이를 구한다. 직각삼각형의 변의 길이를 이용하여 삼각비의 값을 구한다.

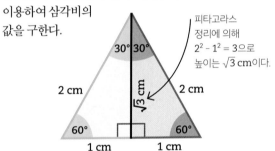

피타고라스 정리에 의해 $2^2 - 1^2 = 3$으로 높이는 $\sqrt{3}$ cm이다.

삼각비 공식	30°	60°
$\sin a = \dfrac{높이}{빗변}$	$\dfrac{1}{2}$	$\dfrac{\sqrt{3}}{2}$
$\cos a = \dfrac{밑변}{빗변}$	$\dfrac{\sqrt{3}}{2}$	$\dfrac{1}{2}$
$\tan a = \dfrac{높이}{밑변}$	$\dfrac{1}{\sqrt{3}}$	$\sqrt{3}$

45°의 삼각비

45°의 사인, 코사인, 탄젠트의 값을 구해보자. 빗변이 아닌 한 변의 길이가 1 cm이고 두 예각의 크기가 45°인 직각이등변삼각형을 그린다. 피타고라스 정리를 이용하여 빗변의 길이를 구한다. 직각삼각형의 변의 길이를 이용하여 삼각비의 값을 구한다.

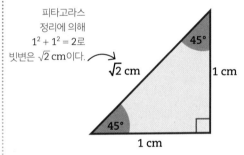

피타고라스 정리에 의해 $1^2 + 1^2 = 2$로 빗변은 $\sqrt{2}$ cm이다.

삼각비 공식	45°
$\sin a = \dfrac{높이}{빗변}$	$\dfrac{1}{\sqrt{2}}$
$\cos a = \dfrac{밑변}{빗변}$	$\dfrac{1}{\sqrt{2}}$
$\tan a = \dfrac{높이}{밑변}$	1

🔍 0°와 90°의 삼각비

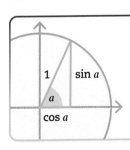

0°와 90°의 사인, 코사인, 탄젠트의 값을 정하기 위해 직각삼각형의 빗변의 길이를 1로 고정한 채로 각도가 변함에 따라 빗변의 한쪽 끝이 원을 따라 회전하는 모양을 상상해 보자. 각도가 0°일 때 빗변은 수평 방향이며, 이때 빗변과 밑변은 1, 높이는 0이라고 할 수 있다. 따라서 $\sin 0° = 0$, $\cos 0° = 1$, $\tan 0° = 0$이다. 같은 논리로 $\sin 90° = 1$, $\cos 90° = 0$이고, $\tan 90°$는 구할 수 없다.

사인법칙

직각삼각형이 아닌 삼각형에 대해서도 삼각비에 관한 특별한 규칙이 적용된다. 그중 하나인 사인법칙은 두 각과 한 변, 또는 두 변과 그 사이에 있지 않은 각을 알고 있을 때 알 수 없는 변의 길이와 각의 크기를 구할 수 있는 공식이다.

> **📌 핵심 요약**
>
> ✓ 사인법칙은 모든 삼각형에 적용할 수 있다.
>
> ✓ 사인법칙을 이용하여 두 각의 크기와 한 변의 길이를 알 때 나머지 변의 길이와 각의 크기를 알 수 있다.
>
> ✓ 사인법칙을 이용하여 두 변의 길이와 그 사이에 있지 않은 각의 크기를 알 때 나머지 변의 길이와 각의 크기를 알 수 있다.

사인법칙의 공식

다음 그림과 같이 삼각형의 세 각을 대문자 A, B, C로 쓰고, 각과 마주 보는 변의 길이를 소문자 a, b, c로 쓰자. 세 각에 대한 사인과 변의 길이 사이에 다음 공식이 성립한다.

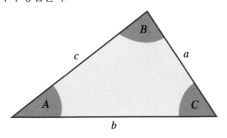

$$\frac{a}{\sin A} = \frac{b}{\sin B} = \frac{c}{\sin C}$$

🖹 알 수 없는 변의 길이 찾기

삼각형의 두 각의 크기와 한 변의 길이를 알고 있다면 사인법칙을 이용하여 나머지 변의 길이를 구할 수 있다.

문제
오른쪽 삼각형에서 변의 길이 a를 유효 숫자 세 자리로 구하시오.

풀이
1. 각 A, 각 B, 변 b의 길이를 알고 있으므로 그와 관련한 사인법칙의 일부 공식을 활용한다.

$$\frac{a}{\sin A} = \frac{b}{\sin B}$$

2. 식을 a에 대해 정리하고 값을 대입하여 a의 값을 구한다.

$$a = \frac{b \times \sin A}{\sin B} = \frac{21 \times \sin 32°}{\sin 95°} = 11.2$$

🖹 알 수 없는 각도 찾기

삼각형의 두 변의 길이와 그 사이에 있지 않은 각의 크기를 알고 있을 때도 사인법칙을 이용하여 나머지 각의 크기를 구할 수 있다.

문제
오른쪽 삼각형에서 각 C의 크기를 유효 숫자 세 자리로 구하시오.

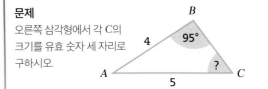

풀이
1. 각 B, 변 b, 변 c의 길이를 알고 있으므로 그와 관련한 사인법칙의 일부 공식을 활용한다.

$$\frac{b}{\sin B} = \frac{c}{\sin C}$$

2. 식을 $\sin C$에 대해 정리하고 값을 대입하여 $\sin C$의 값을 구한 뒤, 사인의 역함수를 이용하여 각 C의 크기를 구한다.

$$\sin C = \frac{c \times \sin B}{b} = \frac{4 \times \sin 95°}{5} = 0.797$$
$$C = 52.8°$$

코사인법칙

코사인법칙도 사인법칙과 마찬가지로 삼각형의 특정 변의 길이와 각의 크기를 이용하여 알 수 없는 변의 길이나 각의 크기를 구할 수 있는 공식이다.

변의 길이에 대한 코사인법칙

삼각형의 두 변의 길이와 끼인각의 크기를 알고 있을 때 코사인법칙을 이용하여 세 번째 변의 길이를 구할 수 있다. 두 변의 길이와 끼인각의 크기에 대해 다음 공식이 성립한다.

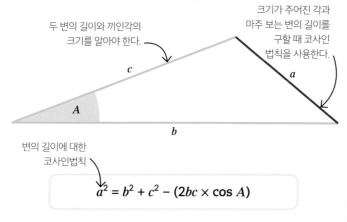

두 변의 길이와 끼인각의 크기를 알아야 한다.

크기가 주어진 각과 마주 보는 변의 길이를 구할 때 코사인법칙을 사용한다.

변의 길이에 대한 코사인법칙

$$a^2 = b^2 + c^2 - (2bc \times \cos A)$$

각의 크기에 대한 코사인법칙

위의 공식을 cos A에 대해 나타내면 세 변의 길이를 알고 있을 때 코사인법칙을 이용하여 삼각형의 각의 크기를 알 수 있다.

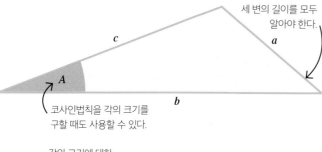

코사인법칙을 이용하여 각의 크기를 구하려면 세 변의 길이를 모두 알아야 한다.

코사인법칙을 각의 크기를 구할 때도 사용할 수 있다.

각의 크기에 대한 코사인법칙

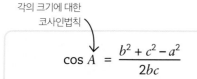

$$\cos A = \frac{b^2 + c^2 - a^2}{2bc}$$

핵심 요약

✓ 코사인법칙은 모든 삼각형에 적용할 수 있다.

✓ 코사인법칙을 이용하여 두 변의 길이와 끼인각의 크기를 알 때 나머지 변의 길이를 알 수 있다.

✓ 코사인법칙을 이용하여 세 변 모두의 길이를 알 때 세 각의 크기를 모두 구할 수 있다.

코사인법칙의 적용

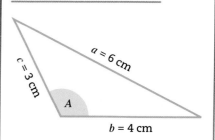

문제
계산기를 이용하여 위 삼각형에서 각 A의 크기를 유효 숫자 세 자리로 구하시오.

풀이
1. 주어진 세 변의 길이를 각의 크기에 대한 코사인법칙에 대입하고 cosA의 값을 구한다.

$$\cos A = \frac{4^2 + 3^2 - 6^2}{2 \times 4 \times 3}$$
$$= \frac{16 + 9 - 36}{24}$$
$$= \frac{-11}{24}$$
$$= -0.4583333333$$

2. 코사인의 역함수를 이용하여 각 A의 크기를 구한다.
$$A = \cos^{-1}(-0.4583333333)$$
$$= 117.27961274°$$

각 A의 크기는 117°(유효 숫자 세 자리)이다.

삼각형의 넓이

삼각형의 넓이를 구하는 방법으로 가장 잘 알려진 방법은 삼각형의 밑변의 길이와 높이를 곱하고 2로 나누는 것이다. 그러나 이에 필요한 길이를 알지 못할 경우 삼각비를 이용하여 삼각형의 넓이를 구할 수도 있다.

핵심 요약

✓ 삼각비를 이용하여 삼각형의 넓이를 구할 수 있다.

✓ 두 변의 길이와 끼인각의 크기를 알 때 삼각비에 관한 삼각형의 넓이 공식을 활용한다.

삼각형의 넓이 공식

삼각비를 이용하여 삼각형의 넓이를 계산하기 위해서는 두 변의 길이와 끼인각의 크기를 알아야 한다. 두 변의 길이와 끼인각의 크기를 다음 공식에 대입하여 넓이를 구할 수 있으며, 다음 공식의 a, b 대신 다른 두 변의 길이와 끼인각의 크기를 사용할 수도 있다.

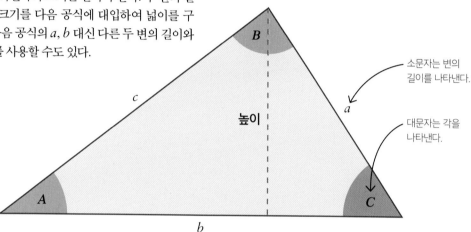

소문자는 변의 길이를 나타낸다.

대문자는 각을 나타낸다.

삼각비에 관한 삼각형의 넓이 공식

$$\text{넓이} = \frac{1}{2}ab\sin C$$

삼각비를 사용하지 않는 삼각형의 넓이 공식

$$\text{넓이} = \frac{1}{2} \times \text{밑변} \times \text{높이}$$

📑 **삼각형의 넓이 계산하기**

문제

오른쪽 삼각형 ABC의 넓이를 cm^2 단위로 유효 숫자 세 자리로 구하시오.

$c = 4\ cm$, $60°$, $b = 6\ cm$

풀이

주어진 변의 길이와 각의 크기를 삼각비에 관한 삼각형의 넓이 공식에 대입한다.

$$\begin{aligned}
\text{넓이} &= \tfrac{1}{2}\,bc\sin A \\
&= \tfrac{1}{2} \times 6\ cm \times 4\ cm \times \sin 60° \\
&= \tfrac{1}{2} \times 24 \times 0.866 \\
&= 10.4\ cm^2
\end{aligned}$$

연습문제
삼각비의 활용

피타고라스 정리와 다양한 삼각비에 관한 공식을 활용하면 일상생활에서 필요한 길이나 각도 등을 계산할 수 있다. 필요한 공식을 적절히 선택하고 활용하여 문제를 해결해 보자.

함께 보기

196 피타고라스 정리
197 삼각비
198 사인, 코사인, 탄젠트
199 삼각비를 이용한 길이와
　　 각도의 계산

문제
스키 슬로프를 설계하는데 높이를 20 m로, 슬로프의 각도를 21°로 하려고 한다.
a) 슬로프 뒤편에 꼭대기로 올라갈 수 있는 계단을 설치하려고 한다. 계단 경사로의 수평 방향 폭은 21 m이고, 계단 경사로의 길이 1 m당 계단을 5개 두려고 할 때, 계단의 수는 몇 개인가?
b) 스키 슬로프의 길이 d는 얼마인가? 미터 단위로 유효 숫자 세 자리로 구하시오.

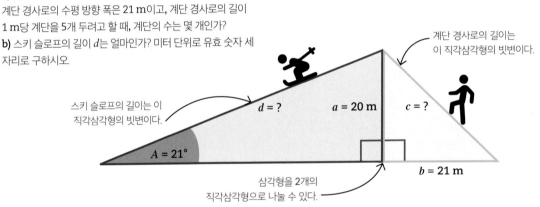

계단 경사로의 길이는 이 직각삼각형의 빗변이다.

스키 슬로프의 길이는 이 직각삼각형의 빗변이다.

$d = ?$　　$a = 20$ m　　$c = ?$

$A = 21°$

삼각형을 2개의 직각삼각형으로 나눌 수 있다.

$b = 21$ m

풀이
a) 계단의 수를 계산하기 위해 계단 경사로의 길이 c를 먼저 계산하자. 직각삼각형의 빗변의 길이를 구하기 위해 피타고라스 정리(196쪽 참조)를 사용한다.

$$a^2 + b^2 = c^2$$
$$20^2 + 21^2 = c^2$$
$$841 = c^2$$
$$c = 29 \text{ m}$$

1 m당 계단이 5개이므로 29 × 5 = 145개의 계단이 필요하다.

b) 스키 슬로프는 각이 21°이고 높이가 20 m인 직각삼각형 모양으로 그릴 수 있다. 이 직각삼각형의 빗변의 길이를 찾기 위해 사인 값을 이용한다.

$$\sin A = \frac{높이}{빗변}$$
$$\sin 21° = \frac{20}{d}$$
$$d = \frac{20}{\sin 21°}$$
$$d = 55.8 \text{ m}$$

스키 슬로프의 길이는 55.8 m이다.

고각과 저각

사람의 시야에서 위나 아래의 물체의 수평 방향 대비 각도를 고각(angle of elevation) 또는 저각(angle of depression)이라고 한다. 삼각법에서는 고각과 저각을 측정하여 거리를 계산하기도 한다.

핵심 요약

✓ 고각과 저각을 이용하여 측정하기 어려운 거리를 계산할 수 있다.

✓ 수평 방향 대비 위쪽 물체의 각도를 고각이라고 한다.

✓ 수평 방향 대비 아래쪽 물체의 각도를 저각이라고 한다.

고각과 저각의 활용

오른쪽 그림에서 고각은 관측자를 기준으로 수평 방향과 상공에 있는 열기구 사이의 각도이다. 저각은 관측자를 기준으로 수평 방향과 수면에 있는 보트 사이의 각도이다. 관측자와 물체 사이의 선분이 빗변이 되는 직각삼각형을 그리면 삼각비에 관한 여러 가지 공식을 이용하여 관측자와 물체 사이의 거리를 계산할 수 있다.

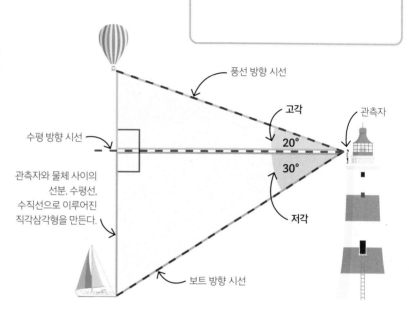

풍선 방향 시선 / 고각 / 관측자 / 20° / 30° / 저각 / 수평 방향 시선 / 관측자와 물체 사이의 선분, 수평선, 수직선으로 이루어진 직각삼각형을 만든다. / 보트 방향 시선

🖎 삼각비와 고각

문제
풍선의 고각이 20°이고 관측자와 풍선까지의 수평 거리가 173 m이다. 풍선과 관측자 사이의 거리를 미터 단위로 유효 숫자 세 자리로 구하시오.

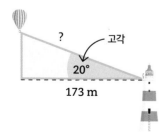

? / 고각 / 20° / 173 m

풀이
1. 관측자와 풍선 사이의 선분, 수평선, 수직선으로 이루어진 직각삼각형을 만든다. 고각과 밑변을 알고 있으므로 코사인을 이용하여 빗변의 길이를 알 수 있다.

$$\cos A = \frac{밑변}{빗변}$$

2. 식을 빗변에 대해 정리하고 값을 대입하여 빗변의 길이를 구한다.

$$빗변 = \frac{밑변}{\cos A} = \frac{173}{\cos 20°} = 184 \text{ m}$$

풍선과 관측자 사이의 거리는 184 m이다.

3차원 도형에서의 피타고라스 정리

피타고라스 정리(196쪽 참조)를 이용하면 직각삼각형의 두 변의 길이를 알고 있을 때 나머지 한 변의 길이를 계산할 수 있다. 3차원 도형의 일부를 이용하여 직각삼각형을 그리면 3차원 도형에도 피타고라스 정리를 적용할 수 있다.

> **핵심 요약**
>
> ✓ 3차원 도형에도 피타고라스 정리를 적용할 수 있다.
>
> ✓ 직육면체는 6개의 직사각형 면으로 이루어진 3차원 도형이다.
>
> ✓ 가로, 세로, 높이가 a, b, c인 직육면체의 대각선의 길이 d를 찾을 때는 직육면체의 대각선을 빗변으로 하는 직각삼각형을 그려 피타고라스 정리를 이용한다.
>
> $$a^2 + b^2 + c^2 = d^2$$

직육면체의 대각선

직육면체는 6개의 직사각형 면을 갖는 3차원 도형이다. 이 직육면체의 마주 보는 꼭짓점을 이은 대각선의 길이 d를 구할 때는 대각선을 빗변으로 하는 직각삼각형을 그리고 다음과 같은 계산 과정을 거치면 된다.

1. 오른쪽 그림에서 보라색 직각삼각형의 밑변은 직육면체의 밑면의 대각선이다. 피타고라스 정리를 이용하여 그 변의 길이 e를 구한다.

$$
\begin{aligned}
e^2 &= a^2 + b^2 \\
&= 25 + 9 \\
&= 34 \\
e &= \sqrt{34}
\end{aligned}
$$

2. 보라색 삼각형의 빗변의 길이 d를 계산한다.

$$
\begin{aligned}
d^2 &= e^2 + c^2 \\
&= 34 + 4 \\
&= 38 \\
d &= \sqrt{38}
\end{aligned}
$$

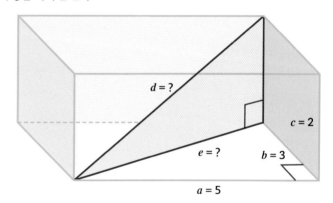

직육면체에 대한 피타고라스 정리

앞선 두 번의 피타고라스 정리를 연립하면 직육면체의 대각선의 길이 d를 구하기 위한 다음 공식으로 요약할 수 있다.

$$a^2 + b^2 + c^2 = d^2$$

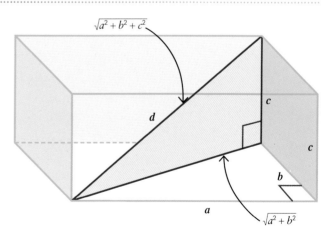

연습문제
3차원 도형에서의 삼각비

2차원뿐 아니라 3차원 도형에서도 삼각비를 활용하여 길이나 각도를 계산한다. 3차원 도형의 일부를 이용하여 직각삼각형을 그리고, 다양한 삼각비 공식을 활용하여 길이와 각도를 구해보자.

문제
피라미드 모형의 밑면은 한 변의 길이가 6 m인 정사각형이고, 피라미드의 꼭대기 P는 밑면의 중심 Q의 수직 방향에 있다. 피라미드 모형의 비스듬한 모서리가 밑면과 이루는 각 R의 크기를 구하시오.

풀이
1. 보라색 직각삼각형을 이용하여 각 R의 크기를 구하기 위해서는 두 변의 길이가 필요한데, 지금은 높이 PQ만을 알고 있다. AC의 절반에 해당하는 보라색 직각삼각형의 밑변 QC의 길이를 계산하자. 피타고라스 정리를 이용하여 AC의 길이를 구한다.

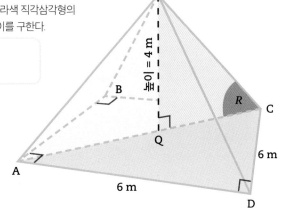

$$(AC)^2 = (AD)^2 + (CD)^2$$

$$(AC)^2 = 6^2 + 6^2$$
$$(AC)^2 = 72$$
$$AC = \sqrt{72}$$

$$\text{따라서 } QC = \frac{1}{2} \times \sqrt{72}$$

2. 이제 보라색 직각삼각형의 밑변과 높이를 알고 있으므로 탄젠트를 이용하여 각도를 구한다.

$$\tan R = \frac{\text{높이}}{\text{밑변}}$$

$$\tan R = \frac{4}{\frac{1}{2} \times \sqrt{72}}$$

$$\tan R = 0.9428$$
$$R = \tan^{-1} 0.9428$$
$$R = 43°$$

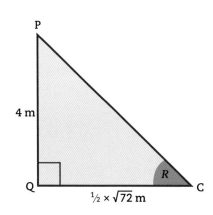

확률

확률의 크기

내일 비가 올 가능성은 얼마나 될까? 동전을 던졌을 때 앞면이 나올 가능성은 얼마나 될까? 수학에서는 이러한 가능성을 확률이라고 하는데, 확률의 값은 항상 0과 1 사이의 수이다.

📌 **핵심 요약**

✓ 확률은 0과 1사이의 값이다. 0은 불가능을 의미하고, 1은 확실함을 의미한다.

✓ 확률은 분수, 소수, 백분율 등으로 표현할 수 있다.

확률의 측정

확률은 분수, 소수, 백분율 등으로 표현할 수 있다. 확률이 0이면 불가능하다는 의미이고, 확률이 1이면 확실하다는 의미이다.

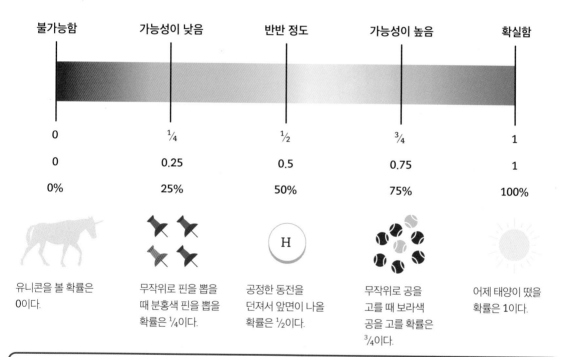

불가능함	가능성이 낮음	반반 정도	가능성이 높음	확실함
0	$\frac{1}{4}$	$\frac{1}{2}$	$\frac{3}{4}$	1
0	0.25	0.5	0.75	1
0%	25%	50%	75%	100%

유니콘을 볼 확률은 0이다.

무작위로 핀을 뽑을 때 분홍색 핀을 뽑을 확률은 $\frac{1}{4}$이다.

공정한 동전을 던져서 앞면이 나올 확률은 $\frac{1}{2}$이다.

무작위로 공을 고를 때 보라색 공을 고를 확률은 $\frac{3}{4}$이다.

어제 태양이 떴을 확률은 1이다.

⚙ **이론적 확률과 실험적 확률**

오른쪽과 같은 육각형 회전판을 돌렸을 때 6이 나올 확률은 얼마일까? 이 질문에는 두 가지 관점으로 대답할 수 있다. 첫 번째는 이론적 확률을 계산하는 것이다. 나올 수 있는 숫자가 여섯 가지이고, 그들 중 하나가 나오므로 확률은 $\frac{1}{6}$이다. 또 다른 방법으로는 실험적 확률을 계산하는 것이다. 회전판을 여러 차례 회전시키고 전체 실험 횟수와 6이 나온 횟수를 세어 확률을 계산할 수 있다. 회전판이 불안정하면 각 숫자가 같은 빈도로 나오지 않을 수 있으며, 특정 숫자가 다른 숫자에 비해 더 많이 나올 수 있다. 이러한 현상을 편향(bias)이라고 한다.

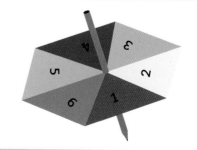

확률의 계산

공정한 주사위를 던져 6이 나올 확률은 $\frac{1}{6}$이다. 짝수가 나올 확률은 6개의 숫자 중 3개가 짝수이기 때문에 $\frac{3}{6} = \frac{1}{2}$이다. 이처럼 확률은 사건이 일어날 수 있는 경우의 수를 전체 경우의 수로 나누어 계산할 수 있다.

핵심 요약

✓ 사건의 확률은 사건이 일어날 수 있는 경우의 수를 전체 경우의 수로 나누어 계산한다.

✓ 무작위는 모든 경우가 같은 확률로 나타남을 의미한다.

확률의 공식

서랍에 빨간색 양말 4개, 파란색 양말 4개, 초록색 양말 2개가 들어 있다. 너무 어두워서 양말을 무작위로 꺼낸다고 했을 때, 파란색 양말을 꺼낼 확률은 얼마인가? 여기서 무작위란 모든 경우가 같은 확률로 일어남을 의미한다.

'사건'이란 특정 경우 또는 경우의 조합을 의미한다.

$$\text{사건의 확률} = \frac{\text{사건이 일어날 수 있는 경우의 수}}{\text{전체 경우의 수}}$$

$$\begin{aligned}\text{파란색 양말이}\\\text{나올 확률}\end{aligned} = \frac{\text{파란색 양말의 수}}{\text{전체 양말의 수}}$$

$$= \frac{4}{10}$$

$$= \frac{2}{5}$$

분수를 약분하여 최종 답을 구한다.

🗒 '또는'의 확률

문제

사탕 봉지에 초록색 사탕 3개, 빨간색 사탕 4개, 주황색 사탕 4개가 들어 있다. 무작위로 하나를 선택할 때 초록색 또는 빨간색 사탕을 선택할 확률은 얼마인가?

풀이

확률의 공식에 각 경우의 수를 대입하여 확률을 계산한다.

$$\text{사건의 확률} = \frac{\text{사건이 일어날 수 있는 경우의 수}}{\text{전체 경우의 수}}$$

$$= \frac{\text{초록색 사탕의 수 + 빨간색 사탕의 수}}{\text{전체 사탕의 수}}$$

$$= \frac{3 + 4}{11}$$

$$= \frac{7}{11}$$

배반사건

동전을 한 번 던져서 앞면과 뒷면이 동시에 나오는 것은 불가능하다. 동시에 일어날 수 없는 두 사건을 배반사건이라고 한다. 시행에서 일어날 수 있는 모든 사건을 배반사건들로 나누었을 때 그 사건들의 확률의 합은 항상 1이다.

> 📌 **핵심 요약**
>
> ✓ 시행에서 일어날 수 있는 모든 사건을 배반사건들로 나누었을 때 그 사건들의 확률의 합은 항상 1이다.
>
> ✓ 여사건의 확률을 구할 때는 1에서 사건의 확률을 빼서 구한다.

더해서 1이 되는 확률

아래 양말 10개 중 무작위로 1개를 선택할 때 색상은 한 가지만 선택되므로 파란색, 빨간색, 초록색 양말을 선택하는 것은 모두 배반사건이다. 양말을 선택하면 세 가지 색상 중 하나가 나올 것이 확실하므로 각 색상에 대한 확률의 합은 1이 되어야 한다. 수식은 다음과 같은데, 여기서 P(R), P(B), P(G)는 각각 빨간색, 파란색, 초록색 양말을 선택할 확률을 의미한다.

$$P(R) + P(B) + P(G) = \frac{4}{10} + \frac{4}{10} + \frac{2}{10}$$
$$= \frac{10}{10}$$
$$= 1$$

여사건의 확률

무작위로 양말을 고를 때 파란색 양말이 나오지 않는 사건을 파란색 양말을 고르는 사건의 여사건이라고 한다. 무작위로 양말을 고를 때 파란색 양말이 나오지 않는 확률을 구해보자. 파란색을 고르는 사건과 파란색이 아닌 것을 고르는 사건은 배반사건이면서 둘 중 하나를 뽑는 것은 확실하므로 각 확률을 더하면 1이 되어야 한다. 수식은 다음과 같은데, 여기서 P(B^C)은 파란색 양말을 뽑지 않는 사건의 확률, 즉 여사건의 확률이다.

$$P(B) + P(B^C) = 1$$

따라서 여사건의 확률을 구하기 위해서는 1에서 기존 사건의 확률을 빼면 된다.

$$P(B^C) = 1 - P(B) = 1 - \frac{4}{10} = \frac{6}{10} = \frac{3}{5}$$

📑 여사건의 확률

문제

사탕 봉지에 초록색 사탕 3개, 빨간색 사탕 4개, 주황색 사탕 4개가 들어 있다. 무작위로 하나를 선택할 때 초록색 사탕을 선택하지 않을 확률은 얼마인가?

풀이

1. 초록색 사탕을 고를 확률을 계산한다.

$$P(G) = \frac{초록색\ 사탕의\ 수}{전체\ 사탕의\ 수}$$
$$= \frac{3}{11}$$

2. 1에서 빼서 초록색 사탕을 선택하지 않을(여사건) 확률을 계산한다.

$$P(G^C) = 1 - \frac{3}{11} = \frac{8}{11}$$

경우의 나열

2개의 주사위를 던졌을 때 두 주사위의 합이 12가 되는 확률을 계산하고자 한다면, 2개의 주사위를 던졌을 때 가능한 모든 경우의 개수를 알아야 한다. 모든 경우의 모임을 표본 공간이라고 한다. 모든 경우의 개수를 세기 위해서 표본 공간을 목록 또는 표 등으로 정리하는 것이 도움이 된다.

표본 공간 표

주사위 2개를 던져서 두 주사위의 합이 12가 되는 경우는 두 주사위 모두 6이 나오는 한 가지이다. 하지만 다른 경우에 대해서는 더 많은 경우의 수가 가능한데, 표본 공간을 목록이나 표 등으로 정리해 보자. 1개의 주사위를 던질 때는 목록으로 충분하지만, 2개의 주사위를 던질 때는 2차원 표로 정리하는 것이 적절하다.

1. 가장 앞 세로줄에 주사위 하나의 경우를 적는다.

2. 다른 주사위의 경우를 가장 위쪽 가로줄에 적는다.

	⚀	⚁	⚂	⚃	⚄	⚅
⚀	2	3	4	5	6	7
⚁	3	4	5	6	7	8
⚂	4	5	6	7	8	9
⚃	5	6	7	8	9	10
⚄	6	7	8	9	10	11
⚅	7	8	9	10	11	12

3. 두 주사위의 점수를 더하여 적는다.

4. 경우의 수를 센다. 36가지의 경우가 가능하다.

5. 특정 수가 나오는 사건의 확률을 구하기 위해서는 210쪽의 확률의 공식을 활용한다.

$$\text{사건의 확률} = \frac{\text{사건이 일어날 수 있는 경우의 수}}{\text{전체 경우의 수}}$$

$$\text{두 주사위의 합이 12일 확률} = \frac{1}{36}$$

핵심 요약

✓ 확률을 계산할 때 가능한 모든 경우의 개수를 알아야 한다.

✓ 표본 공간은 가능한 모든 경우의 모임이며, 목록 또는 표로 만들면 다루기 편하다.

✓ 두 사건이 동시에 일어날 때 모든 경우의 수를 세기 위해서는 각 사건의 경우의 수를 곱한다.

🗒 곱의 법칙

두 사건이 동시에 일어날 때 가능한 모든 경우의 수는 각 사건의 경우의 수의 곱과 같다. 이를 곱의 법칙이라고 한다. 예를 들어 한 주사위의 경우의 수가 6이므로 두 주사위를 굴릴 때 가능한 경우의 수는 $6 \times 6 = 36$이다.

문제
레스토랑 메뉴에 에피타이저가 3종류, 메인 요리가 4종류, 디저트가 6종류가 있는 경우 에피타이저, 메인 요리, 디저트 하나씩으로 이루어진 코스 요리의 종류는 몇 가지인가?

풀이
코스 요리의 종류 = 에피타이저의 종류 × 메인 요리의 종류 × 디저트의 종류
$$= 3 \times 4 \times 6$$
$$= 72$$

두 사건의 확률

두 사건 A, B가 복합적으로 결합된 사건의 확률을 구해야 할 때가 있다. A와 B가 동시에 일어나는 사건을 곱사건이라고 하며, 곱셈 정리를 이용하여 확률을 계산할 수 있다. A 또는 B가 일어나는 사건을 합사건이라고 하며, 덧셈 정리를 이용하여 확률을 계산할 수 있다.

📌 핵심 요약

✓ 곱셈 정리는 두 사건이 동시에 일어나는 확률을 두 사건의 확률을 곱하여 구하는 것이다.
$$P(\text{A 그리고 B}) = P(A) \times P(B)$$

✓ 덧셈 정리는 두 사건 중 하나가 일어나는 확률을 두 사건의 확률을 더하여 구하는 것이다.
$$P(\text{A 또는 B}) = P(A) + P(B)$$

✓ 곱셈 정리는 독립 사건에 적용할 수 있다.

✓ 덧셈 정리는 배반사건에 적용할 수 있다.

곱셈 정리

회전판 2개를 동시에 돌릴 때 둘 다 빨간색이 나올 확률을 구해보자. 각 색이 나오는 사건은 서로 영향을 주지 않는 독립 사건이다. 사건 A, B가 서로 독립 사건이라면 두 사건이 동시에 일어나는 확률은 각 사건이 일어나는 확률을 곱해서 구할 수 있다.

$$P(\text{A 그리고 B}) = P(A) \times P(B)$$

$$P(\text{빨간색과 빨간색}) = P(\text{빨간색}) \times P(\text{빨간색})$$
$$= \frac{1}{6} \times \frac{1}{6}$$
$$= \frac{1}{36}$$

덧셈 정리

회전판 하나를 돌릴 때 빨간색 또는 파란색이 나올 확률을 구해보자. 각 색이 나오는 사건은 서로 배반사건이다. 사건 A, B가 배반사건이라면 A 또는 B가 일어나는 확률은 각 사건이 일어나는 확률을 더해서 구할 수 있다.

$$P(\text{A 또는 B}) = P(A) + P(B)$$

$$P(\text{빨간색 또는 파란색}) = P(\text{빨간색}) + P(\text{파란색})$$
$$= \frac{1}{6} + \frac{1}{6}$$
$$= \frac{2}{6} = \frac{1}{3}$$

📊 확률 구하기

문제

파란색 주사위와 빨간색 주사위를 동시에 던졌다. 파란색 주사위에서는 홀수의 눈이 나오고, 빨간색 주사위에서는 6의 눈이 나올 확률을 구하시오.

풀이

곱셈 정리를 사용한다.

$$P(\text{홀수와 6}) = P(\text{홀수}) \times P(6)$$
$$= \frac{1}{2} \times \frac{1}{6}$$
$$= \frac{1}{12}$$

수형도

일부 확률 문제는 해결하기가 까다로울 수 있다. 특히 여러 가지 사건이 결합되어 있는 경우 더욱 까다롭다. 여러 가지 사건이 결합되어 있는 확률 문제를 해결할 때는 수형도를 그리는 것이 도움이 된다.

독립 사건

동전을 두 번 던졌을 때 같은 면이 나올 확률은 얼마인가? 확률을 계산하기 위해 수형도를 그려보자. 동전을 두 번 던질 때 두 번째 동전을 던져서 앞면이 나오는 사건은 첫 번째 동전을 던진 결과에 아무 영향을 받지 않는다. 한 사건이 다른 사건의 영향을 받지 않을 때 이를 서로 독립이라고 한다. 사건이 서로 독립일 때 다음과 같이 수형도를 그려 문제를 해결할 수 있으며, 서로 독립이 아니더라도 역시 수형도를 그려 문제를 해결할 수 있다(215쪽 참조).

핵심 요약

✓ 여러 사건이 결합되어 있는 사건의 확률을 구할 때 수형도를 그리는 것이 도움이 된다.

✓ 수형도의 가지를 따라 확률을 곱하여 각 사건의 확률을 계산한다.

✓ 필요한 경우의 확률을 더해 최종 확률을 계산한다.

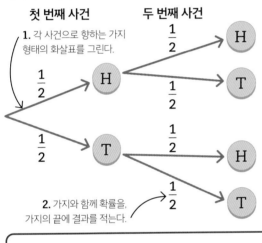

첫 번째 사건

1. 각 사건으로 향하는 가지 형태의 화살표를 그린다.

2. 가지와 함께 확률을, 가지의 끝에 결과를 적는다.

두 번째 사건

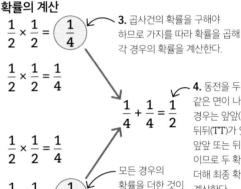

확률의 계산

$$\frac{1}{2} \times \frac{1}{2} = \frac{1}{4}$$

$$\frac{1}{2} \times \frac{1}{2} = \frac{1}{4}$$

$$\frac{1}{2} \times \frac{1}{2} = \frac{1}{4}$$

$$\frac{1}{2} \times \frac{1}{2} = \frac{1}{4}$$

$$\frac{1}{4} + \frac{1}{4} = \frac{1}{2}$$

3. 곱사건의 확률을 구해야 하므로 가지를 따라 확률을 곱해 각 경우의 확률을 계산한다.

4. 동전을 두 번 던져 같은 면이 나오는 경우는 앞앞(HH)과 뒤뒤(TT)가 있다. 앞앞 또는 뒤뒤이므로 두 확률을 더해 최종 확률을 계산한다.

모든 경우의 확률을 더한 것이 1이 되는지 확인한다.

📑 수형도의 활용

문제
주사위를 두 번 던졌을 때 6이 단 한 번 나오는 확률을 구하시오.

풀이
1. 주사위를 두 번 던지는 상황을 각 주사위에서 6이 나오는 경우와 6이 나오지 않는 경우로 나누어 수형도를 그린다.
2. 각 가지에 ⅙, ⅚의 확률을 적는다.
3. 가지를 따라 확률을 곱해 각 경우에 대한 확률을 구한다.
4. 단 한 번 6이 나오는 경우는 두 가지이다. 두 확률을 더해 답을 구한다.

$$\frac{5}{36} + \frac{5}{36} = \frac{10}{36} = \frac{5}{18}$$

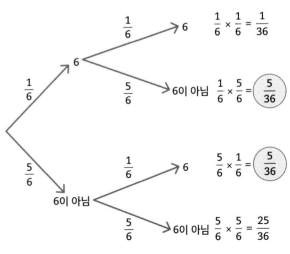

조건부 확률

양말이 든 서랍에서 양말을 무작위로 골라 꺼낼 때, 꺼낸 양말을 다시 넣지 않는다면 두 번째로 양말을 꺼낼 때 특정 양말이 나올 확률은 첫 번째 꺼낸 양말에 따라 달라진다. 이처럼 한 사건이 다른 사건의 확률에 영향을 주는 경우 두 사건을 종속이라고 하며, 첫 번째 사건의 결과에 따른 두 번째 사건의 확률을 조건부 확률이라고 한다.

수형도

서랍 안에 초록색 양말 5개와 빨간색 양말 3개가 있다. 무작위로 2개를 꺼낼 때 같은 색상의 양말을 꺼낼 확률은 얼마인가? 종속 사건에 관한 문제를 해결하는 방법 중 하나는 수형도를 그리는 것이다. 두 번째 양말을 꺼낼 확률이 첫 번째 꺼낸 양말에 따라 달라지는 것에 유의하여 확률을 계산해 보자.

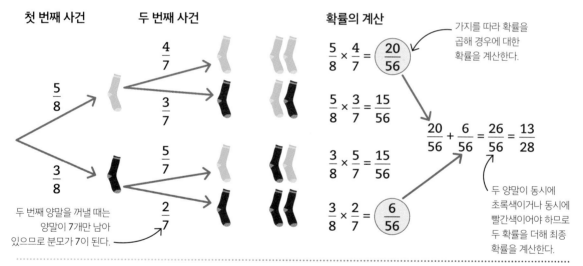

곱셈 정리

213쪽의 곱셈 정리는 오른쪽과 같이 변형하면 독립 사건이 아닌 종속 사건에 대해서도 쓸 수 있다. $P(B|A)$는 사건 A가 일어났을 때의 사건 B가 일어날 확률을 의미한다. 예를 들어 초록색 양말 한 쌍을 꺼낼 확률은 첫 번째 양말이 초록색일 확률과 첫 번째 양말이 초록색인 상황에서 두 번째 양말이 초록색일 확률을 곱한 것이다.

'그리고'는 곱하고, '또는'은 더한다.

B의 확률인데, A가 주어진 상황에서의 확률을 의미한다.

$$P(A \text{ 그리고 } B) = P(A) \times P(B|A)$$

$$P(\text{초록색 그리고 초록색}) = P(\text{초록색}) \times P(\text{초록색}|\text{초록색})$$

$$= \frac{5}{8} \times \frac{4}{7} = \frac{20}{56} = \frac{5}{14}$$

조건부 확률과 표

조건부 확률은 어떤 사건이 발생했을 때 특정 사건이 발생할 확률이다. 조건부 확률에 관한 문제를 풀 때 표를 그리면 문제를 푸는 데 도움이 된다.

핵심 요약

✓ 한 사건의 결과에 따른 다른 사건의 확률을 조건부 확률이라고 한다.

✓ 표를 그리면 조건부 확률에 관한 문제 풀이에 도움이 된다.

표의 활용

다음 표는 한 진료소의 환자 100명 중 고혈압 여부와 흡연 여부에 관한 것이다. 무작위로 선택한 환자가 고혈압일 확률, 환자가 흡연자일 때 고혈압일 확률이 얼마인지 각각 구해보자.

	고혈압	정상 혈압	합계
흡연자	36	12	48
비흡연자	16	36	52
합계	52	48	100

1. 무작위로 선택한 환자가 고혈압일 확률을 구하기 위해 가장 아래 행의 합계를 이용하자.

$$\text{고혈압의 확률} = \frac{\text{고혈압 환자 수}}{\text{총 환자 수}} = \frac{52}{100}$$

2. '~일 때'라는 단어는 문제의 두 번째 부분이 조건부 확률과 관련되어 있음을 나타낸다. 흡연자 중 고혈압 환자의 수를 찾아야 하므로 흡연자를 나타내는 행의 수를 이용하여 확률을 계산한다.

$$P(\text{고혈압} \mid \text{흡연자}) = \frac{36}{48} = \frac{3}{4}$$

이 수직선은 조건부 확률임을 의미한다.

흡연자 중 고혈압 환자의 비율을 찾아야 하므로 분모가 달라졌다.

따라서 흡연자를 뽑았을 때 고혈압일 확률은 ¾이다. 이는 전체 환자 중 고혈압 환자일 확률보다 높다.

🔖 조건부 확률 찾기

문제

다음은 한 호텔의 투숙객 150명을 대상으로 가장 선호하는 겨울 스포츠를 조사한 표이다. 무작위로 선택한 청소년이 스키를 선호할 확률을 구하시오.

	썰매	스노보드	스키	합계
어린이	10	10	5	25
청소년	5	30	10	45
성인	0	25	55	80
합계	15	65	70	150

풀이

청소년에 대한 행에서 $P(\text{스키} \mid \text{청소년})$을 찾는다.

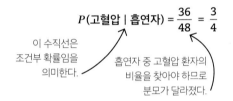

스키를 선호하는 청소년

$$P(\text{스키} \mid \text{청소년}) = \frac{10}{45}$$

모든 청소년

$$= \frac{2}{9}$$

벤 다이어그램

벤 다이어그램은 집합(모임)을 나타내기 위한 그림이다. 일부 겹치는 몇 개의 원으로 그림을 그리는데, 각 원은 하나의 집합을 나타내고, 가장 바깥쪽의 사각형 모양은 집합을 꾸릴 때 관련이 있는 모든 것(전체집합)을 나타낸다. 벤 다이어그램에 집합에 들어 있는 것들의 수를 표시하면 확률을 계산할 때 유용하다.

벤 다이어그램의 활용

다음 벤 다이어그램은 한 학급의 40명의 학생 중 몇 명의 학생이 테니스나 축구를 좋아하는지를 나타낸 것이다. 일부 학생은 테니스와 축구를 모두 좋아하기 때문에 두 원은 일부 겹쳐 그려졌다. 각 수는 각 카테고리에 학생이 몇 명이나 있는지를 의미하는데, 이를 이용하여 여러 가지 확률을 계산할 수 있다. 예를 들어 학급에서 무작위로 선택된 학생이 축구만 좋아할 확률은 $^{16}/_{40} = ^2/_5$이다.

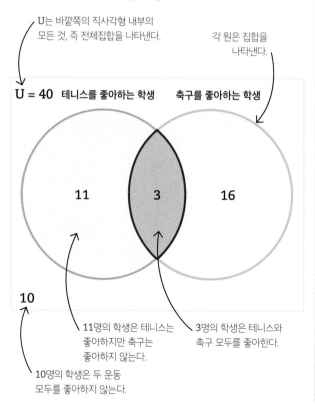

U는 바깥쪽의 직사각형 내부의 모든 것, 즉 전체집합을 나타낸다.

각 원은 집합을 나타낸다.

11명의 학생은 테니스는 좋아하지만 축구는 좋아하지 않는다.

3명의 학생은 테니스와 축구 모두를 좋아한다.

10명의 학생은 두 운동 모두를 좋아하지 않는다.

핵심 요약

✓ 벤 다이어그램은 집합을 표시하기 위한 그림으로, 원 등을 이용하여 집합을 나타낸다.

✓ 벤 다이어그램에 대상의 수를 표시하면 확률 계산에 유용하게 쓸 수 있다.

⚙ 집합의 표기

집합과 벤 다이어그램에 관한 몇 가지 기호들을 알아보자. 집합 내의 원소(요소)를 나열할 때 중괄호를 사용한다. 예를 들어 A를 10 미만의 홀수로 이루어진 집합이라고 하면 A = {1, 3, 5, 7, 9}로 쓸 수 있다. 집합 A의 원소의 수는 5개이며, $n(A)$ = 5와 같이 쓴다. 다음 그림은 집합 표기법에서 사용되는 다른 몇 가지 기호들과 그 의미를 벤 다이어그램으로 나타낸 것이다.

A^C는 전체집합의 원소 중 A가 아닌 모든 것을 의미하고, A의 여집합이라고 한다.

$A \cap B$는 A와 B가 겹치는 부분을 의미하고, A와 B의 교집합이라고 한다.

$A \cup B$는 A와 B가 합쳐진 것을 의미하고, A와 B의 합집합이라고 한다.

$A \subset B$는 A가 B에 포함되는 집합임을 의미하며, A를 B의 부분집합이라고 한다.

$A \cap B^C$ 또는 A − B는 A이지만 B는 아닌 것을 의미하며, A에 대한 B의 차집합이라고 한다.

U는 모든 것, 즉 전체집합을 의미한다.

벤 다이어그램과 확률

고양이를 키우는 집에서 강아지도 함께 키울 확률은 얼마일까? 이와 같은 조건부 확률에 관한 문제는 벤 다이어그램을 이용하면 편리할 때가 많다.

 핵심 요약

✓ 조건부 확률 문제는 벤 다이어그램을 이용하면 쉽게 해결할 수 있다.

✓ 벤 다이어그램은 집합을 표현하는 겹치는 원으로 그려진다.

조건부 확률

다음 벤 다이어그램은 100명을 대상으로 한 설문 조사에서 고양이를 키우는지, 개를 키우는지 조사한 결과를 나타낸 것이다. 무작위로 선택된 사람이 고양이를 키우고 있었을 때, 그 사람이 강아지도 키우고 있을 확률은 얼마일까?

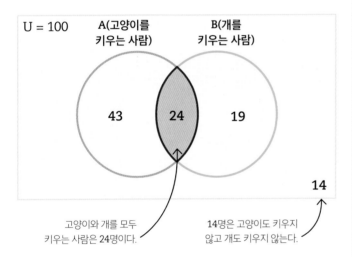

고양이와 개를 모두 키우는 사람은 24명이다.

14명은 고양이도 키우지 않고 개도 키우지 않는다.

1. '~일 때'라는 단어로부터 조건부 확률과 관련된 문제임을 알 수 있다. 고양이를 키우는 사람의 수(A)를 구한다.

$$A = 43 + 24$$
$$= 67$$

2. 확률을 계산하기 위한 분수의 분모는 67이다. 분자는 고양이와 개를 모두 키우는 사람의 수이므로 구하고자 하는 확률은 다음과 같다.

$$P(B \mid A) = \frac{24}{67}$$

이 수직선은 조건부 확률임을 의미한다.

🔢 벤 다이어그램을 이용한 조건부 확률 계산

문제
앞선 설문 조사에서 무작위로 선택된 사람이 고양이를 키우지 않을 때 그 사람이 개를 키울 확률은 얼마일까?

풀이
1. 고양이를 키우지 않는 사람(A^C)의 수를 구한다.

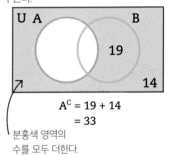

$$A^C = 19 + 14$$
$$= 33$$

분홍색 영역의 수를 모두 더한다.

2. 확률을 계산하기 위한 분수의 분모는 33이다. 분자는 개는 키우고 고양이는 키우지 않는 사람의 수 19이다.

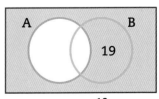

$$P(B \mid A^C) = \frac{19}{33}$$

상대도수

6면 회전판이 한쪽으로 치우쳐 있다면 회전판은 공정하지 않을 수 있다. 이는 특정 색상이 나올 확률이 ⅙이 아닐 수 있음을 의미한다. 해당 색상이 나올 실제 확률은 여러 차례 회전판을 굴려 해당 색상이 나온 횟수를 전체 횟수로 나누어 추정할 수 있는데, 이 추정치를 상대도수라고 한다.

확률 실험

회전판의 각 색상에 대한 상대도수를 계산하려면 회전판을 여러 번 회전시키고 각 색상이 나타나는 횟수를 계산해야 한다. 여기서의 회전과 같이 반복하며 결과를 관찰하는 것을 시행(trial)이라고 하며, 시행을 더 많이 반복할수록 추정치는 실제 확률에 더 가까워진다. 각 색상의 횟수는 수로 나타내는 관측값으로, 이를 각 색상의 도수라고 한다. 상대도수는 도수를 전체 시행 횟수로 나눈 비율로, 공식은 다음과 같다.

$$\text{상대도수} = \frac{\text{도수}}{\text{전체 시행 횟수}}$$

다음 표는 회전판을 200번 회전시켜서 나온 색상의 횟수를 정리한 것이다. 파란색이 다른 색상보다 더 자주 나타나므로 회전판이 공정하지 않고 편향되어 있을 가능성이 크다고 추측할 수 있다. 시행 횟수가 많을수록 편향의 가능성이 더 크다고 할 수 있다.

색상	도수	상대도수
보라색	46	46 ÷ 200 = 0.23
주황색	20	20 ÷ 200 = 0.10
노란색	22	22 ÷ 200 = 0.11
빨간색	42	42 ÷ 200 = 0.21
파란색	60	60 ÷ 200 = 0.30
초록색	10	10 ÷ 200 = 0.05
합계	200	1

도수는 어떤 일이 일어난 횟수를 의미한다.

파란색이 다른 색상보다 더 자주 나타난다.

📌 **핵심 요약**

✓ 상대도수는 실험으로 찾은 확률의 추정치이다.

✓ 상대도수 = 도수 ÷ 전체 시행 횟수

✓ 시행 횟수가 많을수록 추정치는 실제 확률에 더 가까워진다.

✓ 기대도수 = 확률 × 시행 횟수

📇 기대도수

편향된 회전판을 60번 회전시킬 때 파란색이 나타날 것으로 예상되는 횟수는 몇 번인가? 확률을 알고 있으면 이를 이용하여 기대되는 도수를 추정할 수 있는데, 이를 기대도수라고 한다.

기대도수 = 확률 × 시행 횟수

회전판을 60번 돌렸을 때

$$\text{기대도수} = 0.30 \times 60$$
$$= 18$$

회전판이 편향되지 않고 공정한 경우 파란색이 나타날 것으로 기대되는 횟수는 더 적다.

$$\text{기대도수} = \frac{1}{6} \times 60 = 10$$

기대도수는 추정치일 뿐, 파란색이 정확히 10번 나와야 한다는 의미가 아니다.

도수 수형도

도수 수형도는 데이터를 명확한 범주로 구성하는 데 유용하다. 확률을 나타내는 수형도(214쪽 참조)와 비슷하지만, 확률 대신 도수를 써서 그린다. 도수 수형도를 그려서 확률을 계산하는 데 활용할 수 있다.

핵심 요약

✓ 도수 수형도를 이용하면 데이터를 여러 기준에 따라 분류하여 정리할 수 있다.

✓ 도수 수형도는 확률을 나타내는 수형도와는 달리 도수를 나타낸다.

✓ 도수 수형도를 이용하여 확률을 계산할 수 있다.

도수 수형도 그리기

노트북과 태블릿 둘 중 하나만을 가지고 있는 120명을 대상으로 어떤 기기를 가지고 있는지에 대한 연령에 따른 차이를 알아보기 위해 설문 조사를 하였다. 120명 중 70명의 학생은 15세 미만이었으며, 15세 이상의 학생 중 11명이 태블릿을 가지고 있었다. 노트북을 가지고 있는 학생의 수는 총 67명이었다. 이때 15세 미만의 학생 중 태블릿을 가지고 있는 학생은 몇 명일까?

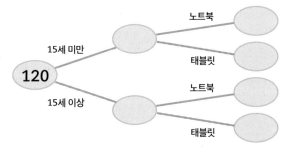

1. 연령대에 따른 도수를 먼저 채운다.

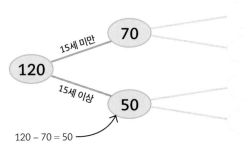

2. 15세 이상 학생을 가지고 있는 기기에 따라 분류한다.

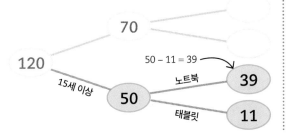

3. 노트북을 가지고 있는 학생의 수가 67명이니, 15세 미만의 학생 중 노트북을 가지고 있는 학생의 수를 계산할 수 있다.

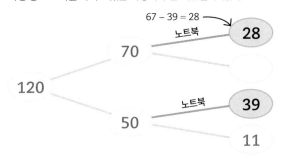

4. 마지막으로, 15세 미만 학생 70명 중 노트북을 가지고 있는 학생 28명을 빼서 15세 미만 학생 중 42명이 태블릿을 가지고 있음을 계산한다.

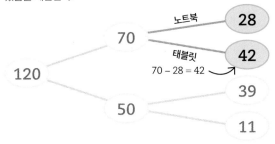

확률분포

확률분포는 동전이나 주사위를 던지는 등의 시행에 따라 가능한 모든 경우의 확률을 알려주는 함수이다. 확률분포는 그래프 또는 표 등으로 표현한다.

핵심 요약

✓ 확률분포는 시행의 결과로 가능한 모든 경우의 확률을 알려주는 함수이다.

✓ 균등분포는 모든 결과의 확률이 동일한 확률분포이다.

✓ 이항분포는 배반사건인 두 가지 결과가 있는 독립시행을 여러 번 반복한 결과를 나타낸 확률분포이다.

균등분포

공정한 주사위를 한 번 던지면 각 숫자가 나올 확률은 ⅙로 동일하다. x축에 점수를, y축에 확률을 표시하여 막대그래프로 이러한 확률을 표시할 수 있다. 모든 경우에 대한 가능성이 동일하므로 그래프는 직사각형 모양이다. 이러한 확률분포를 균등분포라고 한다. 주사위가 공정할 때만 주사위를 던져서 나오는 눈이 균등분포를 따르고, 편향된 주사위는 균등하지 않은 확률분포를 따른다.

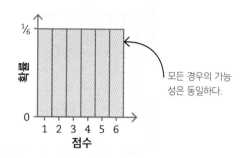

모든 경우의 가능성은 동일하다.

대칭분포

주사위 2개를 던져서 나온 두 숫자를 더하는 시행에서 12가 나오는 경우의 수는 한 가지이지만, 7이 나오는 경우의 수는 여섯 가지(1 + 6, 2 + 5, 3 + 4, 4 + 3, 5 + 2, 6 + 1)이다. 이와 같이 각 결과에 대한 확률은 서로 다르다. 이러한 확률분포를 그래프로 나타내면 균등하지는 않지만 좌우 대칭적인 모양을 띤다.

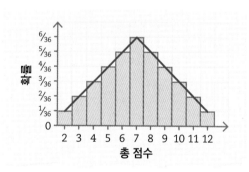

이항분포

동전을 10번 던졌을 때 앞면이 10번 나올 확률은 얼마일까? 앞면이 5번 나올 확률은 얼마일까? 이때 앞면이 나오는 횟수는 이항분포라고 하는 확률분포를 따른다. 이항분포를 그래프로 나타내면 곡선 형태를 띤다. 이항분포는 배반사건인 두 가지 결과가 있는 독립시행을 여러 번 반복한 결과를 나타낸 확률분포이다.

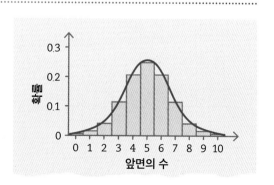

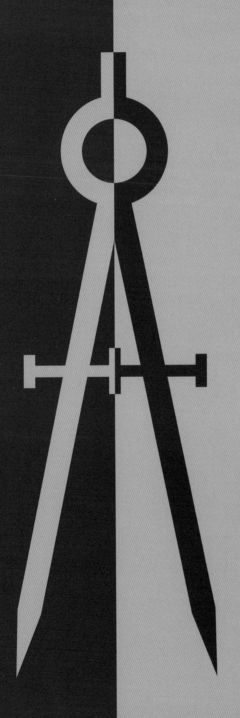

통계

통계 조사

통계학은 자료를 이용하여 실생활에 관한 질문에 답하는 수학의 한 분야이다. 통계학에서는 가설을 검증하기 위해 정보의 조각인 자료를 수집하고 분석한다. 가설을 제시하고 검증하는 과정을 통계 조사라고 한다.

핵심 요약

✓ 통계 조사에서는 자료를 수집하여 가설을 제시하고 검증한다.

✓ 통계학에서는 다양한 종류의 질문에 답하기 위해 다양한 방법으로 자료를 수집한다.

✓ 자료를 시각적으로 표현하여 더 이해하기 쉽게 만들 수 있다.

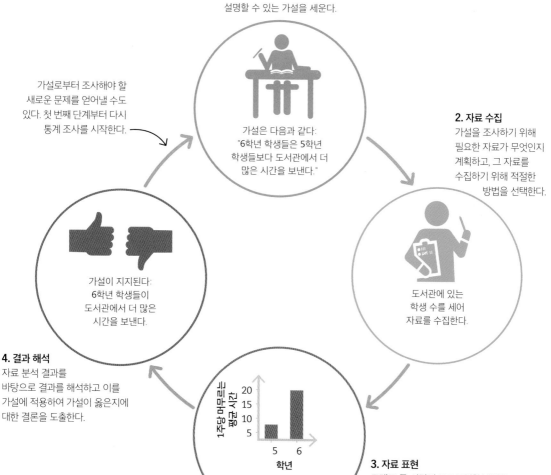

1. 가설 세우기
관찰을 바탕으로 관찰한 바를 설명할 수 있는 가설을 세운다.

가설로부터 조사해야 할 새로운 문제를 얻어낼 수도 있다. 첫 번째 단계부터 다시 통계 조사를 시작한다.

가설은 다음과 같다:
"6학년 학생들은 5학년 학생들보다 도서관에서 더 많은 시간을 보낸다."

2. 자료 수집
가설을 조사하기 위해 필요한 자료가 무엇인지 계획하고, 그 자료를 수집하기 위해 적절한 방법을 선택한다.

가설이 지지된다:
6학년 학생들이 도서관에서 더 많은 시간을 보낸다.

도서관에 있는 학생 수를 세어 자료를 수집한다.

4. 결과 해석
자료 분석 결과를 바탕으로 결과를 해석하고 이를 가설에 적용하여 가설이 옳은지에 대한 결론을 도출한다.

수집된 자료를 그래프로 나타낸다.

3. 자료 표현
그래프 등 시각적으로 표현할 방법을 선택하여 자료를 보다 쉽게 이해할 수 있도록 하고, 평균 등 여러 가지 통계적 도구를 이용하여 자료를 분석한다.

자료의 유형

자료는 다양한 유형으로 분류할 수 있다. 수집할 자료의 유형은 자료를 어떻게 표현하고 해석해야 하는지를 결정한다. 특정 주제에 관한 자료의 모임을 자료 집합이라고 한다.

📌 **핵심 요약**

✓ 자료는 가설을 검증하기 위해 직접적으로 수집한 1차 자료와 다른 목적으로 수집된 2차 자료로 분류할 수 있다.

✓ 크기를 갖는 수의 속성의 자료를 양적 자료라고 하고, 크기가 없는 단어 속성의 자료는 질적 자료라고 한다.

✓ 연속형 자료는 범위 내의 모든 값이 될 수 있고, 이산형 자료는 범위 내 특정 값만을 갖는다.

1차 자료

가설에서 제기된 문제에 답할 직접적인 목적으로 수집된 자료를 1차 자료라고 한다.

설문조사를 통해 1차 자료를 수집할 수 있다.

2차 자료

원래는 다른 목적으로 수집되었지만 기존 문제와 다른 새로운 문제에 답하기 위해 사용되는 자료를 2차 자료라고 한다.

과거의 인구조사 자료는 종종 2차 자료로서 새로운 통계 문제에 답하는 데 사용된다.

양적 자료

크기를 갖는 수 형태의 자료를 양적 자료라고 한다. 양적 자료는 연속적이거나 불연속적일 수 있다.

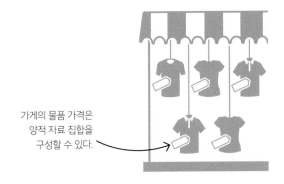

가게의 물품 가격은 양적 자료 집합을 구성할 수 있다.

연속형 자료

연속적인 양적 자료는 범위 내의 모든 값을 가질 수 있다.

사람의 키는 가능한 키 범위 내에서 어떤 값도 될 수 있다.

이산형 자료

불연속적인 양적 자료는 이산형 자료라고 한다. 범위 내 특정 값만을 가질 수 있다.

교실의 학생 수는 이산형 자료의 예이다.

질적 자료

단어와 같이 크기가 없는 자료를 질적 자료 또는 범주형 자료라고 한다.

자전거의 다양한 색상은 질적 자료 집합을 구성할 수 있다.
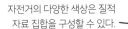

모집단과 표본

통계학에서 모집단이란 자료를 수집하려는 대상의
집합을 의미한다. 때로는 전체 모집단을 연구하는 것
이 불가능하거나 효율적이지 않기 때문에 모집단의
일부인 표본을 대상으로 자료를 수집하고, 표본으로
부터 얻은 자료를 이용하여 모집단에 대한 결론을 내
기도 한다.

핵심 요약

✓ 모집단은 통계적 조사가 이루어지는 대상의
　집합이다.

✓ 표본은 모집단 중 자료를 수집할 일부이다.

✓ 표본 추출에는 다양한 방법이 있다.

✓ 표본이 모집단을 대표하지 못하는 경우 결론에
　편향이 생길 수 있다.

표본 추출

표본을 구성하기 위해 모집단
에서 개인을 선택하는 다양한
방법이 있다. 적절한 표본 추출
방법을 선택하면 통계 문제에
공정하게 답하는 데에 도움이
된다.

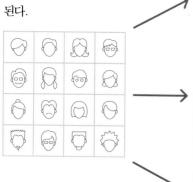

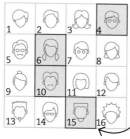

단순 무작위 추출

모집단의 각 구성원에 번호를 매기고 난수 생성기를
이용하여 무작위로 표본을 추출한다. 공학용 계산기에
포함되어 있는 경우가 많다.

무작위로 선택된 번호에 해당하는
학생을 선택하여 표본을 구성한다.

체계적인 추출

모집단의 순서 등에 따라 표본의 대표자를
선택한다.

네 번째 줄의 학생을
표본으로 선택한다.

할당 추출

할당 추출에서는 조사하려는 특성에 따라 모집단을 몇
개의 소집단으로 나눈 다음 각 소집단에서 소집단의
인원수에 비례하도록 표본을 추출한다. 이는 가능한 한
전체 모집단을 대표하는 표본을 만들기 위함이다.

학생들을 안경을 쓴 학생과 안경을 착용하지
않은 학생으로 나눈다. 그다음 각 소집단에서
할당량만큼의 학생을 뽑는다.

표본 추출의 한계

모집단의 특정 소집단이 표본에서 과대 대표되거나 과소 대표된 표
본을 편향된 표본이라고 한다. 표본을 무작위로 선택하더라도 확률
적으로 편향이 발생할 수 있다. 또한 표본의 크기가 충분히 크지 않
으면 대표성이 떨어지는 표본이 될 수도 있다.

연못에서 물고기의
표본을 추출할 때 수면
근처에서만 물고기를
수집하면 연못 바닥에서
사는 물고기는 표본에서
제외될 수 있다.

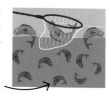

도수표

자료는 도수표로 표현되는 경우가 많다. 도수표는 자료에서 특정 값이 나타나는 횟수를 나타내는 표이다.

핵심 요약

✓ 도수표는 자료를 정리하는 유용한 방법이다.

✓ 도수는 어떤 일이 발생하거나 자료 집합에서 값이 나타난 횟수이다.

✓ 도수분포표는 값을 계급이라는 몇 개의 구간으로 나누어 계급에 포함된 값의 개수를 나타낸 표이다.

집계와 표

한 회사에서 인기 있는 자전거 색상에 맞는 자전거 액세서리를 만들기 위해 하루 동안 사무실을 지나가는 자전거의 색상을 기록하였다. 이를 정리하기 위해 먼저 표를 만들어 색상 목록을 분류하고 각 색상의 개수를 집계하여 표시한다. 그런 다음 집계 결과를 그 도수로 별도의 줄에 기입하여 도수표를 만든다.

집계는 목록으로부터 각 분류의 개수를 세는 것을 의미한다.

다섯 번째 줄마다 대각선으로 표시하면 집계 표시로부터 개수를 더 쉽게 읽을 수 있다.

원자료(가공되지 않은 자료)에서는 의미를 찾아내기 어렵다.

보라색, 검은색, 빨간색, 초록색, 보라색,
초록색, 보라색, 보라색, 초록색, 검은색,
초록색, 파란색, 빨간색, 검은색, 보라색,
초록색, 초록색

색상	집계	도수
보라색	ⅢⅡ	5
검은색	ⅢⅠ	3
빨간색	Ⅱ	2
초록색	ⅢⅡ Ⅰ	6
파란색	Ⅰ	1

집계 결과를 도수로 기입한다.

정리된 자료로부터 인기 있는 색상을 쉽게 찾아낼 수 있다.

도수분포표

어떤 경우에는 자료를 도수표로 만들기 전에 자료를 분류한 뒤 분류 기준에 따라 수집하는 것이 더 유용할 수 있다. 예를 들어 100 m 달리기 시간과 같은 연속형 자료에 특히 유용하다. 원자료를 분류할 값의 범위를 결정하고 자료를 집계하면 되는데, 여기서 값의 범위로 나눈 자료를 계급이라고 하며, 이러한 유형의 표를 도수분포표라고 한다.

자료를 1초 간격으로 나누어 계급으로 나누었다.

각 주자의 달리기 기록은 계급 중 하나로 분류된다.

부등호(154쪽 참조)를 사용하여 계급을 표시한다.

12.34, 14.29, 13.78, 14.06,
14.73, 15.08, 13.21, 13.46,
12.81, 11.25, 15.51, 13.1, 13.95

이 원자료는 100 m 달리기 기록을 초 단위로 나타낸 것이다.

시간, t, 초	집계	도수
$11 < t \leq 12$	Ⅰ	1
$12 < t \leq 13$	Ⅱ	2
$13 < t \leq 14$	Ⅲ	5
$14 < t \leq 15$	Ⅲ	3
$15 < t \leq 16$	Ⅱ	2

막대그래프

막대그래프는 자료를 시각적으로 표현하는 간단한 방법이다. 자료 집합을 분류하고 각 분류의 도수를 길이로 갖는 막대로 나타낸다.

📌 **핵심 요약**

✓ 자료 집합의 분류별 도수를 막대그래프를 이용하여 시각적으로 표현할 수 있다.

✓ 막대의 색을 다르게 하거나 분할하여 자료의 다양한 측면을 표시할 수 있다.

✓ 막대그래프는 표시할 자료의 유형에 맞게 디자인해야 한다.

도수의 시각화

보통 막대그래프에서는 x축에 자료의 분류를 표시하고, y축에는 도수를 표시한다. 다음 도수표는 한 달 동안 커피숍에서 음식과 음료를 판매하여 얻은 매출을 정리한 것이다.

품목	매출(만 원)
뜨거운 음료	1265
차가운 음료	399
샌드위치	729
케이크	682

막대그래프

이 막대그래프에서는 자료를 음식과 음료의 하위 분류로 한 번 더 분류하기 위해 다른 색상으로 표현했다. 서로 다른 분류의 막대를 서로 닿지 않게 그렸다.

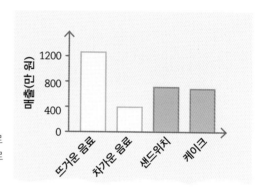

다양한 유형의 막대그래프

자료에 관한 더 많은 정보를 담기 위해 막대그래프를 변형하여 그리기도 한다. 다음 도수표는 품목별 매출을 현금 결제와 카드 결제 액수로 다시 나눈 것이다.

품목	현금 (만 원)	카드 (만 원)	총액 (만 원)
뜨거운 음료	450	815	1265
차가운 음료	101	298	399
샌드위치	242	487	729
케이크	263	419	682

누적 막대그래프

누적 막대그래프에서는 대분류를 다시 하위 분류한 것을 하나의 막대로 표시하되, 하위 분류된 것을 나타내기 위해 막대를 나누고 다른 색상으로 표현한다. 색상이 의미하는 것이 무엇인지 알 수 있도록 표시를 추가하였다. 이러한 표시를 범례라고 한다.

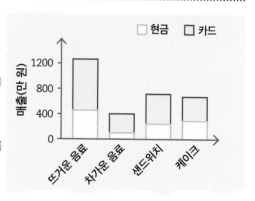

이중 막대그래프

이중 막대그래프에서는 대분류를 다시 하위 분류한 것을 옆에 붙여서 나타낸다. 각 하위 분류 사이의 크기도 비교할 수 있다는 장점이 있다.

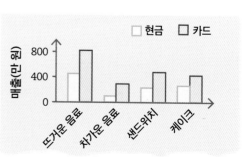

픽토그램

픽토그램은 막대그래프와 유사하지만 막대 대신 그림을 사용하여 도수를 나타내며, 보통 축을 그리지 않는다. 일반적으로 질적 자료를 나타내는 데 사용한다.

화창한 날

다음은 한 기상학자가 자신의 고향에서 6개월 동안 비가 내리지 않은 날 수를 기록하고 그 자료를 도수표와 픽토그램으로 나타낸 것이다.

> **핵심 요약**
> ✓ 픽토그램은 막대그래프와 유사하게 자료를 시각적으로 표현하는 방법이다.
> ✓ 작은 그림의 수를 이용하여 분류별 도수를 표현한다.
> ✓ 픽토그램을 표시할 때 각 그림이 나타내는 도수 값이 얼마인지에 대한 표시(범례)가 필요하다.

월	비가 내리지 않은 날
1월	13
2월	6
3월	10
4월	20
5월	13
6월	10

픽토그램을 그릴 때 막대그래프와 같이 자료를 도수표로 먼저 표현하면 편리하다.

범례

= 비가 내리지 않은 4일

각 그림이 나타내는 바가 무엇인지에 대한 범례가 꼭 필요하다.

그림을 보면 4월이 가장 건조한 달임을 알 수 있다.

태양 그림의 ¼는 비가 내리지 않은 하루를 나타낸다.

범례를 통해 비가 내리지 않은 일수를 계산할 수 있다. 6월에는 4 + 4 + 2 = 10일 동안 비가 내리지 않았다.

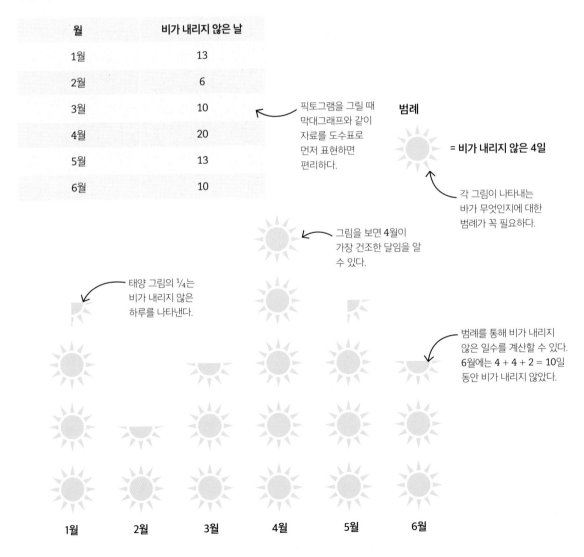

1월   2월   3월   4월   5월   6월

꺾은선 그래프

꺾은선 그래프는 자료를 점으로 표시한 다음 각 점을 선으로 연결하여 그린다. 꺾은선 그래프는 시간에 따라 변화하는 자료를 표시하는 데 특히 유용하다. 일반적으로 연속형 자료(224쪽 참조)를 나타낼 때 사용한다.

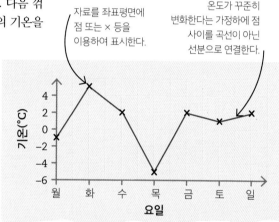

핵심 요약

✓ 꺾은선 그래프는 시간에 따라 변화하는 자료를 나타내는 데 유용하다.

✓ 자료를 나타내는 점을 곧은 선으로 연결하여 그린다.

✓ 하나의 그래프에 2개의 선을 그려서 두 자료 집합을 비교할 수 있다.

꺾은선 그래프의 해석

꺾은선 그래프에서 자료의 값은 일반적으로 y축에 표시하여 선의 높이로부터 자료 간의 관계를 해석할 수 있도록 그린다. 다음 꺾은선 그래프는 한 도시에서 일주일 동안 매일 오전 6시의 기온을 측정하여 나타낸 것이다.

낮	기온(℃)
월요일	−1
화요일	5
수요일	2
목요일	−5
금요일	2
토요일	1
일요일	2

온도의 지속적인 변화를 측정하지는 않지만, 일별로 온도를 측정하여 시간에 따른 온도의 추이를 관찰한다.

자료를 좌표평면에 점 또는 × 등을 이용하여 표시한다.

온도가 꾸준히 변화한다는 가정하에 점 사이를 곡선이 아닌 선분으로 연결한다.

이중 꺾은선 그래프

꺾은선 그래프는 2개의 연관된 자료를 동시에 표시하는 데에도 유용하게 쓸 수 있다. 다음 이중 꺾은선 그래프는 어떤 남매의 나이에 따른 키를 나타낸 것이다.

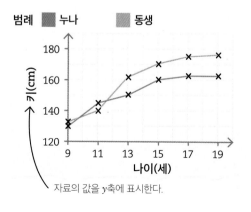

범례　■ 누나　　■ 동생

자료의 값을 y축에 표시한다.

⚙ 꺾은선 그래프가 부적절한 경우

일반적으로 꺾은선 그래프를 이용하여 별개의 자료를 표시하는 것은 부적절하다. 예를 들어 꺾은선 그래프를 이용하여 카페의 품목별 판매량을 표시하는 경우(227쪽 참조) 기울기 등 자료 사이의 값에 별다른 의미가 없지만 오해를 불러일으킬 수 있다.

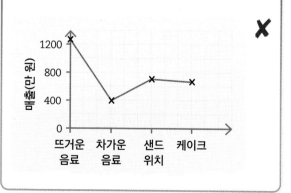

원그래프

원그래프는 원 모양의 그래프를 파이 모양, 즉 부채꼴 모양으로 나누어 그린 그래프이다. 파이 조각의 각도의 크기는 자료 집합에서 각 분류의 도수의 비율을 나타낸다.

원그래프 그리기

원그래프를 그릴 때는 먼저 도수표로 자료를 정리한 뒤, 각 파이 조각의 중심각의 크기를 계산하기 위한 열을 추가하고 계산한다. 다음은 매점에서 판매된 케이크의 종류별 판매량을 나타낸 것이다.

핵심 요약

✓ 원그래프는 자료 집합에서 각 분류의 비율을 시각적으로 표현해 준다.

✓ 각 분류에 해당하는 각도를 구할 때는 각 분류의 도수를 전체로 나눈 뒤 360°를 곱한다.

2. 각 도수의 값을 도수의 합계로 나눈 분수를 기입한다. 각 케이크가 전체 케이크 판매량 중 차지하는 비율을 나타낸다.

3. 한 원의 중심각이 360°이므로 각 분수에 360°를 곱해 원그래프의 각 조각에 대한 중심각을 찾는다.

1. 도수를 나타내는 열의 도수를 모두 더해 합계를 구한다.

종류	도수 (단위: 조각)	전체 대비 비율	중심각
스펀지 케이크	9	$^9/_{30}$	$^9/_{30} \times 360 = 108°$
당근 케이크	3	$^3/_{30}$	$^3/_{30} \times 360 = 36°$
레드벨벳 케이크	2	$^2/_{30}$	$^2/_{30} \times 360 = 24°$
초코 케이크	11	$^{11}/_{30}$	$^{11}/_{30} \times 360 = 132°$
과일 케이크	5	$^5/_{30}$	$^5/_{30} \times 360 = 60°$
합계	30	1	360°

4. 모든 각을 더했을 때 360°가 맞는지 검산한다.

5. 본격적으로 원그래프를 그린다. 원을 그리고 각도기의 직선 부분을 이용하여 첫 번째 반지름을 그린다.

6. 첫 번째 반지름을 0°에 두고 108°의 중심각으로 첫 번째 조각을 그린다.

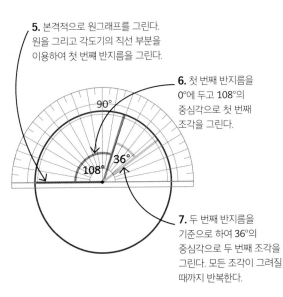

7. 두 번째 반지름을 기준으로 하여 36°의 중심각으로 두 번째 조각을 그린다. 모든 조각이 그려질 때까지 반복한다.

8. 모든 조각을 그린 뒤, 완성된 원그래프에 색상을 지정하고 제목과 범례를 추가한다. 그래프에 여유 공간이 있다면 범례 대신 각 조각에 케이크 이름을 넣어도 된다.

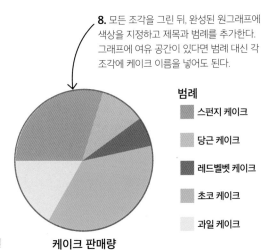

범례

■ 스펀지 케이크
□ 당근 케이크
■ 레드벨벳 케이크
■ 초코 케이크
□ 과일 케이크

케이크 판매량

평균, 중앙값, 최빈값, 범위

대푯값은 자료 집합을 대표하는 값으로, 자료를 요약하고 비교하는 데에 유용하게 쓰인다. 주로 사용하는 대푯값으로는 평균, 중앙값, 최빈값 등이 있다. 또한 자료 집합의 가장 큰 값을 가장 작은 값으로 뺀 것을 범위라고 하는데, 자료가 얼마나 퍼져 있는지를 쉽게 표현할 수 있는 값이다.

핵심 요약

- ✓ 평균은 자료 집합의 모든 값의 합을 자료의 개수로 나눈 값이다.
- ✓ 중앙값은 자료의 값을 크기순으로 나열했을 때 가운데에 있는 값이다.
- ✓ 자료의 개수가 짝수 개인 경우 중앙값은 크기순으로 나열했을 때 가운데에 있는 두 값의 평균이다.
- ✓ 최빈값은 가장 자주 나타나는 값이다.
- ✓ 범위는 자료 집합의 가장 큰 값과 가장 작은 값의 차이이다.

다양한 대푯값의 측정

오른쪽은 8명의 학생이 50점 만점의 시험을 본 결과를 나열한 것이다. 학생들의 점수의 평균, 중앙값, 최빈값을 구해보자.

35, 43, 45, 38, 37, 45, 40, 29

모든 값의 합을 값의 개수로 나누어 평균을 구한다.

평균

평균은 모든 값을 더한 다음 값의 개수로 나누어 구한다. 평균은 가장 일반적인 대푯값이지만, 자료의 경향에 비해 비정상적으로 크거나 작은 값이 있는 경우 자료의 경향에 맞지 않는 값이 나올 수 있다.

$$\frac{35 + 43 + 45 + 38 + 37 + 45 + 40 + 29}{8} = \frac{312}{8} = 39$$

중앙값

중앙값은 모든 값을 크기순으로 나열했을 때 가운데에 있는 값이다. 값이 매우 크거나 작은 일부 자료가 있을 때 특히 유용하다. 자료의 개수가 짝수일 때 가운데에 2개의 값이 생기는데, 이럴 때는 두 값의 평균이 중앙값이다.

29, 35, 37, **38, 40**, 43, 45, 45
↓
39

값을 크기순으로 재배열한다.

가운데에 2개의 값이 생기는 경우 중앙값은 가운데 두 값의 평균이다.

$$\frac{38 + 40}{2} = 39$$

최빈값

최빈값은 자료 집합에서 가장 자주 나타나는 값이다. 최빈값은 질적 자료에 대해 유용하게 쓰인다. 예를 들어 아이스크림 제조업체가 가장 인기 있는 아이스크림 맛을 찾기 위해 설문조사를 한 경우 평균을 구할 수 없다.

29, 35, 37, 38, 40, 43, **45, 45**

최빈값은 45이다. 자료의 경향을 대표하는 수라고 하기에는 부적절할 때가 있다.

범위

자료의 범위는 가장 큰 값과 가장 작은 값의 차이이다. 가장 큰 값에서 가장 작은 값을 빼서 구한다.

가장 작은 값

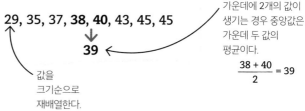

29, 35, 37, 38, 40, 43, 45, 45

가장 큰 값

45 - 29 = **16**

범위

도수표의 평균

도수표를 통해 평균, 중앙값, 최빈값, 범위를 구할 수 있다. 자료가 도수분포표(226쪽 참조)에 이미 요약되어 있는 경우 자료의 정확한 값은 모르고 계급만을 알 수 있으므로 추정치로써 평균을 구해야 한다.

핵심 요약

✓ 최빈값은 가장 자주 나타나는 값이다.

✓ 평균은 자료의 총합을 개수로 나눈 값이다.

✓ 중앙값은 자료의 값을 크기순으로 나열했을 때 가운데 값이고, 자료의 개수가 짝수인 경우 두 가운데 값의 평균이다.

✓ 도수분포표에서 평균을 계산할 때는 자료의 정확한 값을 알 수 없기 때문에 추정만 가능하다.

범위 및 최빈값

오른쪽 도수표는 축구 대회에서 각 경기마다의 득점수를 정리한 것이다. 범위는 최댓값과 최솟값의 차이이다. 최빈값은 가장 자주 나타난 값이다.

최대 득점수는 4이고, 최소 득점수는 0이다.

범위 = 4 − 0 = 4

득점	도수
0	1
1	4
2	2
3	1
4	1

경기당 1골을 넣은 경우가 가장 많았다.

최빈값 = 1

평균

게임당 평균 득점수를 구하려면 도수표에 한 열을 추가하여 득점 × 도수를 계산한다.

득점	도수	득점 × 도수
0	1	0
1	4	4
2	2	4
3	1	3
4	1	4
합계	9	15

1. 값(득점수)과 도수(경기 횟수)를 곱해 새 열에 기입한다.

2. 새로 추가한 열의 값을 더해 모든 게임의 총 득점수를 계산한다.

3. 총 득점수를 총 경기 수, 즉 도수의 합계로 나누어 평균을 구한다.

평균이 항상 자료의 값인 것은 아니다.

$$평균 = \frac{15}{9} = 1\frac{2}{3}$$

중앙값

자료의 중앙값은 득점수를 크기순으로 나열했을 때 가운데에 위치한 득점수이다. 가운데에 도달할 때까지 표의 도수 부분을 세어 중앙값을 구할 수 있다.

1. 전체 도수(9)에 1을 더하고 2로 나누면 5이다. 중앙값은 크기순으로 나열했을 때 다섯 번째 값이다.

$$\frac{9+1}{2} = 5$$

득점	도수
0	1
1	4
2	2
3	1
4	1
합계	9

2. 다섯 번째 값에 도달할 때까지 도수 부분을 차례로 세거나, 도수표를 아래와 같은 목록으로 다시 만든다.

3. 중앙값은 1이다.

0 1 1 1 1 2 2 3 4

중앙값 = 1

도수분포표의 평균

자료가 도수분포표로 정리되어 있는 경우 자료의 값이 속한 계급을 이용하여 최빈값, 중앙값 등의 대푯값을 추정한다. 평균을 구할 때 자료의 값은 값이 속한 계급의 가운데 값, 즉 계급의 양 끝값의 평균값으로 하며, 이를 계급값이라고 한다. 다음 도수분포표는 높이가 900 m 이상인 모든 산의 높이를 나타낸 것이다.

범위

범위는 값 사이의 가능한 최대 차이로, 최댓값으로 가능한 가장 큰 값과 최솟값으로 가능한 가장 작은 값을 빼서 구한다.

$$범위 = 1380 - 900 = 480 \text{ m}$$

최빈계급

도수분포표에는 최빈값을 찾기 위한 정보가 충분하지 않으므로 도수가 가장 높은 계급을 사용한다. 이를 최빈계급이라고 한다.

$$최빈계급 = 900 \le h < 960$$

높이(m)	도수	계급값	도수 × 계급값
$900 \le h < 960$	87	930	80910
$960 \le h < 1020$	86	990	85140
$1020 \le h < 1080$	48	1050	50400
$1080 \le h < 1140$	36	1110	39960
$1140 \le h < 1200$	15	1170	17550
$1200 \le h < 1260$	6	1230	7380
$1260 \le h < 1320$	3	1290	3870
$1320 \le h < 1380$	1	1350	1350
합계	**282**		**286560**

중앙값

산의 개수가 282개이므로 높이의 중앙값은 $(282 + 1) \div 2 = 141.5$번째, 즉 141번째와 142번째 산의 높이의 평균이다. 도수 열을 앞에서부터 차례로 세어 141.5번째 산의 위치를 찾는다. $87 + 86 = 173$이므로 141.5번째 산은 $960 \le h < 1020$ 계급에 속한다.

$$중앙값 = 960 \le h < 1020$$

평균

산의 정확한 높이를 모르기 때문에 도수분포표로부터 산의 정확한 평균 높이를 계산하기에는 정보가 부족하다. 한 열을 더 추가하여 각 계급의 양 끝의 평균을 계급값으로 하여 계급에 속하는 모든 값이 계급값이라고 가정하고 계산한다. 한 열을 더 추가하고 각 도수에 계급값을 곱하여 높이의 합의 추정치를 구한다.

1. 각 계급의 상한값과 하한값을 더하고 2로 나누어 계급값을 구한다. 예를 들어 $(900 + 960) \div 2 = 930$이다.

2. 각 계급값에 도수를 곱하여 각 계급의 총 높이의 추정치를 구한다. 예를 들어 $87 \times 930 = 80910$이다.

3. 추정된 높이를 모두 합하여 도수 × 계급값의 총합 286560을 찾는다.

4. 도수 × 계급값의 총합을 총 도수로 나눈다.

$$평균의 추정치 = \frac{286560}{282} = 1016 \text{ m}$$

표준편차

표준편차는 자료의 값들이 얼마나 넓게 퍼져 있는지를 수치로 나타낸 것이다. 표준편차가 낮으면 대부분의 값이 평균에 가깝고, 표준편차가 높으면 자료가 더 넓게 퍼져 있다는 의미이다.

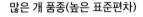

📌 **핵심 요약**

- ✓ 표준편차는 자료 집합이 얼마나 넓게 퍼져 있는지를 측정한 것이다.
- ✓ 표준편차가 낮으면 대부분의 값이 평균에 가깝고, 표준편차가 높으면 평균 근처에 상대적으로 적게 몰려 있다.

자료가 퍼져 있는 정도의 비교

많은 품종의 수백 마리 개들의 체중을 조사하여 그 결과를 그래프로 나타낸다고 가정해 보자. 개의 품종이 다양하므로 자료의 값이 중앙으로부터 넓게 퍼져 있는 넓은 언덕 모양(정규 분포라고 함)을 형성한다. 그러나 단일 품종에 대한 자료는 덜 다양하기 때문에 더 좁은 분포를 형성한다. 표준편차는 평균을 기준으로 자료가 얼마나 넓게 퍼져 있는지를 측정한 것이다. 표준편차는 평균으로부터의 거리의 평균과 유사한 역할을 한다.

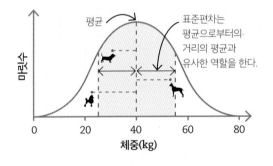

많은 개 품종(높은 표준편차)

평균

표준편차는 평균으로부터의 거리의 평균과 유사한 역할을 한다.

마릿수

체중(kg)

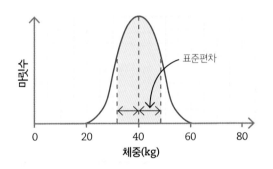

독일 셰퍼드(낮은 표준편차)

표준편차

마릿수

체중(kg)

표준편차의 계산

자료 집합의 표준편차를 구할 때는 먼저 자료 집합의 평균을 구한 다음 오른쪽 공식을 사용한다. 각 값과 평균의 차이를 제곱하여 모두 더한 다음 값의 개수로 나눈 것의 제곱근을 구한다.

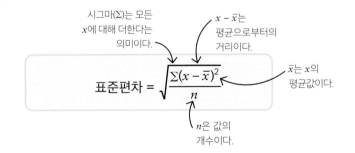

시그마(Σ)는 모든 x에 대해 더한다는 의미이다.

$x - \bar{x}$는 평균으로부터의 거리이다.

$\bar{x}$는 x의 평균값이다.

$$표준편차 = \sqrt{\frac{\Sigma(x - \bar{x})^2}{n}}$$

n은 값의 개수이다.

연습문제
표준편차의 활용

함께 보기

231 평균, 중앙값, 최빈값, 범위
234 표준편차

표준편차는 다양한 자료 집합 중 어느 것이 좁게 분포하는지,
즉 더 일관성이 있는지를 비교하는 데 유용하다.

문제

두 창던지기 선수 A와 B 중 실력이 더 안정적인 한
명을 뽑아 경기에 내보내려 한다. 누구를 선택해야
할지 A, B 두 선수의 5회의 창던지기 기록을 정리한
다음 표를 이용하여 답하시오.

시행	A	B
1	38	38
2	43	50
3	51	51
4	59	52
5	65	65

풀이

실력이 더 안정적이라는 것은 표준편차가 더 낮다는
의미이므로 선수별 표준편차를 계산한다.

1. 먼저 A와 B의 평균 $\bar{x}$를 계산한다.

$$\bar{x} = \frac{\Sigma x}{n}$$

$$\bar{x}_A = \frac{38 + 43 + 51 + 59 + 65}{5} = 51.2$$

$$\bar{x}_B = \frac{38 + 50 + 51 + 52 + 65}{5} = 51.2$$

2. 각 선수별로 평균으로부터의 거리의 제곱 $(x - \bar{x})^2$을 계산한다.
계산한 결과를 모두 더해 $\Sigma(x - \bar{x})^2$을 적는다.

시행	A	$(x - \bar{x}_A)^2$
1	38	174.24
2	43	67.24
3	51	0.04
4	59	60.84
5	65	190.44
	$\Sigma(x - \bar{x}_A)^2$	492.80

시행	B	$(x - \bar{x}_B)^2$
1	38	174.24
2	50	1.44
3	51	0.04
4	52	0.64
5	65	190.44
	$\Sigma(x - \bar{x}_B)^2$	366.80

3. 234쪽의 공식을 이용하여 A 선수와 B 선수의 표준편차를 구한다.

A 선수의 표준편차 $= \sqrt{\dfrac{\Sigma(x - \bar{x}_A)^2}{n}}$

$= \sqrt{\dfrac{492.80}{5}}$

$= 9.9$

B 선수의 표준편차 $= \sqrt{\dfrac{\Sigma(x - \bar{x}_B)^2}{n}}$

$= \sqrt{\dfrac{366.80}{5}}$

$= 8.6$

4. B 선수의 표준편차가 더 작으므로 B 선수를 뽑아야 한다.

누적도수

일부 도수분포표에는 지금까지의 도수의 누계, 즉 누적도수가 적힌 열이 포함되어 있다. 이를 누적도수분포표라고 한다. 누적도수분포를 그래프로 나타내면 자료로부터 특정 추정을 더 쉽게 할 수 있다.

핵심 요약

✓ 도수의 누계를 누적도수라고 한다.

✓ 누적도수분포의 그래프는 각 계급의 최댓값에 대한 누적도수를 표시한다.

✓ 누적도수분포의 그래프를 이용하면 특정 값보다 큰 값 또는 작은 값의 비율을 쉽게 알 수 있다.

누적도수분포표

피자 가게 주인은 주말 동안 피자가 만들어지고 배달되는 데 걸리는 시간을 측정했다. 표에 누적도수를 나타내는 열을 추가하여 1시간 이내에 배달된 피자의 비율을 쉽게 확인할 수 있었다.

각 계급의 위쪽 경계와 아래쪽 경계를 각각 상한, 하한이라고 한다.

시간 (분)	도수	누적도수
$0 \le t < 10$	5	5
$10 \le t < 20$	6	11
$20 \le t < 30$	14	25
$30 \le t < 40$	21	46
$40 \le t < 50$	16	62
$50 \le t < 60$	12	74
$60 \le t < 70$	3	77

누적도수는 지금까지의 모든 도수의 누적 합계이다.

$5 + 6 = 11$

$5 + 6 + 14 = 25$

피자 77개 중 74개가 1시간 이내에 배달되었다.

누적도수분포의 그래프

누적도수분포를 그래프로 나타내면 중앙값을 비롯한 다양한 값을 쉽게 추정할 수 있다. 각 계급의 상한을 x좌표로 하고, 계급에 대한 누적도수를 y좌표로 해서 점을 찍고 각 점을 선분 또는 곡선으로 연결하여 그래프를 그린다.

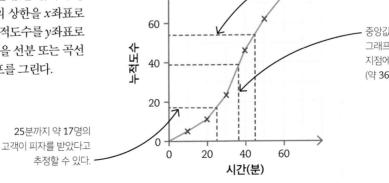

약 53명(69%)이 45분 이내에 피자를 먹었다.

중앙값을 추정하려면 그래프의 높이의 중간 지점에서 x좌표 (약 36분)를 읽는다.

25분까지 약 17명의 고객이 피자를 받았다고 추정할 수 있다.

사분위수

사분위수는 자료 집합을 2개로 나누는 중앙값(231
쪽 참조)과 비슷하게 자료 집합을 4개로 나누는 값
이다. 사분위수 범위를 계산하여 자료 집합이 얼마
나 넓게 퍼져 있는지를 측정할 수 있다. 사분위수
범위는 가운데 50% 값의 범위를 나타내는 수치로,
범위와 다르게 극단적인 값의 영향을 받지 않는다.

핵심 요약

✓ 제1 사분위수는 크기순으로 나열된 n개의 값 중
  $\frac{1}{4}(n + 1)$번째 값이다.

✓ 제3 사분위수는 크기순으로 나열된 n개의 값 중
  $\frac{3}{4}(n + 1)$번째 값이다.

✓ 사분위수 범위는 제3 사분위수와 제1 사분위수 간의
  차이이다.

✓ 사분위수 범위는 자료 집합이 퍼져 있는 정도를
  나타내는 수치로 사용할 수 있다.

중앙값과 사분위수

다음 자료는 생일파티에 참석한
11명의 나이를 순서대로 정리한
것이다. 중앙값(또는 제2 사분위
수)은 가운데에 위치한 값이다. 제
1 사분위수는 수들의 하위 절반의
가운데에 있고, 제3 사분위수는 상
위 절반의 가운데에 있다. 사분위
수 범위는 제3 사분위수에서 제1
사분위수를 뺀 값이다.

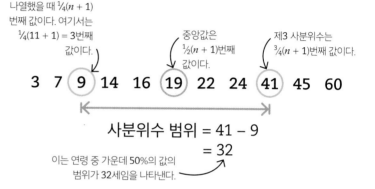

제1 사분위수는 n개의 값을 크기순으로 나열했을 때 $\frac{1}{4}(n + 1)$번째 값이다. 여기서는 $\frac{1}{4}(11 + 1)$ = 3번째 값이다.

중앙값은 $\frac{1}{2}(n + 1)$번째 값이다.

제3 사분위수는 $\frac{3}{4}(n + 1)$번째 값이다.

3 7 9 14 16 19 22 24 41 45 60

사분위수 범위 = 41 – 9 = 32

이는 연령 중 가운데 50%의 값의 범위가 32세임을 나타낸다.

사분위수 및 그래프

자료 집합 전체를 알 수 없는
경우에도 누적도수분포의 그
래프(236쪽 참조)로부터 사분
위수를 추정할 수 있다. 예를
들어 오른쪽은 한 사탕 공장에
서 무작위로 고른 사탕 봉지
표본에 들어 있는 사탕의 개수
를 세고 그 결과를 그래프에
기록한 것이다. 그래프는 봉지
에 들어 있는 사탕의 중앙값이
약 59개이고 사분위수 범위가
약 6개라는 것을 나타낸다.

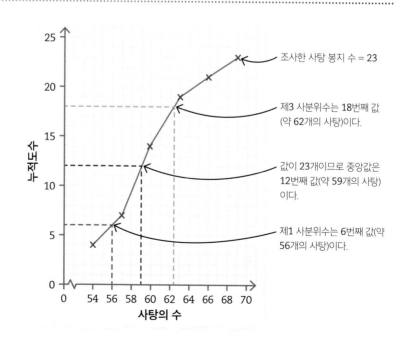

조사한 사탕 봉지 수 = 23

제3 사분위수는 18번째 값
(약 62개의 사탕)이다.

값이 23개이므로 중앙값은
12번째 값(약 59개의 사탕)
이다.

제1 사분위수는 6번째 값(약
56개의 사탕)이다.

히스토그램

히스토그램은 막대그래프와 비슷하지만, 각 막대의 폭은 x축의 양적 자료의 값의 범위를 나타낸다. 히스토그램의 각 막대의 면적은 각 계급의 도수를 의미한다. 모든 계급의 상한과 하한의 차(계급폭)가 같은 경우 도수가 y축에 바로 표시된다.

핵심 요약

✓ 히스토그램은 막대그래프와 비슷하지만 연속형 자료를 표시할 때 사용한다.

✓ 계급폭이 동일할 경우 막대의 높이를 사용하여 도수를 표시할 수 있다.

✓ 계급폭이 다양할 경우 막대의 높이는 도수밀도이고 막대의 넓이가 도수를 나타낸다.

도수밀도 = 도수 ÷ 계급폭

간단한 히스토그램

히스토그램은 연속형 자료를 표시한다. 이는 시간, 거리, 무게 등과 같이 범위 전체에 걸쳐 변화하는 자료를 의미한다. 연속형 자료를 x축에 배치하고 계급으로 구분한다. 모든 계급의 계급폭이 일치하는 간단한 히스토그램에서 막대는 각 계급의 도수를 나타낸다. 예를 들어 오른쪽 히스토그램은 수영장에 방문한 사람이 한 번 방문에서 수영한 시간을 나타낸 자료이다.

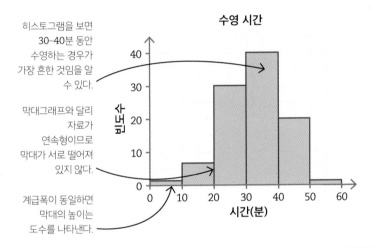

히스토그램을 보면 30~40분 동안 수영하는 경우가 가장 흔한 것임을 알 수 있다.

막대그래프와 달리 자료가 연속형이므로 막대가 서로 떨어져 있지 않다.

계급폭이 동일하면 막대의 높이는 도수를 나타낸다.

계급폭이 다른 히스토그램

계급들이 다양한 계급폭을 가질 수 있다. 계급폭이 다양한 자료를 히스토그램으로 나타낼 때는 y축에 도수 대신 도수밀도(도수를 계급폭으로 나눈 값)가 표시된다. 이렇게 하면 각 막대의 면적이 도수와 같아지는데, 히스토그램의 막대가 왜곡되는 것을 방지하고 자료의 경향을 더 쉽게 찾을 수 있도록 한다. 예를 들어 여러 책의 쪽수를 조사하여 나타낸 오른쪽 히스토그램은 쪽수가 많은 책보다 적은 책이 더 많다는 것을 보여준다.

$$도수밀도 = \frac{도수}{계급폭}$$

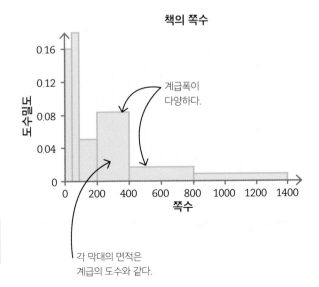

계급폭이 다양하다.

각 막대의 면적은 계급의 도수와 같다.

히스토그램 그리기

도수분포표로부터 히스토그램을 그리는 과정을 알아보자. 히스토그램을 해석할 때는 그래프의 왜도(치우친 정도)를 고려하면 좋다.

히스토그램 그리기

아래 왼쪽 자료는 개의 무게를 조사하여 나타낸 도수분포표이고, 오른쪽 히스토그램은 왼쪽 자료를 히스토그램으로 그린 것이다. 히스토그램을 그릴 때는 계급폭이 동일한지 여부를 확인해야 한다. 계급폭이 일치하지 않는 경우 표에 열을 추가하여 계급폭과 도수밀도를 계산해야 한다(238쪽 참조).

📌 **핵심 요약**

- ✓ 히스토그램의 모양으로부터 자료의 왜도를 관찰할 수 있다.
- ✓ 양의 왜도는 대부분의 자료가 범위 내에서 왼쪽에 분포되어 있음을 의미한다.
- ✓ 음의 왜도는 대부분의 자료가 범위 내에서 오른쪽에 분포되어 있음을 의미한다.

1. 계급폭과 도수밀도를 기입할 열을 추가한다.

2. 도수밀도를 계산한다 (도수밀도 = 도수 ÷ 계급폭).

3. 연속형 변수를 x축에 놓는다.

개의 무게(kg)	도수	계급폭	도수밀도
$0 \leq w < 10$	10	10	$10 \div 10 = 1.0$
$10 \leq w < 20$	11	10	$11 \div 10 = 1.1$
$20 \leq w < 25$	9	5	$9 \div 5 = 1.8$
$25 \leq w < 30$	7	5	$7 \div 5 = 1.4$
$30 \leq w < 40$	10	10	$10 \div 10 = 1.0$

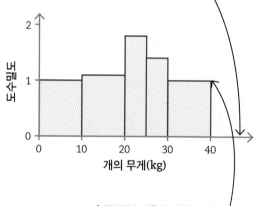

4. 막대의 높이를 도수밀도로 하여 히스토그램을 그린다.

🔍 **히스토그램 해석**

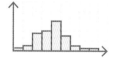

왜도가 없음
히스토그램이 중앙으로부터 대략 대칭인 경우 왜도가 없다고 한다. 이 경우 평균, 최빈값, 중앙값은 서로 그 값이 유사하며 모두 중앙 근처에 있다. 사람들의 키를 나타낸 히스토그램이 왜도가 없는 예시이다.

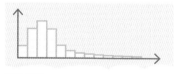

양의 왜도
히스토그램이 왼쪽에 몰려 있는 경우 분포가 오른쪽으로 치우쳤다고 하며, 이 경우 양의 왜도를 갖는다. 보통 중앙값과 평균이 최빈값보다 높다. 소득에 대한 히스토그램이 양의 왜도를 갖는 예시이다.

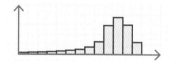

음의 왜도
히스토그램이 오른쪽에 몰려 있는 경우 왼쪽으로 치우쳤다고 하며, 음의 왜도를 갖는다. 보통 평균이 중앙값 및 최빈값보다 낮다. 수명에 대한 히스토그램이 음의 왜도를 갖는 예시이다.

시계열

일정 기간 동안의 일련의 측정값을 시계열이라고 한다. 시계열 그래프에는 계절성이라는 반복 패턴이 나타나는 경우가 있다. 시계열 자료의 계절성을 제거하는 것을 평활이라고 하는데, 자료를 평활화하여 전체적인 경향, 즉 추세를 관찰할 수 있다.

계절성

다음 그래프의 파란색 선은 몇 년에 걸쳐 변화하는 사과의 도매가를 나타낸 것이다. 겨울에는 가격이 비싸고 여름에는 가격이 싸다. 이와 같이 시간이 지남에 따라 반복되는 경향이 있는 경우 계절성이 있다고 하고, 반복되는 데 걸리는 시간을 주기라고 한다. 이 사례는 계절성이 사계절과 연관되지만, 사계절과 무관하게 반복되는 경향을 갖는 경우에도 계절성이라고 한다.

핵심 요약

✓ 시계열은 일정 기간에 대한 일련의 측정값이다.

✓ 시계열에서 시간에 따라 반복되는 경향을 계절성이라고 한다.

✓ 이동 평균을 사용하여 시계열 자료의 계절성을 평활화하면 추세를 관찰할 수 있다.

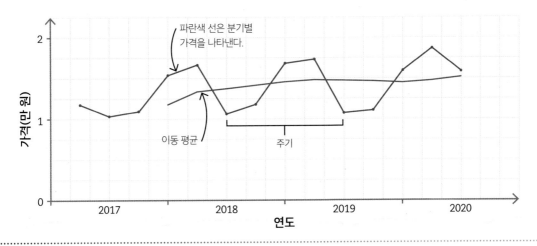

이동 평균

계절성이 있는 시계열을 평활화하여 추세를 드러낼 수 있다. 위 그래프에서 빨간색 선은 이전 4개 분기의 평균값을 나타내는데, 이를 4점 이동 평균이라고 한다. 기간의 길이를 기준으로 한 이동 평균은 계절성에 따른 오르내림을 제거하여 이를 통해 장기적인 상승 또는 하락 추세를 더 쉽게 관찰할 수 있는데, 위 그래프에서는 사과 가격이 점차 상승하고 있는 것을 관찰할 수 있다.

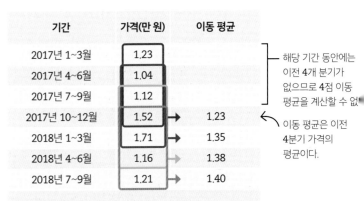

상자 그림

상자 그림은 자료 집합이 해당 범위 내에서 어떻게 퍼져 있는지 시각화할 수 있는 그림이다. 상자 그림을 사용하면 범위, 사분위수, 중앙값을 한눈에 볼 수 있다.

연령에 대한 상자 그림

다음 상자 그림은 카페를 방문한 고객의 연령을 조사하여 나타낸 것이다. 중앙의 상자는 제1 사분위수(13세), 중앙값(18세), 제3 사분위수(21세)를 나타내고, 왼쪽과 오른쪽의 '수염'은 값의 범위의 하한과 상한을 나타낸다.

핵심 요약

✓ 상자 그림은 자료가 어떻게 퍼져 있는지 시각화할 수 있는 그림이다.

✓ 상자 그림에서 범위, 사분위수, 중앙값을 한눈에 볼 수 있다.

✓ 중앙값이 상자의 중심에서 벗어난 경우 자료에 왜도가 있다고 할 수 있다.

✓ 수염이 너무 긴 경우 이상점이 있다고 한다.

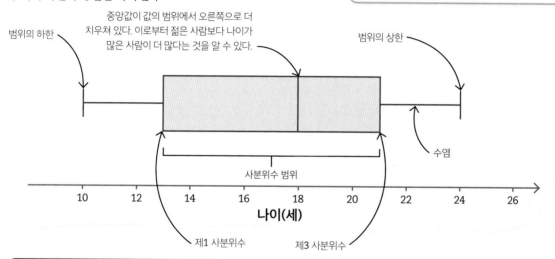

상자 그림의 해석

상자 그림의 수염이 매우 긴 경우 자료 집합의 일반적인 경향에 맞지 않는 값인 이상점이 있다고 한다.
중앙값이 상자의 중심에서 벗어난 경우 자료에 왜도가 있다(239쪽 참조).

문제
이 상자 그림은 축구팀 구성원의 키를 나타낸 것이다. 왜도나 이상값 등의 용어를 포함하여 분포에 대해 설명하시오.

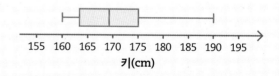

풀이
중앙값이 상자 중앙에 있으므로 상자 그림은 약 **169 cm**를 중심으로 대칭형 분포를 띤다. 오른쪽 수염에서 볼 수 있듯이, 범위의 상단이 제3 사분위수에서 멀리 떨어져 있으므로 경향에 맞지 않게 키가 큰 선수와 같은 이상점이 있을 것이다.

연습문제
분포의 비교

서로 다른 두 자료 집합을 비교하여 분포가 어떻게 다른지 확인해야 할 때가 있다. 자료를 상자 그림이나 히스토그램 등으로 나타내면 자료 집합을 비교하기가 훨씬 수월하다.

문제
생물학 교사가 두 학급에 동일한 시험을 치뤄 다음과 같은 결과를 얻었다.

A학급:
20, 24, 31, 38, 39, 39, 40, 41, 45, 46, 50

B학급:
11, 23, 27, 32, 34, 36, 39, 41, 41, 45, 49

a) 어떤 학급에서 시험을 더 잘 봤을까?
b) 어떤 학급 구성원들의 성적이 더 일관성 있을까?

풀이
먼저 전체 점수 범위(11~50)를 포함하는 축을 하나 그린다. 축 위에 범위, 사분위수 및 중앙값을 표시하여 각 학급에 대한 상자 그림을 그린다. 각 학급에는 11명의 학생이 있으므로 점수를 크기순으로 정렬했을 때 중앙값은 6번째 값이고, 사분위수는 3번째와 9번째 값이다(237쪽 참조).

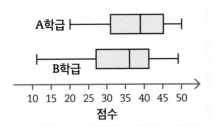

a) A 학급의 중앙값이 더 높으므로 시험을 더 잘 봤다고 할 수 있다.
b) 두 학급 모두 사분위수 범위가 같지만 A 학급의 범위가 더 작으므로 보다 일관된 성적을 얻었다고 할 수 있다.

문제
한 영화관에서 두 편의 영화를 동시에 상영했다. 다음 히스토그램은 각 영화에 대한 관람객의 연령을 나타낸 것이다. 각 히스토그램의 연령 분포로부터 상영되는 영화의 종류나 특징 등에 대해 추정하시오.

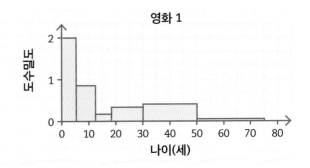

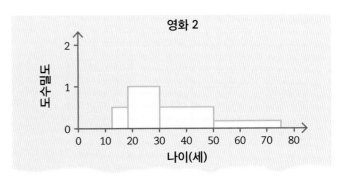

풀이
영화 1의 방문객 중 가장 많은 비중을 차지하는 연령대는 어린이이고, 다음은 30~50세의 성인이며, 청소년은 별로 없다. 영화 1은 부모와 동행하는 경향이 있는 어린이들을 대상으로 한 영화로 추정할 수 있다. 영화 2에서 방문객 중 가장 많은 비중을 차지하는 연령대는 18~30세의 성인이다. 관객 중 12세 미만은 없었으므로 영화 2는 연령 제한이 있을 수 있다.

산점도

산점도는 서로 다른 두 변수를 두 축으로 하여 점을 찍어 나타낸 것으로, 두 변수 사이의 관계를 표시하는 데 사용된다. 한 변수의 변화가 다른 변수의 변화와 연관되어 있는 경우 두 변수 사이에 상관관계가 있다고 한다.

핵심 요약

✓ 산점도는 두 변수 사이의 관계를 나타내는 그림이다.
✓ 한 변수의 변화가 다른 변수의 변화와 연관되어 있는 경우 상관관계가 있다고 한다.

양의 상관관계

오른쪽 산점도는 항공편의 비행 거리에 따른 가격을 나타낸 것이다. 거리가 멀어지면 가격이 올라가는 경향이 있는데, 이를 양의 상관관계라고 한다. 두 변수가 양의 상관관계를 갖는 경우 점이 왼쪽 아래에서 오른쪽 위로 향하는 대각선 모양으로 분포한다.

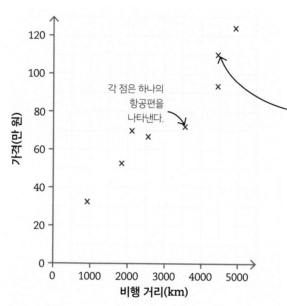

각 점은 하나의 항공편을 나타낸다.

점들이 왼쪽 아래에서 오른쪽 위로 향하는 대각선 모양의 분포를 띠며 양의 상관관계가 있음을 나타낸다.

산점도의 점은 선으로 연결하지 않는다.

상관관계의 유형

산점도로 표현된 자료에서 관찰할 수 있는 상관관계에는 다양한 유형이 있으며, 상관관계가 없을 수도 있다. 또한 두 변수 사이의 상관관계가 두 변수 사이의 인과관계가 있음을 의미하지는 않는다. 예를 들어 아이스크림 판매량과 우산 판매량 사이에 음의 상관관계가 있을 수 있지만, 이것은 두 요소 모두 제3의 요인인 날씨와 관련이 있기 때문이다.

상관관계가 없는 경우

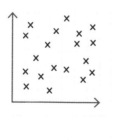

점들이 무작위로 흩어져 있고 어떤 경향도 관찰할 수 없다. 두 변수 사이에 상관관계가 없다.

강한 양의 상관관계

점들이 오른쪽 위를 향하는 대각선 모양으로 분포하며, 한 변수가 증가함에 따라 다른 변수도 증가한다.

음의 상관관계

점들이 한 변수가 증가할 때 다른 변수는 감소하는 경향으로 분포한다. 이를 음의 상관관계라고 한다.

약한 양의 상관관계

점들이 오른쪽 위를 향하는 대각선 모양의 경향을 보이기는 하지만 넓게 퍼져 있다. 이를 약한 양의 상관관계라고 한다.

추세선

추세선은 두 변수가 어떻게 관련되어 있는지 보여주기 위해 산점도에 그리는 선이다. 변수 사이에 상관관계가 있을 때 추세선을 그린다(243쪽 참조).

핵심 요약

✓ 추세선은 두 변수 사이의 상관관계를 보여주기 위해 산점도에 그리는 선이다.

✓ 추세선을 대략적으로 그릴 때는 추세선 위와 아래에 같은 수의 점이 있도록 하는 것이 좋다.

✓ 보간과 외삽은 추세선을 이용하여 미지의 값을 추정하는 과정이다.

추세선 그리기

오른쪽 산점도는 용수철에 매달린 무게가 늘어남에 따라 용수철이 늘어난 길이를 나타낸 것이다. 무게와 길이라는 두 변수는 강한 양의 상관관계를 형성한다. 이처럼 산점도에서 변수 사이의 상관관계가 있을 때 자와 연필을 사용하여 추세선을 그린다.

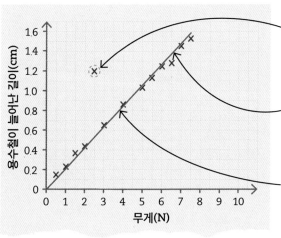

1. 추세에 맞지 않는 측정값, 즉 이상점에 동그라미를 한다. 측정 오류 등으로 인해 발생할 수 있다.

2. 이상점을 제외한 점의 경향에 맞게 점 사이에 자를 두되 점의 절반은 위쪽에, 절반은 아래쪽에 오도록 한다.

3. 추세선을 그린다. 추세선이 자료가 나타내는 점들 중 어떠한 지점도 통과하지 못하는 경우도 있다.

보간과 외삽

추세선을 사용하여 실험으로 측정되지 않은 결과를 예측할 수 있다. 자료의 범위 내에서 값을 추정하는 것을 보간이라고 하고, 자료 범위 밖의 값을 추정하는 것을 외삽이라고 한다.

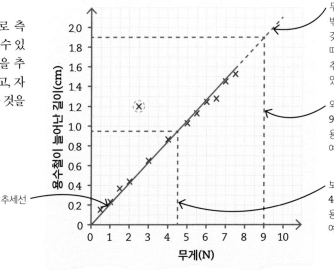

추세선

두 변수가 측정한 범위 밖에서도 일차함수 관계를 갖는지는 확신할 수 없기 때문에, 외삽으로 얻은 추정치를 항상 신뢰할 수 있는 것은 아니다.

외삽을 통해 무게가 9 N일 때의 늘어난 용수철의 길이를 예측할 수 있다.

보간을 통해 무게가 4.5 N일 때의 늘어난 용수철의 길이를 예측할 수 있다.

복잡한 그래프

거리-시간 그래프

그래프를 사용하여 거리, 시간 등 두 변수 사이의 관계를 표현하고 분석할 수 있다. 거리-시간 그래프는 시간에 따른 물체의 움직임을 표현하는 데 사용된다.

여행을 그래프로 표현하기

거리-시간 그래프는 시간에 따른 이동 거리를 표현한다. 여행 일정을 거리-시간 그래프로 나타낼 때, 여정이 출발지에서 어느 정도 떨어진 곳에서 끝날 수도 있고, 출발 지점으로 돌아오는 왕복 형태일 수도 있다.

핵심 요약

✓ 거리-시간 그래프는 시간에 따른 물체의 움직임을 나타낸다.

✓ 거리-시간 그래프에서 기울기는 속도를 나타낸다.

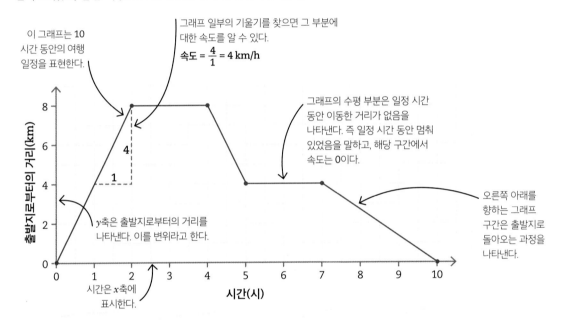

이 그래프는 10시간 동안의 여행 일정을 표현한다.

그래프 일부의 기울기를 찾으면 그 부분에 대한 속도를 알 수 있다.

$$속도 = \frac{4}{1} = 4 \text{ km/h}$$

그래프의 수평 부분은 일정 시간 동안 이동한 거리가 없음을 나타낸다. 즉 일정 시간 동안 멈춰 있었음을 말하고, 해당 구간에서 속도는 0이다.

오른쪽 아래를 향하는 그래프 구간은 출발지로 돌아오는 과정을 나타낸다.

y축은 출발지로부터의 거리를 나타낸다. 이를 변위라고 한다.

시간은 x축에 표시한다.

📋 등교 그래프

문제
한 학생이 학교에 가려면 버스 정류장까지 걸어가서, 버스를 타고, 버스에서 내려서, 학교까지 걸어가야 한다. 오른쪽 그래프는 이 과정을 거리-시간 그래프로 나타낸 것이다. 버스의 속력을 km/h 단위로 구하시오.

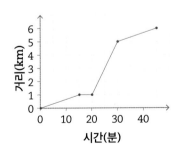

풀이
그래프에서 기울기가 가장 가파른 부분, 즉 속력이 가장 빠른 부분이 학생이 버스를 타고 있을 때를 나타낸다. 이 구간의 기울기가 버스의 속력이다. 기울기를 계산하고 단위를 맞춘다.

$$\frac{4}{10} = 0.4 \text{ km/min}$$

$$0.4 \times 60 = 24 \text{ km/h}$$

속력-시간 그래프

그래프를 사용하여 시간에 따른 사람이나 물체의 속력의 변화를 표현하고 분석할 수 있다. 속력-시간 그래프라고 불리는 이 그래프를 이용하여 가속도와 이동 거리를 구할 수 있다.

움직임을 그래프로 표현하기

속력-시간 그래프는 시간에 따른 속력을 그래프로 나타내어 물체의 움직임을 표현한다. 다음 속력-시간 그래프는 정지 상태이던 물체의 속력이 빨라지고(가속) 일정한 속력으로 이동한 후 속력이 느려지고(감속) 정지하는 과정을 나타낸다.

> 📌 **핵심 요약**
>
> ✓ 속력-시간 그래프 또는 속도-시간 그래프에서 기울기는 가속도를 나타낸다.
>
> ✓ 속력-시간 그래프 아래의 넓이는 이동 거리를 나타낸다.
>
> ✓ 속도-시간 그래프 아래의 넓이는 변위를 나타낸다.

기울기의 단위는 m/s²인데, 이는 가속도를 의미한다.

그래프가 평평한 구간에서 물체는 가속하지 않고 일정한 속도로 움직인다.

음의 기울기는 감속을 나타낸다. 여기서 가속도는 −1 m/s²이다.

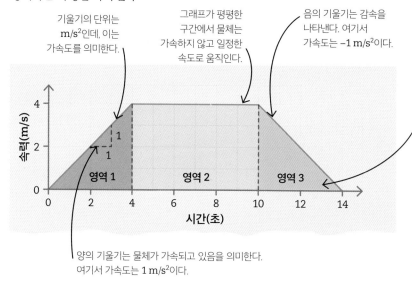

양의 기울기는 물체가 가속되고 있음을 의미한다. 여기서 가속도는 1 m/s²이다.

그래프 아래의 총 넓이를 계산하면 물체의 이동 거리를 구할 수 있다.

$$영역 1 = \frac{4 \times 4}{2} = 8\,m$$

$$영역 2 = 6 \times 4 = 24\,m$$

$$영역 3 = \frac{4 \times 4}{2} = 8\,m$$

$$이동\ 거리 = 8 + 24 + 8 = 40\,m$$

🖎 속도-시간 그래프

속도는 특정 방향으로의 속력을 측정한 것이다. 속력-시간 그래프 아래의 넓이는 이동 거리를 나타내는 반면, 속도-시간 그래프 아래의 넓이는 변위 (출발점으로부터의 거리)를 나타낸다. 속력-시간 그래프와 마찬가지로 속도-시간 그래프의 기울기 역시 가속도를 나타낸다.

문제

다음 그래프는 달리기 선수가 60초 동안 달린 속도를 그래프로 나타낸 것이다. 선수가 최대 속도로 뛰는 동안 달린 거리는 몇 미터인가?

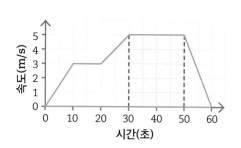

- - - - - - - - - -

답

선수는 30초에서 50초 사이 구간에서 가장 빨리 뛰고 있다. 이 구간의 그래프 아래의 넓이를 계산하여 달린 거리를 계산할 수 있다.

$$5 \times 20 = 100\,m$$

곡선 아래의 넓이

두 변수 사이의 관계나 상황을 이해하기 위해 그래프 아래의 넓이를 구해야 할 때가 있다. 그래프가 곡선인 경우 그래프를 여러 영역으로 나누어 넓이를 추정한다.

이동 거리의 추정

선분으로 구성된 그래프는 그래프 아래의 영역을 삼각형, 직사각형, 사다리꼴로 분할할 수 있어 정확하게 계산하기가 쉽다. 그래프가 곡선일 때는 정확한 값을 구할 수 없기 때문에 대략적으로 이러한 모양으로 나누어 넓이를 추정해야 한다. 영역을 더 촘촘히 나눌수록 추정치는 더 정확해진다.

핵심 요약

✓ 속력-시간 그래프 아래의 넓이는 이동 거리를 나타낸다.

✓ 곡선 아래의 영역을 삼각형, 직사각형, 사다리꼴로 분할한 뒤, 각 도형의 넓이를 계산하고 합하여 영역 넓이의 추정치로 사용한다.

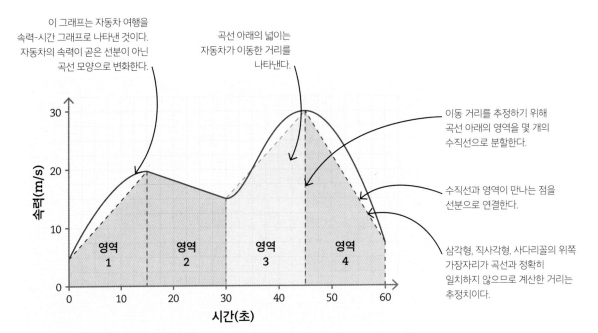

이 그래프는 자동차 여행을 속력-시간 그래프로 나타낸 것이다. 자동차의 속력이 곧은 선분이 아닌 곡선 모양으로 변화한다.

곡선 아래의 넓이는 자동차가 이동한 거리를 나타낸다.

이동 거리를 추정하기 위해 곡선 아래의 영역을 몇 개의 수직선으로 분할한다.

수직선과 영역이 만나는 점을 선분으로 연결한다.

삼각형, 직사각형, 사다리꼴의 위쪽 가장자리가 곡선과 정확히 일치하지 않으므로 계산한 거리는 추정치이다.

넓이 계산

이동 거리를 추정하기 위해 각 사다리꼴의 넓이를 계산한다. 사다리꼴의 넓이 $= 1/2(a + b) \times h$ 를 이용하여 각 사다리꼴의 넓이를 계산하고, 모든 사다리꼴의 넓이를 더한다.

영역 $1 = \dfrac{1}{2}(5 + 20) \times 15 = 187.5 \text{ m}$

영역 $2 = \dfrac{1}{2}(20 + 15) \times 15 = 262.5 \text{ m}$

영역 $3 = \dfrac{1}{2}(15 + 30) \times 15 = 337.5 \text{ m}$

영역 $4 = \dfrac{1}{2}(30 + 7.5) \times 15 = 281.25 \text{ m}$

총 이동 거리 $= 187.5 + 262.5 + 337.5 + 281.25 = 1068.75 \text{ m}$

곡선의 기울기

직선의 기울기는 모든 지점에서 일정하기 때문에 기울기를 측정하는 것이 간단하다. 하지만 곡선의 경우에는 부분에 따라 기울기가 달라지기 때문에 기울기를 구하기가 더 까다롭다.

접선의 기울기

곡선의 기울기를 구하고자 하는 지점에서 곡선에 접하는 접선을 그려 기울기를 구할 수 있다. 접선의 기울기는 일반적인 직선의 기울기 공식(146쪽 참조)으로 구할 수 있다.

📌 **핵심 요약**

✓ 곡선을 따라 움직일 때 기울기가 달라진다.

✓ 곡선의 한 지점에서의 기울기를 구할 때는 접선을 그리고 그 접선의 기울기를 계산한다.

✓ 곡선의 한 지점에서의 기울기는 순간 변화율을 나타낸다.

1. 곡선의 특정 지점에서 기울기를 찾기 위해 그 점을 지나는 접선을 그린다. 접점 양쪽으로 곡선과 살짝 만나는 점까지의 간격이 동일하도록 그리면 접선에 가깝게 직선을 그릴 수 있다.

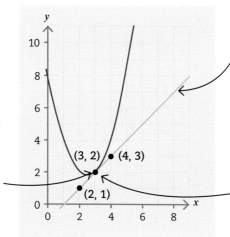

(3, 2) (4, 3)

(2, 1)

2. 직선의 기울기 공식을 이용하여 접선의 기울기를 구한다.

$$기울기 = \frac{y_2 - y_1}{x_2 - x_1}$$
$$= \frac{3 - 1}{4 - 2}$$
$$= \frac{2}{2}$$
$$= 1$$

직선 위의 두 점의 좌표를 공식에 대입한다.

3. 점 (3, 2)에서 곡선의 기울기는 1이다.

⚙ 순간 변화율

그래프의 기울기는 x에 대한 y의 변화율을 나타낸다. 곡선은 그래프의 지점에 따라 기울기가 달라지는데, 기울기를 해당 지점에서의 순간 변화율이라고 한다.

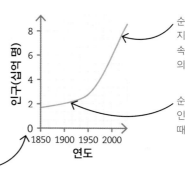

인구(십억 명)

1850 1900 1950 2000
연도

순간 변화율이 높은 지점은 인구가 빠른 속도로 증가한 때임을 의미한다.

순간 변화율이 낮은 지점은 인구가 느린 속도로 증가한 때임을 의미한다.

이 그래프는 1850년 이후의 인구 증가를 보여준다.

실생활의 선형 그래프

길이, 무게, 요금 등 실생활의 값들을 바탕으로 그래프를 그리고 서로 비교할 수 있다. 한 변수가 다른 변수에 대해 일정한 비율로 변화하면 두 변수의 관계를 나타낸 그래프의 기울기는 일정하고 그래프는 직선(선형)이 된다. 이때 두 변수 사이의 관계를 선형적이라고 한다.

핵심 요약

✓ 변환 그래프는 한 값을 다른 값으로 빠르게 변환하는 데 유용하다.

✓ 한 변수가 다른 변수에 대해 일정한 비율로 변화하는 경우 그래프는 선형이 되고 일정한 기울기를 갖는다.

측정값의 단위 변환

선형 그래프를 이용하면 한 길이를 서로 다른 두 단위로 표현했을 때의 관계 등 두 변수의 상대적인 값을 나타낼 수 있다. 그래프를 이용하면 두 변수 사이의 변환을 쉽게 할 수 있는데, 오른쪽 변환 그래프는 인치 단위 길이와 센티미터 단위 길이 사이의 관계를 보여준다.

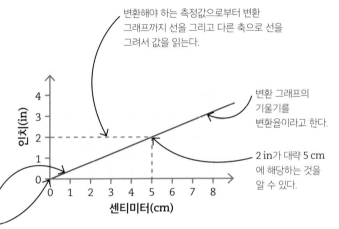

변환해야 하는 측정값으로부터 변환 그래프까지 선을 그리고 다른 축으로 선을 그려서 값을 읽는다.

변환 그래프의 기울기를 변환율이라고 한다.

2 in가 대략 5 cm에 해당하는 것을 알 수 있다.

변환 그래프를 보면 단위를 변환했을 때의 값을 알 수 있다.

0 in = 0 cm이므로 그래프는 원점을 지난다.

데이터 사용 요금 계산

두 변수 사이의 관계가 특정 지점에서 달라지면 그래프에는 기울기가 다른 부분이 생긴다. 이러한 유형의 변수의 관계를 나타내는 그래프는 여러 개의 선분으로 이루어지기 때문에 조각별 선형 그래프라고 한다. 오른쪽 그래프는 한 스마트폰 데이터 요금제에서 데이터 사용량에 따른 비용을 나타낸 것이다.

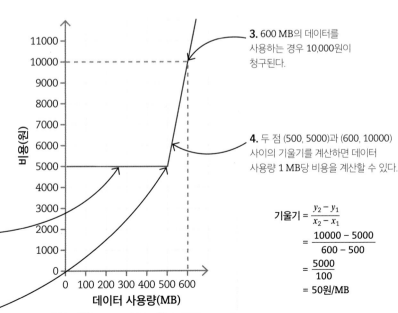

3. 600 MB의 데이터를 사용하는 경우 10,000원이 청구된다.

4. 두 점 (500, 5000)과 (600, 10000) 사이의 기울기를 계산하면 데이터 사용량 1 MB당 비용을 계산할 수 있다.

$$기울기 = \frac{y_2 - y_1}{x_2 - x_1}$$

$$= \frac{10000 - 5000}{600 - 500}$$

$$= \frac{5000}{100}$$

$$= 50원/MB$$

1. 처음 500 MB의 데이터를 사용하는 동안에는 요금이 달라지지 않는다.

2. 월 500 MB 이상을 사용하는 경우 요금이 추가된다.

실생활의 비선형 그래프

실생활의 변수 사이의 관계가 항상 선형 관계로 나타나지는 않는다. 옆면이 기울어진 컵에 물을 채우는 상황을 예로 들 수 있다. 변화율이 일정하지 않은 두 변수 사이의 관계를 그래프로 나타내면 곡선 모양이 되는데, 이를 비선형이라고 한다.

컵에 물 따르기

수도꼭지에서 일정한 속도로 나오는 물을 컵에 담는 상황을 생각해 보자. 시간이 지남에 따라 용기 안의 물 높이가 증가할 것이다. 그러나 이러한 높이 변화의 속도는 용기의 모양에 따라 달라진다.

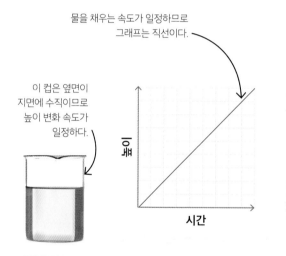

물을 채우는 속도가 일정하므로 그래프는 직선이다.

이 컵은 옆면이 지면에 수직이므로 높이 변화 속도가 일정하다.

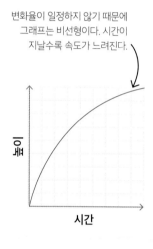

변화율이 일정하지 않기 때문에 그래프는 비선형이다. 시간이 지날수록 속도가 느려진다.

물의 높이가 처음에는 빠르게 증가하다가, 컵의 너비가 늘어남에 따라 점차 느려진다.

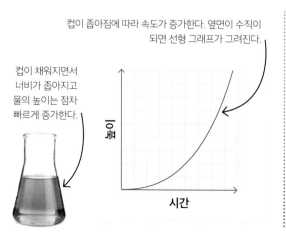

컵이 좁아짐에 따라 속도가 증가한다. 옆면이 수직이 되면 선형 그래프가 그려진다.

컵이 채워지면서 너비가 좁아지고 물의 높이는 점차 빠르게 증가한다.

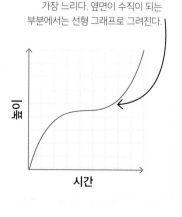

너비가 가장 넓은 중앙에서 속도가 가장 느리다. 옆면이 수직이 되는 부분에서는 선형 그래프로 그려진다.

동그란 컵의 경우에는 너비가 좁은 시작 부분과 끝 부분에서 속도가 빠르다.

함수의 정의역과 치역

함수는 입력(예: 숫자)을 받아 입력에 규칙을 적용하여 출력으로 내보내는 기계로 비유할 수 있다. 함수의 입력으로 가능한 값의 집합을 정의역이라고 하고, 출력으로 가능한 값의 집합을 치역이라고 한다.

핵심 요약

✓ 함수의 정의역은 함수에 대입할 수 있는 x값의 집합이다.

✓ 함수의 치역은 x값을 대입했을 때 결과로 가능한 값의 집합이다.

✓ 구간을 표기할 때 대괄호는 범위에 경계가 포함됨을 의미하고, 소괄호는 범위에 경계가 포함되지 않음을 의미한다.

✓ 정의역, 치역의 값이 끝없이 커지거나 작아질 수 있는 경우 ∞ 기호를 이용하여 표현할 수 있다.

함수의 대응

함수는 입력을 받고 출력을 내보내는 규칙이다. 이를 입력 집합(정의역)을 출력 집합(치역)에 대응 또는 사상시킨다고도 한다.

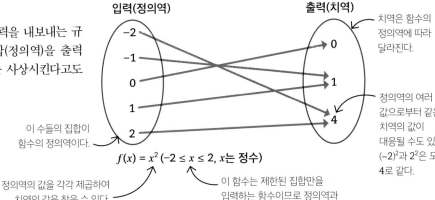

입력(정의역)

출력(치역)

치역은 함수의 정의역에 따라 달라진다.

이 수들의 집합이 함수의 정의역이다.

정의역의 여러 값으로부터 같은 치역의 값이 대응될 수도 있다. $(-2)^2$과 2^2은 모두 4로 같다.

$$f(x) = x^2 \ (-2 \le x \le 2, \ x\text{는 정수})$$

정의역의 값을 각각 제곱하여 치역의 값을 찾을 수 있다.

이 함수는 제한된 집합만을 입력하는 함수이므로 정의역과 치역이 제한된다.

그래프의 정의역과 치역

함수의 정의역과 치역이 모든 수가 될 수도 있지만, 앞선 사례와 같이 정의역과 치역이 제한되는 경우도 있다. 이차함수의 정의역이 모든 실수가 되는 경우에도 실수의 제곱은 음수가 될 수 없기 때문에 이차함수는 항상 제한된 치역을 갖는다. 함수의 그래프로부터 정의역과 치역을 알아낼 수 있다.

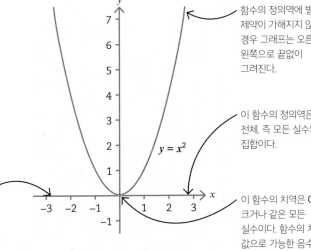

모든 실수 x를 함수에 대입할 수 있지만, 그에 대응되는 y는 항상 0 이상이다.

$y = x^2$

함수의 정의역에 별다른 제약이 가해지지 않는 경우 그래프는 오른쪽, 왼쪽으로 끝없이 그려진다.

이 함수의 정의역은 x축 전체, 즉 모든 실수의 집합이다.

이 함수의 치역은 0보다 크거나 같은 모든 실수이다. 함수의 치역의 값으로 가능한 음수는 없다.

구간 표기

함수의 정의역과 치역은 값의 집합이므로 구간 표기법을 이용하여 표현할 수 있다. 괄호 안에 쉼표로 구분하여 가장 낮은 값과 가장 높은 값을 쓴다. 경계가 구간에 포함되는 경우는 닫혀 있다고 표현하며, 대괄호를 써서 나타낸다. 경계가 구간에 포함되지 않는 경우 열려 있다고 표현하며, 소괄호를 써서 나타낸다.

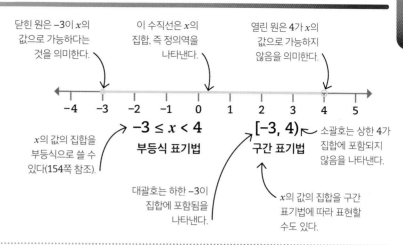

닫힌 원은 –3이 x의 값으로 가능하다는 것을 의미한다.

이 수직선은 x의 집합, 즉 정의역을 나타낸다.

열린 원은 4가 x의 값으로 가능하지 않음을 의미한다.

x의 값의 집합을 부등식으로 쓸 수 있다(154쪽 참조).

–3 ≤ x < 4
부등식 표기법

[–3, 4)
구간 표기법

소괄호는 상한 4가 집합에 포함되지 않음을 나타낸다.

대괄호는 하한 –3이 집합에 포함됨을 나타낸다.

x의 값의 집합을 구간 표기법에 따라 표현할 수도 있다.

정의역이 제한된 함수

오른쪽은 정의역이 제한된 두 함수 $f(x) = x + 1$ $(–1 < x ≤ 2)$, $f(x) = 5 – x$ $(2 < x < 5)$를 하나의 그래프로 표현한 것이다. 해당 그래프는 2개 이상의 식으로 나타내는데, 이를 조각별 함수라고 한다. 그래프로부터 정의역과 치역을 알아낼 수 있다.

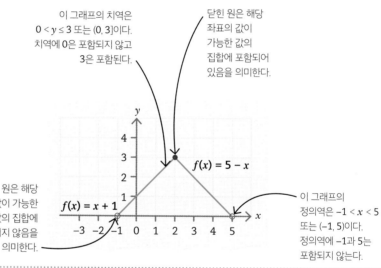

이 그래프의 치역은 $0 < y ≤ 3$ 또는 $(0, 3]$이다. 치역에 0은 포함되지 않고 3은 포함된다.

닫힌 원은 해당 좌표의 값이 가능한 값의 집합에 포함되어 있음을 의미한다.

$f(x) = 5 – x$

열린 원은 해당 좌표의 값이 가능한 값의 집합에 포함되지 않음을 의미한다.

$f(x) = x + 1$

이 그래프의 정의역은 $–1 < x < 5$ 또는 $(–1, 5)$이다. 정의역에 –1과 5는 포함되지 않는다.

제한되지 않은 함수

일부 함수는 정의역과 치역이 제한되지 않고 무한한 집합이 되기도 한다. 이때 무한대 기호 ∞를 이용하여 함수의 정의역과 치역을 나타낼 수 있다. 오른쪽은 함수 $f(x) = x + 2$의 그래프이다.

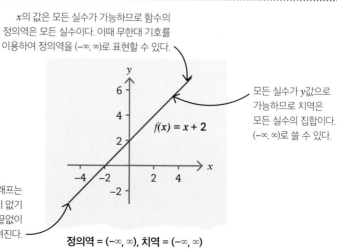

x의 값은 모든 실수가 가능하므로 함수의 정의역은 모든 실수이다. 이때 무한대 기호를 이용하여 정의역을 $(–∞, ∞)$로 표현할 수 있다.

모든 실수가 y값으로 가능하므로 치역은 모든 실수의 집합이다. $(–∞, ∞)$로 쓸 수 있다.

$f(x) = x + 2$

이 일차함수의 그래프는 정의역에 제약이 없기 때문에 양쪽으로 끝없이 나아가며 그려진다.

정의역 = $(–∞, ∞)$, 치역 = $(–∞, ∞)$

삼차함수의 그래프

일차함수의 최고차항은 x항이고, 이차함수의 최고차항은 x^2항이다. 마찬가지로 삼차함수의 최고차항은 x^3항이다. 삼차함수의 그래프는 증감이 바뀌지 않거나 두 번 바뀌는 독특한 모양을 갖는다.

 핵심 요약

✓ 삼차함수의 최고차항은 x^3항이다.

✓ 삼차함수의 그래프는 증감이 바뀌지 않거나 두 번 바뀐다.

✓ 최고차항의 계수가 양수인 삼차함수의 그래프는 왼쪽 아래에서 오른쪽 위로 증가하는 형태이고, 최고차항의 계수가 음수인 삼차함수의 그래프는 왼쪽 위에서 오른쪽 아래로 감소하는 형태이다.

삼차함수의 그래프 그리기

1. 다음 함수의 최고차항은 x^3이므로 삼차함수이다.

$$y = x^3 - 3x^2 - x + 3$$

2. 삼차함수의 그래프를 그리기 위해 x, y값을 나타내는 표를 만들어 그래프에 찍을 점의 좌표를 찾는다. y값은 x값을 함수에 대입하여 찾는다.

입력(x)	출력(y)	점의 좌표
−2	$(-2)^3 - 3(-2)^2 - (-2) + 3 = -15$	(−2, −15)
−1	0	(−1, 0)
0	3	(0, 3)
1	0	(1, 0)
2	−3	(2, −3)
3	0	(3, 0)
4	15	(4, 15)

삼차함수의 그래프는 모양이 복잡하기 때문에 이차함수의 그래프를 그릴 때보다 더 많은 점을 찍어야 한다.

3. 그래프에 점을 찍고 곡선으로 연결한다.

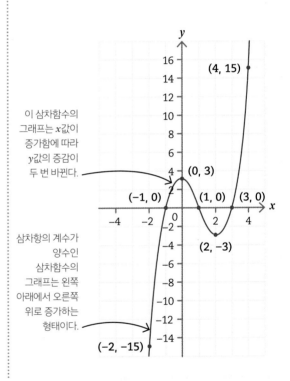

이 삼차함수의 그래프는 x값이 증가함에 따라 y값의 증감이 두 번 바뀐다.

삼차항의 계수가 양수인 삼차함수의 그래프는 왼쪽 아래에서 오른쪽 위로 증가하는 형태이다.

📑 삼차함수의 근의 개수

함수의 근이란 함숫값이 0이 되도록 하는 x의 값을 말한다. 함수의 그래프가 x축과 교차하는 지점의 x좌표이기도 하다. 삼차함수는 최대 3개의 근을 가질 수 있지만, 1개 또는 2개의 근을 갖는 경우도 있다.

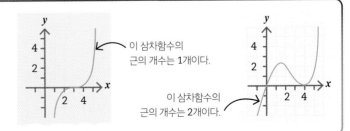

이 삼차함수의 근의 개수는 1개이다.

이 삼차함수의 근의 개수는 2개이다.

$y = 1/x$의 그래프

어떤 수의 역수는 1을 그 수로 나눈 값이다. 예를 들어 x의 역수는 $\frac{1}{x}$이다. 어떤 함수의 함숫값을 그에 대한 역수에 대응시키는 함수를 역수 함수라고 한다. 역수 함수는 좌표평면에 그래프로 표현할 수 있다. 일차함수의 역수 함수는 항상 비슷한 모양으로 그려진다.

핵심 요약

✓ 어떤 수의 역수는 1을 그 수로 나눈 것이다.

✓ $y = \frac{1}{x}$의 그래프는 서로 닿지 않는 2개의 분리된 곡선로 구성되며, 서로 접하지 않고 양 대각선을 기준으로 대칭을 이룬다.

역수 함수

다음은 x의 역수를 함숫값으로 갖는 함수이므로 $y = x$의 역수 함수이다.

$$f(x) = \frac{1}{x}$$

역수 함수의 표

다른 함수와 마찬가지로 역수 함수 $f(x) = \frac{1}{x}$의 그래프를 그리기 위해 x값, y값을 나타내는 표를 만들어 그래프에 찍을 점의 좌표를 찾아야 한다.

입력(x)	출력(y)	좌표
−3	$-\frac{1}{3}$	$(-3, -\frac{1}{3})$
−2	$-\frac{1}{2}$	$(-2, -\frac{1}{2})$
−1	−1	$(-1, -1)$
0	$\frac{1}{0}$	정의되지 않음
1	1	$(1, 1)$
2	$\frac{1}{2}$	$(2, \frac{1}{2})$
3	$\frac{1}{3}$	$(3, \frac{1}{3})$

$x = 0$에 대해서는 함숫값이 존재하지 않으며, $x = 0$에 대해 정의되지 않는다고 한다.

역수 함수의 그래프

좌표평면에 점을 찍으면 일차함수의 역수 함수가 공통적으로 갖는 특징적인 모양을 관찰할 수 있다. 그래프는 2개의 연결되지 않는 부분으로 분할되어 있으며, 2개의 대각선 모양의 대칭선을 갖는다. 오른쪽은 $y = \frac{1}{x}$의 그래프이다.

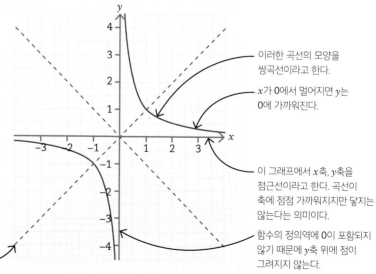

이러한 곡선의 모양을 쌍곡선이라고 한다.

x가 0에서 멀어지면 y는 0에 가까워진다.

이 그래프에서 x축, y축을 점근선이라고 한다. 곡선이 축에 점점 가까워지지만 닿지는 않는다는 의미이다.

함수의 정의역에 0이 포함되지 않기 때문에 y축 위에 점이 그려지지 않는다.

그래프는 두 대각선에 대해 대칭이다. 두 대각선의 방정식은 $y = x$, $y = -x$이다.

지수함수의 그래프

지수함수는 $y = k^x$와 같이 x가 어떤 상수의 지수에 나타나는 함수를 말한다. 그래프의 곡선은 방향에 따라 가속하며 성장하는 모양이거나, 변화가 미미해지며 감소하는 모양을 갖는다.

📌 **핵심 요약**

✓ 지수함수는 x가 상수의 지수에 포함된 함수이다.

✓ 지수함수의 그래프의 한쪽 끝부분은 거의 평평하지만, 반대편에서는 가파르게 변화한다.

✓ 지수함수의 그래프는 밑의 값에 따라 지수적 증가 또는 지수적 감소를 나타낸다.

✓ 지수적 증가에서 x의 값이 커질수록 증가 속도가 빨라지고, 지수적 감소에서는 x의 값이 커질수록 감소 속도가 느려진다.

지수함수

다음은 $f(x) = k^x$ 형태의 지수함수의 예시이다. 거듭제곱의 밑이라고 부르는 k가 1보다 크면 지수함수는 지수적으로 증가한다(61쪽 참조).

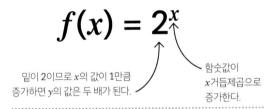

$$f(x) = 2^x$$

밑이 2이므로 x의 값이 1만큼 증가하면 y의 값은 두 배가 된다.

함숫값이 x거듭제곱으로 증가한다.

$y = 2^x$의 표

$f(x)$를 y로 바꾸어 함수를 x, y에 대한 방정식으로 바꾸고, 지수함수 $f(x) = 2^x$의 그래프가 지나는 점을 찾는다. 방정식에 x의 값을 대입하여 y값을 찾고 점의 좌표를 찾는다.

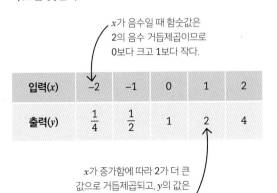

x가 음수일 때 함숫값은 2의 음수 거듭제곱이므로 0보다 크고 1보다 작다.

입력(x)	–2	–1	0	1	2
출력(y)	$\frac{1}{4}$	$\frac{1}{2}$	1	2	4

x가 증가함에 따라 2가 더 큰 값으로 거듭제곱되고, y의 값은 이전 값에 비해 훨씬 커진다.

$y = 2^x$의 그래프

다음은 지수함수 $f(x) = 2^x$의 그래프이다. 그래프가 지수적으로 증가하는 형태이다. 그래프의 왼쪽 끝은 거의 평평하지만, 반대편은 x가 증가함에 따라 점점 더 가파르게 증가한다.

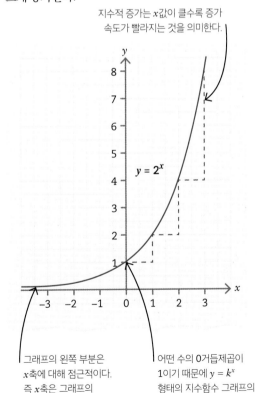

지수적 증가는 x값이 클수록 증가 속도가 빨라지는 것을 의미한다.

$y = 2^x$

그래프의 왼쪽 부분은 x축에 대해 점근적이다. 즉 x축은 그래프의 점근선이며, 그래프는 축에 접근하지만 닿지는 않는다.

어떤 수의 0거듭제곱이 1이기 때문에 $y = k^x$ 형태의 지수함수 그래프의 y절편은 1이다.

지수함수의 식 구하기

일부 지수함수는 상수의 거듭제곱에 또 다른 상수를 곱하는 함수로 주어지기도 한다(예: $f(x) = 4 \times 2^x$). 몇 개의 x값에 대한 y값을 알고 있다면 $y = ab^x$ 형태의 방정식에서 두 상수 a와 b의 값을 알아낼 수 있다.

1. 두 점 (0, 2)와 (1, 6)은 $y = ab^x$ 형태의 방정식으로 표현되는 지수함수의 곡선 위의 점이다. a와 b의 값을 구하기 위해 지수함수에 관한 방정식을 푼다.

2. 지수방정식 그래프의 형태를 그려보면 문제를 시각화하고 이해하는 데 도움이 된다. 첫 번째 좌표 (0, 2)에서 x가 0이기 때문에 y절편은 2이다.

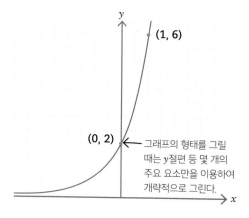

그래프의 형태를 그릴 때는 y절편 등 몇 개의 주요 요소만을 이용하여 개략적으로 그린다.

3. 미지수를 구하기 위해 그래프에 있는 점 중 하나의 좌표를 방정식에 대입한다. 먼저 (0, 2)를 대입한다.

$$y = ab^x$$
$$2 = ab^0$$
$$2 = a \times 1$$
$$2 = a$$

b의 0거듭제곱은 1이다.

4. 두 번째 점의 좌표를 방정식에 대입한다.

$$y = ab^x$$
$$6 = ab^1$$

5. 3단계에서 구한 $a = 2$를 방정식에 대입하여 b를 구한다.

$$6 = ab^1$$
$$6 = 2b^1$$
$$3 = b^1$$
$$3 = b$$

b의 1거듭제곱은 b이다.

6. $a = 2$, $b = 3$이므로 이를 대입하여 지수함수의 식을 완성한다.

$$y = ab^x$$
$$y = 2 \times 3^x$$

🔍 지수적 감소

k가 0과 1 사이일 때 $y = k^x$ 형태의 지수함수의 그래프에서 x가 증가하면 y는 감소한다. 이때 감소하는 형태를 지수적 감소라고 한다. 오른쪽 지수함수의 그래프는 우라늄 원소의 방사성 붕괴를 표현한 것이다. 처음에는 상대적으로 빠르게 감소하지만, 시간이 지남에 따라 감소 속도가 점차 느려진다.

지수적 감소의 경우 x값이 커질수록 감소 속도가 느려진다.

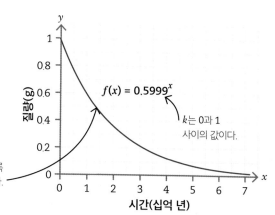

$f(x) = 0.5999^x$

k는 0과 1 사이의 값이다.

삼각함수의 그래프

삼각법은 삼각형을 탐구하는 수학의 분야이다(197쪽 참조). 사인, 코사인, 탄젠트라는 비율을 사용하여 삼각형의 각도와 변 사이의 관계를 탐색한다. 이러한 비율에 관한 함수를 좌표평면에 표시하면 독특한 모양의 그래프가 그려진다.

핵심 요약

✓ 사인 그래프와 코사인 그래프는 서로 수평 방향으로 평행이동된 파동 모양의 그래프이다. 360°의 주기를 갖는다.

✓ 탄젠트 그래프는 분리된 곡선 모양으로 그려지는 그래프이다. 180°의 주기를 갖는다.

사인, 코사인 함수의 그래프

사인과 코사인 그래프는 모두 360°마다 반복되는 파동 모양의 곡선이다. $y = \sin x$와 $y = \cos x$의 그래프를 그릴 때는 공학용 계산기를 이용하여 x의 다양한 값에 대한 y의 값을 계산하여 그린다.

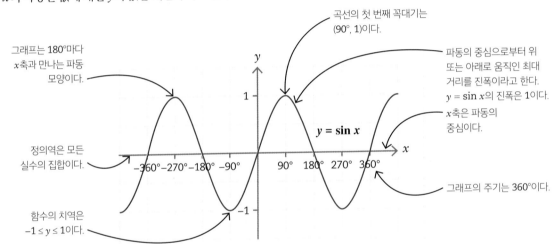

곡선의 첫 번째 꼭대기는 (90°, 1)이다.

그래프는 180°마다 x축과 만나는 파동 모양이다.

파동의 중심으로부터 위 또는 아래로 움직인 최대 거리를 진폭이라고 한다. $y = \sin x$의 진폭은 1이다.

x축은 파동의 중심이다.

$y = \sin x$

정의역은 모든 실수의 집합이다.

그래프의 주기는 360°이다.

함수의 치역은 $-1 \leq y \leq 1$이다.

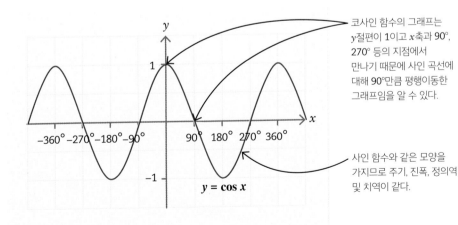

코사인 함수의 그래프는 y절편이 1이고 x축과 90°, 270° 등의 지점에서 만나기 때문에 사인 곡선에 대해 90°만큼 평행이동한 그래프임을 알 수 있다.

사인 함수와 같은 모양을 가지므로 주기, 진폭, 정의역 및 치역이 같다.

$y = \cos x$

탄젠트 함수의 그래프

탄젠트 함수의 그래프는 사인, 코사인 함수의 그래프와 모양이 다르게 그려진다. 함수가 정의되지 않고 그래프가 분리되어 그려지는 부분이 반복되어 나타난다. 다른 함수의 그래프를 그릴 때와 마찬가지로 $y = \tan x$ 에 x값을 대입하여 점의 좌표를 찾아 그래프를 그린다.

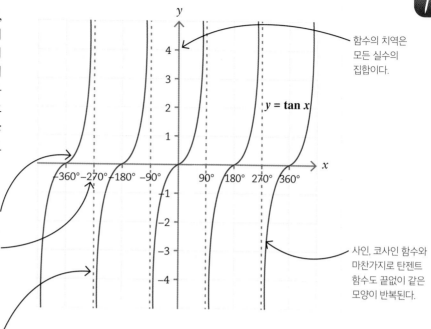

함수의 치역은 모든 실수의 집합이다.

$y = \tan x$

사인, 코사인 함수와 마찬가지로 탄젠트 함수도 끝없이 같은 모양이 반복된다.

탄젠트 함수의 주기는 180°이다.

함수의 정의역은 90°, 270° 등을 제외한 모든 실수이다.

90°로부터 180° 간격으로 수직 점근선이 반복하여 나타나며, 이 지점에서 함수는 정의되지 않는다. 그래프가 점근선에 닿지 않지만, 점근선에 가까워질수록 무한히 커지거나 작아진다.

⚙ 복잡한 삼각함수의 그래프

모든 삼각함수가 항상 앞서 다룬 것처럼 간단한 형태로 나타나지는 않는다. 삼각함수에서 여러 요소를 바꾸면 좌표평면에서 그래프가 변형되어 그려진다 (260-261쪽 참조).

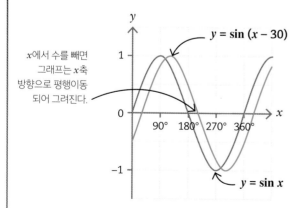

x에서 수를 빼면 그래프는 x축 방향으로 평행이동되어 그려진다.

$y = \sin (x - 30)$

$y = \sin x$

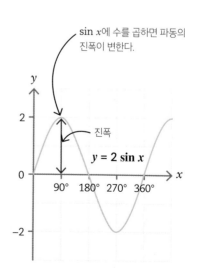

$\sin x$에 수를 곱하면 파동의 진폭이 변한다.

진폭

$y = 2 \sin x$

그래프의 변환

좌표평면에서 도형과 점을 변환한 것과 마찬가지로 (174-175쪽 참조) 그래프도 변환할 수 있다. 함수의 식을 바꾸면 그래프가 변환된다.

📌 **핵심 요약**

✓ $f(x - a)$는 $f(x)$를 x축 방향으로 a만큼 평행이동한 것이다.

✓ $f(x) + a$는 $f(x)$를 y축 방향으로 a만큼 평행이동한 것이다.

✓ $f(-x)$는 $f(x)$를 y축에 대해 선대칭이동한 것이다.

✓ $-f(x)$는 $f(x)$를 x축에 대해 선대칭이동한 것이다.

평행이동

함수식이 $y = f(x)$로부터 어떻게 변화하는지에 따라 그 그래프가 좌표평면에서 어떻게 평행이동되는지 알아보자. 함수를 평행이동한다는 것은 그래프를 x축 방향, y축 방향, 대각선 방향으로 평행이동하는 것을 의미한다.

$y = f(x - a)$

함수식에서 모든 x에 상수를 더하거나 빼면 그래프가 x축의 음의 방향 또는 양의 방향으로 평행이동된다. 이러한 변환은 $y = f(x - a)$로 표현할 수 있으며, 여기서 a는 x로부터 뺀 수를 나타낸다. 오른쪽 예시는 $y = x^2$의 그래프가 $y = (x - 2)^2$과 $y = (x + 2)^2$의 그래프로 변환되는 것을 나타낸 것이다.

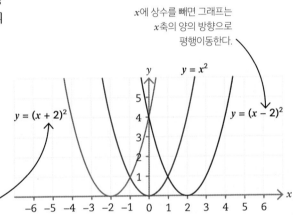

x에 상수를 빼면 그래프는 x축의 양의 방향으로 평행이동한다.

x에 상수를 더하면 그래프는 x축의 음의 방향으로 평행이동한다.

$y = f(x) + a$

식 전체에 상수를 더하거나 빼면 그래프가 y축의 양의 방향 또는 음의 방향으로 평행이동된다. 이러한 변환은 $y = f(x) + a$로 표현할 수 있으며, 여기서 a는 식 전체에서 더한 수를 나타낸다. 오른쪽 예시는 $y = x^2$의 그래프가 $y = x^2 + 3$과 $y = x^2 - 3$의 그래프로 변환되는 것을 나타낸 것이다.

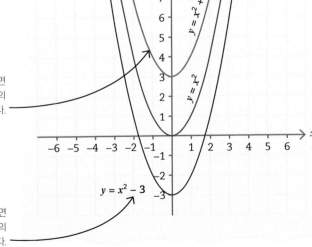

식 전체에 상수를 더하면 그래프가 y축의 양의 방향으로 평행이동한다.

식 전체에 상수를 빼면 그래프가 y축의 음의 방향으로 평행이동한다.

🔍 변환의 합성

하나의 함수에 여러 변환을 순차적으로
적용하는 경우가 있다. 오른쪽 그래프는
$y = x^2$의 그래프가 $y = (x - 5)^2 - 4$의 그래프로
변환되는 과정을 나타낸 것이다.

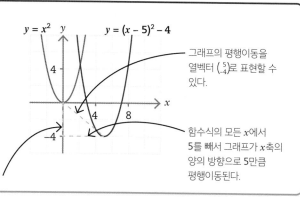

그래프의 평행이동을
열벡터 $\binom{5}{-4}$로 표현할 수
있다.

함수식의 모든 x에서
5를 빼서 그래프가 x축의
양의 방향으로 5만큼
평행이동된다.

함수식에서 4를 빼서 그래프가
y축의 음의 방향으로 4만큼
평행이동된다.

선대칭이동

함수식이 $y = f(x)$로부터 어떻게 변화하는지에 따라 그 그래프가 좌표평면에서 어떻게 선대칭이동되는지 알 아보자. 함수를 선대칭이동한다는 것은 그래프를 x축, y축, 다른 선을 기준으로 선대칭이동하는 것을 의미한다.

$y = f(-x)$

함수식에서 모든 x에 −1을 곱하면 그래프가
y축에 대해 선대칭이동된다. 이러한 변환은
$y = f(-x)$로 표현할 수 있다. 오른쪽 예시는
$y = x^3 - 8x^2 + 19x - 10$의 그래프가
$y = -x^3 - 8x^2 - 19x - 10$의 그래프로
변환되는 것을 나타낸 것이다.

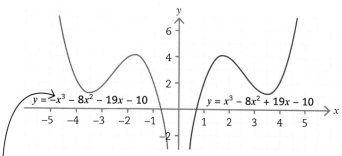

식의 모든 x에 −1을
곱하면 그래프가 y축에
대해 선대칭이동된다.

$y = -f(x)$

식 전체에 −1을 곱하면 그래프가 x축에 대해
선대칭이동된다. 이러한 변환은 $y = -f(x)$로 표현할 수
있다. 오른쪽 예시는 $y = x^3 - 8x^2 + 19x - 10$의
그래프가 $y = -x^3 + 8x^2 - 19x + 10$의 그래프로
변환되는 것을 나타낸 것이다.

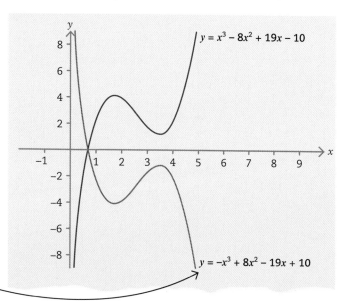

식 전체에 −1을 곱하면
그래프가 x축에 대해
선대칭이동된다.

원의 방정식

어떤 방정식은 좌표평면에 그래프로 나타내면 원으로 그려지기도 한다. 원의 중심 좌표와 반지름의 길이를 이용하여 원의 방정식을 구할 수 있다.

핵심 요약

✓ 원의 방정식의 표준형은 다음과 같다.
$$(x - a)^2 + (y - b)^2 = r^2$$

✓ 원의 방정식의 일반형은 다음과 같다.
$$x^2 + y^2 + gx + fy + c = 0$$

✓ 원의 방정식 일반형의 x항과 y항을 이용하여 완전제곱식을 만들면 표준형으로 만들 수 있다.

✓ 원에 대한 접선의 방정식은 $y = mx + c$ 형태로 구해진다.

중심이 원점인 원

중심이 $(0, 0)$인 좌표평면 위의 원은 피타고라스 정리(196쪽 참조)에 의한 간단한 방정식으로 표현된다. 원의 중심과 원 위의 점을 연결한 선분을 빗변으로 하는 직각삼각형을 그리면 방정식의 원리를 더 쉽게 이해할 수 있다.

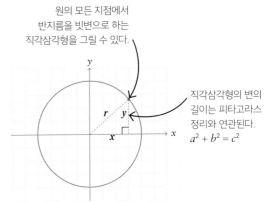

원의 모든 지점에서 반지름을 빗변으로 하는 직각삼각형을 그릴 수 있다.

직각삼각형의 변의 길이는 피타고라스 정리와 연관된다.
$$a^2 + b^2 = c^2$$

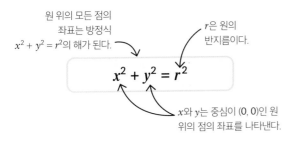

원 위의 모든 점의 좌표는 방정식 $x^2 + y^2 = r^2$의 해가 된다.

r은 원의 반지름이다.

$$x^2 + y^2 = r^2$$

x와 y는 중심이 $(0, 0)$인 원 위의 점의 좌표를 나타낸다.

임의의 점을 중심으로 하는 원

원의 중심이 항상 좌표평면의 원점인 것만은 아니다. 이런 경우에도 역시 피타고라스 정리에 의한 방정식으로 원을 방정식으로 표현할 수 있다. 다음 식은 원의 방정식의 표준형으로, 임의의 점을 중심으로 하는 원의 방정식을 표현할 수 있다.

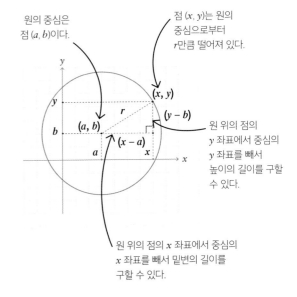

원의 중심은 점 (a, b)이다.

점 (x, y)는 원의 중심으로부터 r만큼 떨어져 있다.

원 위의 점의 y 좌표에서 중심의 y 좌표를 빼서 높이의 길이를 구할 수 있다.

원 위의 점의 x 좌표에서 중심의 x 좌표를 빼서 밑변의 길이를 구할 수 있다.

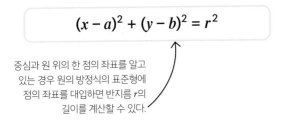

$$(x - a)^2 + (y - b)^2 = r^2$$

중심과 원 위의 한 점의 좌표를 알고 있는 경우 원의 방정식의 표준형에 점의 좌표를 대입하면 반지름 r의 길이를 계산할 수 있다.

원의 방정식의 표준형과 일반형

다음 좌표평면에 그려진 원의 중심은 (3, 2)이고 반지름의 길이는 5이다. 원의 방정식은 표준형과 일반형이라고 하는 두 가지 형태로 표현될 수 있다.

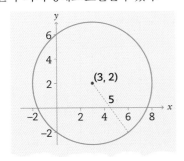

1. 원의 중심 좌표와 반지름의 길이를 원의 방정식의 표준형 공식에 대입하여 원의 방정식을 구한다.

$$(x - 3)^2 + (y - 2)^2 = 5^2$$

2. 위의 원의 방정식은 다음과 같이 전개하여 쓸 수 있다. 이러한 식을 원의 방정식의 일반형이라고 한다.

$$x^2 + y^2 - 6x - 4y - 12 = 0$$

3. 임의의 원의 방정식의 일반형은 다음과 같다.

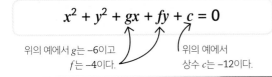

$$x^2 + y^2 + gx + fy + c = 0$$

위의 예에서 g는 −6이고 f는 −4이다. 위의 예에서 상수 c는 −12이다.

일반형의 표준형으로의 변환

일반형으로 표현되어 있는 원의 방정식으로부터 원의 중심과 반지름을 찾을 때는 일반형을 표준형으로 변환하여 찾는 것이 좋다.

1. 다음 방정식은 원의 방정식의 일반형이다. x항과 y항을 이용하여 완전제곱식을 만들면 원의 방정식의 표준형으로 만들 수 있다(140쪽 참조).

$$x^2 + y^2 - 6x - 4y - 12 = 0$$

2. 좌변의 상수를 우변으로 이항하고, 각 항의 순서를 바꿔 x에 관한 부분과 y에 관한 부분으로 나눈다.

$$x^2 + y^2 - 6x - 4y = 12$$
$$x^2 - 6x + y^2 - 4y = 12$$

3. x에 관한 부분과 y에 관한 부분을 각각 완전제곱식으로 만든다.

$$(x - 3)^2 - 9 + (y - 2)^2 - 4 = 12$$

4. 상수를 모두 우변으로 이항하면 원의 방정식이 표준형으로 표현된다.

$$(x - 3)^2 + (y - 2)^2 = 25$$
$$(x - 3)^2 + (y - 2)^2 = 5^2$$

🖩 접선의 방정식

원의 접선은 반지름과 수직으로 만난다(194쪽 참조). 접선은 직선이므로 그 방정식은 $y = mx + c$ 형태로 표현된다(146쪽 참조). 이를 이용하여 그래프에서 접선의 방정식을 구할 수 있다.

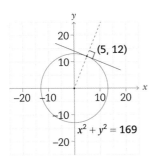

1. 원 $x^2 + y^2 = 169$에 대한 점 (5, 12)에서의 접선의 방정식을 구하자.

2. 접선은 반지름과 수직으로 만나므로 기울기의 곱이 −1이다(147쪽 참조).

반지름의 기울기 $= \dfrac{12}{5}$

접선의 기울기 $= -1 \div \dfrac{12}{5} = -\dfrac{5}{12}$

3. 접점의 좌표를 방정식에 대입하여 c의 값을 구한다.

$$y = -\frac{5}{12}x + c$$
$$12 = -\frac{5}{12} \times 5 + c$$
$$12 = -\frac{25}{12} + c$$
$$c = -\frac{169}{12}$$

4. 접선의 방정식은 다음과 같다.

$$y = -\frac{12}{5}x + \frac{169}{12}$$

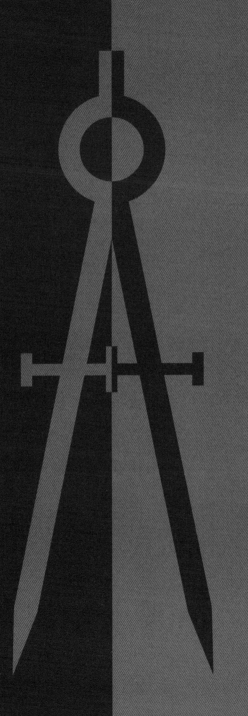

수열

수열

수열은 특정 규칙에 따라 수들을 늘어놓은 것이다.
수열을 이루는 각 수를 항이라고 한다.

📌 **핵심 요약**

✓ 수열은 규칙을 따르는 수들의 나열이다.

✓ 수열을 이루는 수를 항이라고 한다.

✓ 등차수열은 같은 수를 반복해서 더해 만든 수열이다.

✓ 등비수열은 같은 수를 반복해서 곱해 만든 수열이다.

등차수열

등차수열은 한 항에서 같은 수를 더하여 다음 항으로 만든 수열이다.

등비수열

등비수열은 한 항에서 같은 수를 곱하여 다음 항으로 만든 수열이다.

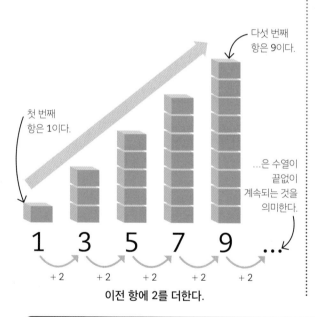

첫 번째 항은 1이다.

다섯 번째 항은 9이다.

...은 수열이 끝없이 계속되는 것을 의미한다.

1 3 5 7 9 ...

+2 +2 +2 +2 +2

이전 항에 2를 더한다.

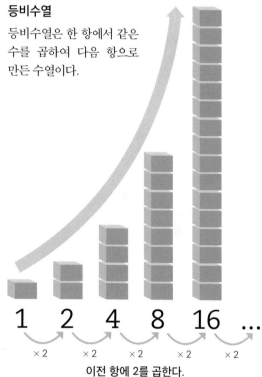

1 2 4 8 16 ...

×2 ×2 ×2 ×2 ×2

이전 항에 2를 곱한다.

📑 **누락된 항 찾기**

각 수열의 규칙을 찾고 누락된 항을 구하시오.

a) −20, 10, 40, ..., 100

b) 4, 16, ..., 256

a) 한 항으로부터 다음 항을 만들 때 30이 더해지는 규칙이 있다.

−20, 10, 40, ..., 100

+30 +30 +30 +30

따라서 누락된 항은 40 + 30 = 70이다.

b) 한 항으로부터 다음 항을 만들 때 4를 곱하는 규칙이 있다.

4, 16, ..., 256

×4 ×4 ×4

따라서 누락된 항은 16 × 4 = 64이다.

등차수열의 점화 관계

점화 관계란 이전 항으로부터 다음 항을 계산하는 규칙을 의미한다. 등차수열의 연속된 두 항 사이의 차는 일정한데, 이를 공차라고 한다.

점화 관계로 정의된 수열

등차수열의 점화 관계를 이용하여 수열을 정의하려면 수열의 첫 번째 항과 공차를 이용하여 한 항에서 다음 항을 만드는 규칙을 설명해야 한다. 점화 관계를 이용하면 계산을 통해 순차적으로 수열의 모든 항을 찾을 수 있다.

핵심 요약

✓ 등차수열의 점화 관계는 한 항으로부터 다음 항을 만드는 방법이다.

✓ 점화 관계를 이용하여 수열을 정의할 때는 수열의 첫 번째 항과 규칙을 제시해야 한다.

✓ 공차는 등차수열에서 한 항과 다음 항 사이의 차이다.

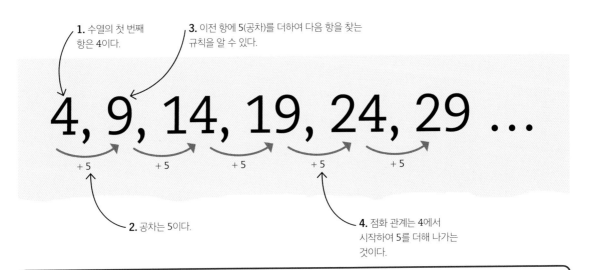

1. 수열의 첫 번째 항은 4이다.

3. 이전 항에 5(공차)를 더하여 다음 항을 찾는 규칙을 알 수 있다.

4, 9, 14, 19, 24, 29 …

+5   +5   +5   +5   +5

2. 공차는 5이다.

4. 점화 관계는 4에서 시작하여 5를 더해 나가는 것이다.

등차수열에서 항 구하기

문제

다음 수열의 7번째 항을 구하시오.

13.8, 9.7, 5.6, 1.5, −2.6

풀이

13.8,　9.7,　5.6,　1.5,　−2.6

+ −4.1　+ −4.1　+ −4.1　+ −4.1

공차는 −4.1이고, 이는 등차수열이다.

공차가 −4.1이므로 7번째 항이 만들어질 때까지 공차를 반복하여 더한다. 수열의 5번째 항이 −2.6이므로 7번째 항은 다음과 같다.

$$-2.6 + -4.1 + -4.1 = -10.8$$

등차수열의 일반항

점화 관계(266쪽 참조)는 등차수열에서 한 항으로부터 다음 항을 찾는 데에는 유용하지만, 첫 번째 항으로부터 50번째 항을 찾을 때는 시간이 너무 오래 걸린다. 일반항이란 각 항에 순서대로 부여한 위치과 항의 값 사이의 관계이다. 일반항을 이용하여 등차수열에서 모든 항의 값을 쉽게 찾을 수 있다.

📌 핵심 요약

✓ 수열의 각 항마다 순서대로 위치를 부여할 수 있다.

✓ 수열의 일반항을 이용하면 한 항에서 다음 항으로 순차적으로 계산할 필요 없이 모든 항의 값을 찾을 수 있다.

일반항 구하기

수열 4, 7, 10, 13, 16 ...에 대한 일반항을 찾아보자.

1. 수열을 나열한다. 순서대로 각 항의 번호를 쓰고 공차를 구한다.

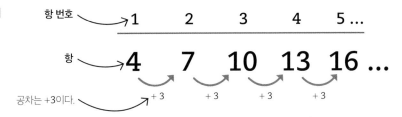

2. 공차가 3이라는 것은 수열이 각 항의 번호의 3배와 연관되어 있음을 의미한다. 항 번호에 3을 곱하는 것이 일반항을 구하기 위한 첫 번째 연산이다.

3. 기존 수열과 일치하게 만들기 위해서 항 번호에 3을 곱한 것에 어떤 연산을 추가로 적용해야 하는지 찾는다. 예시에서는 각 수에 1을 더하면 수열의 항이 되므로 1을 더하는 것이 일반항을 구하기 위한 두 번째 연산이다.

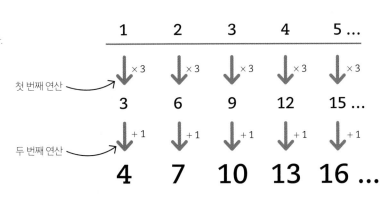

수열의 일반항은 항 번호에 3을 곱한 다음 1을 더한 것이다.

🖩 10번째 항 구하기

문제
위 예시의 수열에서 10번째 항을 구하시오.

풀이
수열의 일반항은 항 번호에 3을 곱한 다음 1을 더하는 것이므로 이를 찾고자 하는 항의 번호에 적용한다. 10번째 항은 다음과 같은 식으로 찾을 수 있다.

$$10 \times 3 + 1 = 31$$

수열의 10번째 항은 31이다.

등차수열의 일반항 구하기

등차수열의 일반항은 대수적인 식으로 표현할 수 있다. 문자 n을 사용하여 수열의 n번째 항을 나타내면 일반항을 n에 관한 식으로 표현하여 수열의 임의의 항을 구할 수 있다.

핵심 요약

✓ 수열의 항 번호를 문자 n으로 쓴다.

✓ 수열의 일반항을 n번째 항이라고 한다.

✓ 일반항을 n에 관한 수식으로 나타내면 임의의 항의 값을 구할 수 있다.

n번째 항에 대한 식 구하기

수열 3, 8, 13, 18, 23 …에 대한 일반항을 수식으로 구해보자.

1. 먼저 수열의 항 사이의 공차를 구한다. 공차는 5로 일정하며, 이로부터 수열이 등차수열임을 알 수 있다.

항 번호 → 1　2　3　4　5 …

항 → 3　8　13　18　23 …

공차 → +5　+5　+5　+5

2. 수열의 일반항에 대한 규칙을 수식으로 표현하기 위해 항 번호를 문자 n으로 나타낸다. 공차가 5라는 것은 n에 5를 곱해야 함을 의미한다. 수열에 관한 식은 $5n$으로 시작한다.

n → 1　2　3　4　5 …

×5　×5　×5　×5　×5

$5n$ → 5　10　15　20　25 …

3. 원래 수열과 일치하게 만들기 위해서는 각 수에서 2를 빼야 하므로 수식에 연산 −2를 추가한다.

−2　−2　−2　−2　−2

$5n-2$ → 3　8　13　18　23 …

4. 수열의 일반항을 n에 관한 수식으로 표현하였다. 이를 통해 수열의 임의의 항의 값을 구할 수 있다.

n번째 항 →

$$T_n = 5n - 2$$

n은 수열에서 임의의 항의 번호를 나타낸다.

📖 10번째 항 구하기

문제

위 예시의 수열에서 10번째 항을 구하시오.

풀이

구하고자 하는 항의 번호를 일반항에 대입한다.

$$T_{10} = 5(10) - 2 = 48$$

등차수열의 일반항 공식

등차수열의 일반항 공식을 사용하면 주어진 등차수열의 일반항을 바로 구할 수 있다. 이로부터 n번째 항의 값을 보다 쉽고 빠르게 구할 수 있다.

핵심 요약

✓ 다음 공식을 이용하여 등차수열의 일반항을 구할 수 있다.
$$T_n = a + (n - 1)d$$

✓ 등차수열의 일반항 공식으로부터 특정 수가 수열의 항에 포함이 되는지도 알아낼 수 있다.

등차수열의 일반항 공식 구하기

등차수열의 첫 번째 항과 공차를 문자로 나타내면 등차수열의 일반항을 공식으로 나타낼 수 있다. 다음 등차수열의 일반항을 구하는 예시를 통해 등차수열의 일반항 공식을 구해보자.

1. 등차수열 3, 5, 7, 9, 11, … 의 일반항을 구하는 과정으로부터 등차수열의 일반항 공식을 구하자.

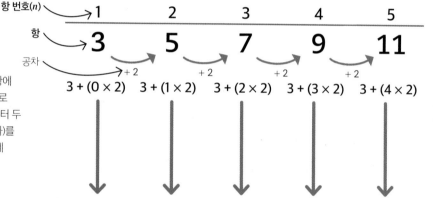

| 항 번호(n) | 1 | 2 | 3 | 4 | 5 |

항: 3, 5, 7, 9, 11

공차: +2, +2, +2, +2

$3 + (0 \times 2)$ $3 + (1 \times 2)$ $3 + (2 \times 2)$ $3 + (3 \times 2)$ $3 + (4 \times 2)$

a $a + d$ $a + 2d$ $a + 3d$ $a + 4d$

2. 등차수열의 항은 첫 번째 항에 공차를 반복하여 더하는 식으로 이루어진다. 첫 번째 항으로부터 두 번째 항을 구할 때는 1 × (공차)를 더하고, 첫 번째 항으로부터 세 번째 항을 구할 때는 2 × (공차)를 더하면 된다.

3. 첫 번째 항과 공차를 문자를 이용하여 나타내면 이러한 과정을 더 간단히 표현할 수 있다. 이를 통해 등차수열의 일반항을 공식으로 만들자.

a는 첫 번째 항을 나타낸다.

a에 1 × d(공차)를 더하여 두 번째 항을 구한다.

4. 등차수열의 일반항은 다음과 같이 공식화할 수 있다.

n번째 항

$$T_n = a + (n - 1)d$$

n은 찾으려는 항의 위치이다. 0보다 큰 정수여야 한다.

첫 번째 항에는 d가 더해지지 않기 때문에 d를 $n - 1$번 더해야 한다.

5. $n = 6$, $a = 3$, $d = 2$를 대입하여 6번째 항을 구해보자. 공식이 바르게 세워졌는지 검토할 수 있다.

$$T_6 = 3 + (6 - 1)2$$
$$T_6 = 13$$

수열의 6번째 항이 13이 맞으므로 공식이 옳게 세워졌음을 확인할 수 있다.

등차수열의 예시

모양이나 물체 등으로부터 수열을 찾아낼 수도 있다. 찾아낸 수열이 등차수열을 이루는 경우, 등차수열의 일반항 공식을 이용하여 수열의 임의의 위치에 있는 모양이나 물체의 수 등을 찾아낼 수 있다.

타일의 패턴

다음은 주황색과 파란색 타일로 만든 패턴이다. 등차수열의 일반항 공식 $T_n = a + (n-1)d$를 이용하여 n번째 패턴에 대한 파란색 타일 수를 구할 수 있다.

핵심 요약

✓ 모양이나 물체 등으로부터 수열을 찾아낼 수 있다.

✓ 찾아낸 수열이 등차수열을 이루는 경우 수열의 일반항 공식을 활용하여 원하는 항들을 쉽게 구할 수 있다.

✓ 모양이나 물체 등으로부터 찾아낸 수열의 일반항을 이용하여 임의의 위치에 대한 모양이나 개수 등의 정보를 기술할 수 있다.

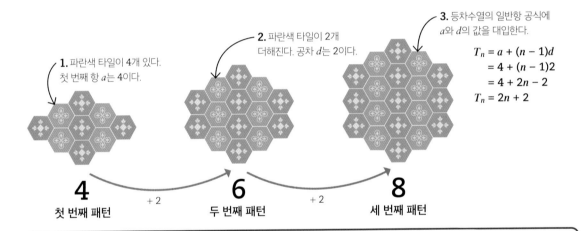

3. 등차수열의 일반항 공식에 a와 d의 값을 대입한다.

$$T_n = a + (n-1)d$$
$$= 4 + (n-1)2$$
$$= 4 + 2n - 2$$
$$T_n = 2n + 2$$

2. 파란색 타일이 2개 더해진다. 공차 d는 2이다.

1. 파란색 타일이 4개 있다. 첫 번째 항 a는 4이다.

4   첫 번째 패턴 $+2$ 6   두 번째 패턴 $+2$ 8   세 번째 패턴

📋 n번째 항 찾기

문제

다음은 빨대를 정삼각형과 정사각형 모양으로 배치하여 만든 패턴이다. 30번째 패턴의 빨대의 수를 구하시오.

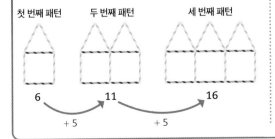

첫 번째 패턴   두 번째 패턴   세 번째 패턴

6    $+5$ 11 $+5$ 16

풀이

1. 각 패턴의 빨대의 개수를 세어보고 n번째 항을 구해보자.
빨대의 개수는 6, 11, 16, ...으로 공차가 5인 등차수열이다.

2. $a = 6$, $d = 5$를 등차수열의 일반항 공식에 대입한다.

$$T_n = a + (n-1)d$$
$$= 6 + (n-1)5$$
$$= 6 + 5n - 5$$
$$T_n = 5n + 1$$

3. 구해진 일반항 식에 $n = 30$을 대입한다.

$$T_{30} = 5(30) + 1$$
$$= 150 + 1$$
$$= 151$$

30번째 패턴의 빨대의 수는 151개이다.

등차수열의 급수

수열의 각 항의 합을 수열의 급수라고 한다. 따라서 등차수열 2, 4, 6, 8, 10에 대한 급수는 2 + 4 + 6 + 8 + 10 = 30이다. 등차수열의 급수는 시그마 표기법을 이용하여 표현할 수 있다.

시그마 표기법

그리스 문자인 Σ(시그마)는 '합계를 취하다'라는 뜻이다. 시그마 표기법을 사용하면 긴 합계를 빠르고 깔끔하게 작성할 수 있다. 정수 수열의 첫 다섯 항으로 이루어진 등차수열의 급수(1 + 2 + 3 + 4 + 5)는 다음과 같이 표현할 수 있다.

핵심 요약

✓ 등차수열의 급수는 등차수열의 항의 합이다.

✓ Σ(시그마)는 그리스 문자로 '합계를 취하다'라는 뜻이다.

✓ 시그마 표기법은 긴 합계를 깔끔하게 작성하는 방법이다.

✓ 급수의 규칙성을 발견하면 긴 급수를 계산할 수 있다.

합산을 시작할 항의 위치는 Σ의 아래에 적는다.

합산을 끝낼 항의 위치는 Σ의 위에 적는다.

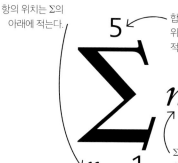

Σ의 오른쪽에는 합산을 할 수열의 일반항을 적는다. 이 예시에서는 n이므로 1, 2, 3, 4, 5를 더하라는 의미이다.

$$= 1 + 2 + 3 + 4 + 5$$
$$= 15$$

🔍 가우스 이야기

1780년대 독일의 한 학교 교사가 9세 학생들에게 "1부터 100까지의 모든 수의 합은 무엇입니까?"라고 물었다. 학생들이 수를 세기 시작하자마자 한 어린 소년이 "5050입니다!"라고 소리쳤다. 선생님과 동료 학생들은 믿을 수 없었지만, 정답은 5050이 맞았다. 그는 어떻게 빠르게 계산할 수 있었을까?

1. 소년은 1과 100, 2와 99 등으로 급수의 수를 짝지었다. 짝지은 쌍을 합하면 모두 101이 된다.

1	2	3	...	98	99	100
+ 100	+ 99	+ 98	...	+ 3	+ 2	+ 1
101	101	101	...	101	101	101

2. 급수가 1부터 100까지 이어졌기 때문에 101에 100을 곱하여 수의 합을 구해냈다.

$$2n = 100 \times 101 = 10100$$

3. 숫자를 짝짓기 위해 각 항이 두 번씩 세어졌으므로 구한 값을 절반으로 나누어 1부터 100까지의 모든 수의 합을 구할 수 있다.

$$2\Sigma n = 10100$$
$$\text{따라서 } \Sigma n = 5050$$

이 소년의 이름은 칼 프리드리히 가우스(Carl Friedrich Gauss)로, 그는 나중에 세계에서 가장 유명한 수학자 중 한 사람이 되었다.

제곱수 수열과 세제곱수 수열

제곱수와 세제곱수(22쪽 참조)는 기하학적 모양과 관련이 깊다. 이들은 각각 정사각형과 정육면체 모양의 패턴과 관련되며, 고유한 수열을 형성한다. 제곱수 수열과 세제곱수 수열을 일반항을 이용하여 설명할 수 있으며, 일반항을 이용하여 모든 항의 값을 찾을 수 있다.

제곱수

제곱수는 같은 수를 두 번 반복해서 곱한 수다. 정사각형 모양의 타일을 다시 정사각형 모양으로 배열하여 시각화할 수 있다. 각 변의 길이를 제곱하면 제곱수가 된다.

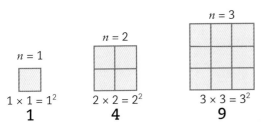
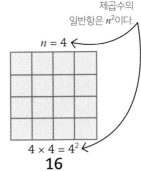
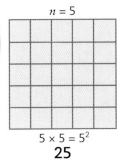

n번째에 위치한 제곱수의 일반항은 n^2이다.

$n = 1$	$n = 2$	$n = 3$	$n = 4$	$n = 5$
$1 \times 1 = 1^2$	$2 \times 2 = 2^2$	$3 \times 3 = 3^2$	$4 \times 4 = 4^2$	$5 \times 5 = 5^2$
1	**4**	**9**	**16**	**25**

> 제곱수의 일반항은 n^2이다.

세제곱수

세제곱수는 같은 수를 세 번 반복해서 곱한 수다. 세제곱수는 정육면체 모양의 블록을 다시 정육면체 모양으로 배열하여 시각화할 수 있다. 여기서 가로, 세로, 높이를 곱하면 세제곱수가 된다.

n번째에 위치한 세제곱수의 일반항은 n^3이다.

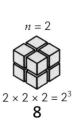

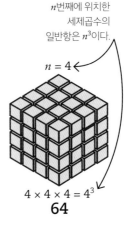
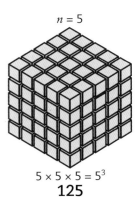

$n = 1$	$n = 2$	$n = 3$	$n = 4$	$n = 5$
$1 \times 1 \times 1 = 1^3$	$2 \times 2 \times 2 = 2^3$	$3 \times 3 \times 3 = 3^3$	$4 \times 4 \times 4 = 4^3$	$5 \times 5 \times 5 = 5^3$
1	**8**	**27**	**64**	**125**

> 세제곱수의 일반항은 n^3이다.

삼각수 수열

삼각수 역시 고유한 수열을 형성한다. 삼각수 수열은 점화 관계를 이용하여 표현할 수 있다.

삼각수 수열의 점화 관계

삼각수는 정삼각형 모양의 패턴을 만들 때 필요한 물체의 개수이다. 따라서 삼각형 모양의 배열을 이용하여 삼각수 수열을 표현할 수 있다.

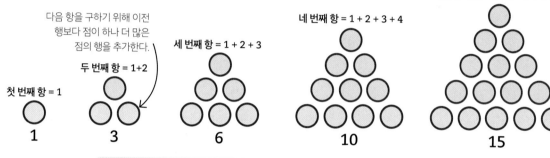

다섯 번째 항 = 1 + 2 + 3 + 4 + 5

네 번째 항 = 1 + 2 + 3 + 4

세 번째 항 = 1 + 2 + 3

두 번째 항 = 1+2

다음 항을 구하기 위해 이전 행보다 점이 하나 더 많은 점의 행을 추가한다.

첫 번째 항 = 1

1　　3　　6　　10　　15

삼각수 수열의 첫 번째 항은 1이며, 점화 관계는 이전 항에 더해진 수보다 1 더 큰 수를 더하는 것이다.

삼각수 수열의 일반항

삼각수 수열의 일반항은 1부터 n까지의 모든 수를 더한 것이다. 즉 각 삼각수는 1부터 시작하는 등차수열 급수(271쪽 참조)를 나타낸다. 삼각수 수열의 일반항을 시그마 표기법을 이용하여 표현할 수 있다.

$$\text{7번째 항} = 1 + 2 + 3 + 4 + 5 + 6 + 7 = 28$$

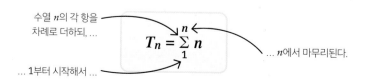

수열 n의 각 항을 차례로 더하되, ...

$$T_n = \sum_{1}^{n} n$$

... n에서 마무리된다.

... 1부터 시작해서 ...

이차수열

모든 수열이 등차수열처럼 연속된 두 항 사이의 차를 가지는 것은 아니다(266쪽 참조).
일반항이 이차식(100쪽 참조)으로 표현되는 수열을 이차수열이라고 한다. 이차수열에서
는 연속된 두 항 사이의 차가 다양하다.

이차수열의 일반항

이차수열에서는 연속된 두 항 사이의 차가 수열이 진
행됨에 따라 달라진다. 그러나 차의 차는 항상 일정하
다. 이차수열은 제곱수 수열과 연관이 있고(272쪽 참
조), 이차수열의 일반항은 항상 n^2을 포함한다.

$n^2 - 1$의 수열

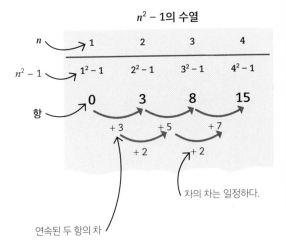

차의 차는 일정하다.

연속된 두 항의 차

$4n^2 + 1$의 수열

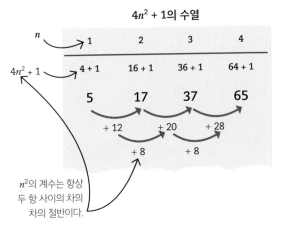

n^2의 계수는 항상
두 항 사이의 차의
차의 절반이다.

간단한 이차수열의 일반항 구하기

이차수열의 일반항을 구하기 위해서는 여러 단계를 거
쳐야 한다.

1. 두 항 사이의 차를
구한다. 수열의 두
번째 차가 일정하므로
이차수열임을 알 수
있고, 수열의 일반항은
n^2을 포함한다.

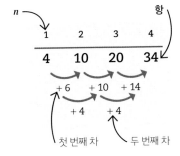

첫 번째 차   두 번째 차

2. 일반항을 구하기
위해 먼저 n^2의
계수를 구한다.
수열의 두 번째 차
4의 절반인 2가
n^2의 계수이므로
일반항에는 $2n^2$이
포함된다.

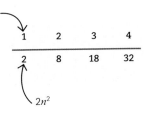

3. 수열 $2n^2$을 원래
수열과 비교한다.
수열의 원래 항은
$2n^2$에 2를 더해야
하므로 일반항에는
+2가 포함된다.

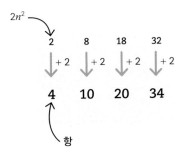

4. $2n^2$에 2를 더해 일반항을 만든다.
수열의 일반항은 $2n^2 + 2$이다.

복잡한 이차수열의 일반항 구하기

이차수열의 일반항은 n^2에 관한 식과 n에 관한 식, 즉 등차수열이 합해져 나타나기도 한다(268쪽 참조). 이 경우 두 개념을 연관지어 일반항을 구해야 한다.

1. 첫 번째 차와 두 번째 차를 계산한다.

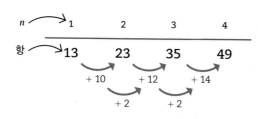

2. 두 번째 차 2를 반으로 나누어 n^2의 계수를 구한다. 2의 절반이 1이므로 일반항의 n^2의 계수는 1이다.

3. 일반항에서 등차수열에 해당하는 부분을 찾기 위해 원래 수열에서 n^2을 뺀다. 새로 만들어진 수열은 공차가 7인 등차수열이다.

	13	23	35	49	← 항
	−1	−4	−9	−16	
	12	19	26	33	← 항 − n^2
		+7	+7	+7	

4. 공차를 이용하여 등차수열의 일반항을 찾는다. 공차가 7이므로 n에 7을 곱해야 하고, 그 뒤 5를 더해야 수열이 완성되므로 등차수열에 해당하는 부분의 일반항은 $7n + 5$이다.

1	2	3	4	← n
×7	×7	×7	×7	
7	14	21	28	← $7n$
+5	+5	+5	+5	
12	19	26	33	← $7n + 5$

5. 이차식(2단계 참고)과 등차수열(4단계 참고)을 더해 일반항을 구한다.
수열의 일반항은 $n^2 + 7n + 5$이다.

1	2	3	4	← n
1	4	9	16	← n^2
12	19	26	33	← $7n + 5$
13	23	35	49	← $n^2 + 7n + 5$

등비수열

등비수열은 한 항에서 같은 수를 곱하여 다음 항을 만드는 수열이다. 이때 곱하는 수를 공비라고 하며, 등비수열의 일반항을 구할 때 사용한다.

공의 움직임

높은 곳에서 탄성이 있는 공을 떨어뜨리는 상황을 상상해보자. 공이 첫 번째 튈 때는 80 cm의 높이에 도달하지만, 다음 번 튈 때는 그보다 절반의 높이인 40 cm의 높이에 도달한다. 이러한 순차적인 높이의 감소는 등비수열을 형성한다.

핵심 요약

✓ 등비수열에서 각 항은 이전 항에 공비 r을 곱하여 구한다.

✓ 등비수열의 일반항은 다음과 같다.

$$T_n = a \times r^{n-1}$$

✓ 공비 r은 양수 또는 음수, 소수, 분수 또는 무리수가 될 수 있다.

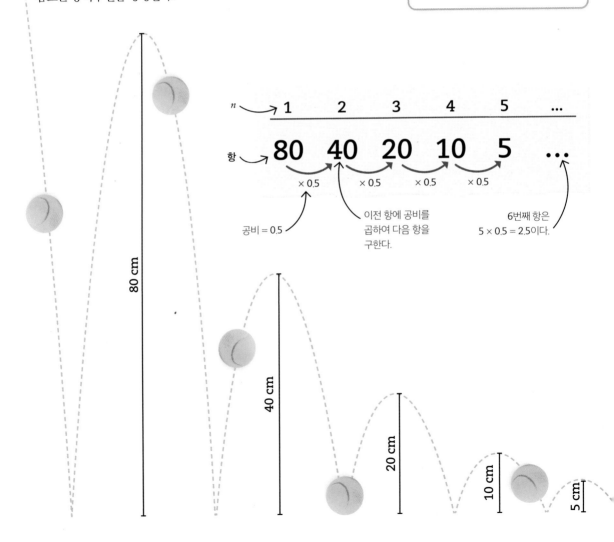

n → 1 2 3 4 5 ...

항 → 80 40 20 10 5 ...

×0.5 ×0.5 ×0.5 ×0.5

공비 = 0.5

이전 항에 공비를 곱하여 다음 항을 구한다.

6번째 항은 5 × 0.5 = 2.5이다.

80 cm

40 cm

20 cm

10 cm

5 cm

등비수열의 일반항 공식

첫 번째 항(a)과 공비(r)를 알고 있으면 등비수열에서 임의의 위치(n)의 항의 값을 찾을 수 있다.

$$T_n = a \times r^{n-1}$$

첫 번째 항에는 r이 곱해져 있지 않으므로 n에서 1을 빼야 한다.

n은 n번째 항을 나타내는 문자이므로 자연수이다.

첫 번째 항

공비

복잡한 등비수열

음수, 분수, 무리수와 관련된 더 복잡한 등비수열을 다루어야 할 때도 있지만, 일반항 공식은 변하지 않는다.

교대수열

등비수열의 공비는 음수일 수 있다. 항이 양수와 음수로 교대로 나타나는 이러한 수열을 교대수열이라고 한다. 음수를 곱할 때 실수하지 않도록 주의한다(14쪽 참조).

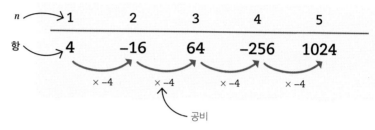

n	1	2	3	4	5
항	4	-16	64	-256	1024

× -4   × -4   × -4   × -4

공비

무리수 공비

공비가 무리수일 수도 있다(122쪽 참조). 항을 반올림하여 소수로 표현하는 것보다 무리수로 남겨두는 편이 더 좋다.

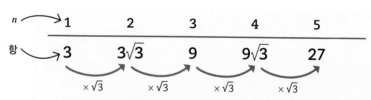

n	1	2	3	4	5
항	3	$3\sqrt{3}$	9	$9\sqrt{3}$	27

× $\sqrt{3}$ × $\sqrt{3}$ × $\sqrt{3}$ × $\sqrt{3}$

🔲 n번째 항 구하기

문제
수열 100, 95, 90.25, 85.7375, …에서 10번째 항을 반올림하여 소수 넷째 자리까지 구하시오.

풀이
1. 공비를 구한다.

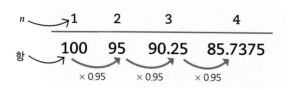

n	1	2	3	4
항	100	95	90.25	85.7375

× 0.95   × 0.95   × 0.95

공비가 0.95로 일정하므로 주어진 수열은 등비수열이다.

2. 필요한 값을 공식 $T_n = a \times r^{n-1}$에 대입한다.

$a = 100$
$r = 0.95$

$T_n = 100 \times 0.95^{n-1}$

$T_{10} = 100 \times 0.95^{10-1}$
$= 100 \times 0.95^9$
$= 63.0249$

10번째 항을 반올림하여 소수 넷째 자리까지 구하면 63.0249이다.

피보나치 수열

13세기 이탈리아 수학자 피보나치의 이름을 따서 만든 피보나치 수열은 자연 곳곳에 나타난다. 솔방울, 꽃, 심지어 우주의 은하계에서도 피보나치 수열을 볼 수 있다.

해바라기 씨앗

해바라기의 머리에 있는 씨앗의 나선 모양은 피보나치 수열을 따른다. 이러한 나선 모양은 공간을 최대한 활용하기 위해 만들어진다.

 핵심 요약

✓ 피보나치 수열은 1, 1로 시작하고 이전 두 항을 더하여 다음 항을 만든다.

✓ 피보나치 수열을 이루는 수를 피보나치 수라고 한다.

✓ 피보나치 수열과 다음 항을 만드는 규칙은 같지만 시작하는 수가 다른 경우 피보나치형 수열이라고 한다.

나선의 수를 세면 피보나치 수를 관찰할 수 있다.

나선은 두 방향으로 진행된다.

피보나치 수열을 이루는 수를 피보나치 수라고 한다.

1 1 2 3 5 8 13 21 ...

1 + 1   1 + 2   2 + 3   3 + 5   5 + 8   8 + 13

피보나치 수열의 처음 두 항은 1, 1이다.

각 항은 이전 두 항을 더해서 만든다.

피보나치형 수열

피보나치형 수열은 피보나치 수열과 같은 규칙으로 다음 항을 만들지만,
피보나치 수열과는 달리 1, 1로 시작하지 않는 수열이다.

2 7 9 16 25 41 66 ...

2 + 7   7 + 9   9 + 16   16 + 25   25 + 41

임의의 두 수로
시작한다.

다음 항은 피보나치 수열과
같은 규칙으로 만들어진다.

피보나치 나선 그리기

피보나치 수열의 각 항을 한 변의 길이로 갖는 정사각형을 오른쪽 그림과 같이 그릴 수 있다. 각 정사각형에서 대각선 방향으로 향하는 곡선을 이어 그린 것을 피보나치 나선이라고 한다.

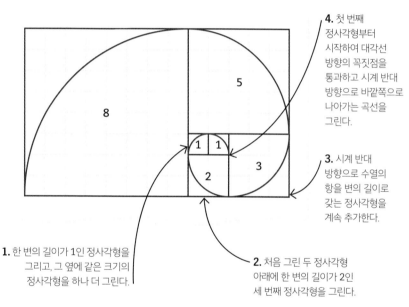

4. 첫 번째 정사각형부터 시작하여 대각선 방향의 꼭짓점을 통과하고 시계 반대 방향으로 바깥쪽으로 나아가는 곡선을 그린다.

3. 시계 반대 방향으로 수열의 항을 변의 길이로 갖는 정사각형을 계속 추가한다.

1. 한 변의 길이가 1인 정사각형을 그리고, 그 옆에 같은 크기의 정사각형을 하나 더 그린다.

2. 처음 그린 두 정사각형 아래에 한 변의 길이가 2인 세 번째 정사각형을 그린다.

🔍 황금비

피보나치 수열은 고대 그리스 시대부터 예술과 건축에 자주 사용된 비율인 황금비와 연결되어 있다. 길이와 너비의 이상적인 비율이라고 하는 황금비를 사용하여 만들어진 직사각형은 오랜 시간 동안 시각적으로 가장 매력적인 비율을 갖는 것으로 알려져 있다.

용어 풀이

가분수(improper fraction) 분자가 분모보다 큰 분수

가설(hypothesis) 자료 수집 및 분석을 통해 시험된 아이디어나 이론

각도(angle) 점에서 만나는 두 선 간의 회전량. 도(degree)로 측정함

감소(decay) 반복적으로 감소하는 경향

계급(class) 도수분포표에서 연속적인 자료가 계급으로 묶인 것(그룹화된 것)

계수(coefficient) 대수학에서 문자에 곱해지는 숫자. $5x$의 항에서 x의 계수는 5임

고도(elevation) 3차원 도형을 측면 또는 전면에서 2차원으로 나타낸 것

곱(product) 2개 이상의 값을 곱한 결과

공배수(common multiple) 2개 이상의 숫자의 공통 배수인 정수. 2개 이상의 숫자에 공통으로 나타나는 가장 작은 배수를 최소공배수(LCM)라고 함

공비(common ratio) 등비수열의 각 항을 다음 항으로 만들 때 곱해지는 양

공식(formula) 2개 이상의 변수 간의 고정된 수학적 관계를 설명하는 규칙 또는 문장

공약수(common factor) 2개 이상의 숫자가 공유하는 인수. 2개 이상의 숫자에 공통으로 나타나는 가장 큰 인수를 최대공약수(HCF)라고 함

공차(common difference) 등차수열의 각 항 간의 차이

근(root) 1. 숫자의 근은 그 값을 여러 번 곱하여 원래 숫자를 얻는 값. 기호 $\sqrt{}$로 나타냄. 2. 함수의 근은 y가 0일 때 x의 값(x축)

기둥(prism) 2개의 동일한 다각형으로 끝나는 3차원 도형. 기둥은 길이를 따라 항상 동일한 크기와 모양임

기울기(gradient) 직선의 가파른 정도

기하학(geometry) 모양의 수학

꼭짓점(vertex) 2개 이상의 표면이나 선이 만나는 모퉁이 또는 지점

나눗셈(division) 숫자를 동일한 부분으로 나누는 것. ÷ 기호로 나타냄

나머지(remainder) 한 숫자를 다른 숫자로 정확하게 나눌 수 없을 때 남는 숫자

내각(interior angle) 다각형 내부의 각도

누적 도수(cumulative frequency) 자료 집합에서 도수의 누적 합계

다각형(polygon) 3개 이상의 직선 변을 가진 2차원의 폐쇄된 도형

다면체(polyhedron) 평평한 면과 직선 모서리를 가진 3차원 객체

단리 이자(simple interest) 원금을 기반으로 계산된 이자

단위(unit) 측정에 사용되는 표준 단위. 미터, 그램 또는 초 등이 있음

닮음(similar) 대응되는 길이의 비율이 같은 도형 사이의 관계

대수학(algebra) 알려지지 않거나 변할 수 있는 숫자를 나타내기 위해 문자나 다른 기호를 사용하는 수학의 분야

대칭(symmetry) 도형이나 물체가 회전, 반사 또는 평행이동 후에 변경되지 않는 경우를 나타내는 것

덧셈(addition) 두 값 또는 값의 집합을 모두 더하는 것. + 기호로 나타냄

도수(frequency) 통계에서 자료 집합 내 값의 발생 횟수

도수 수형도(frequency tree) 2개 이상의 결합된 사건의 도수를 표시하는 그림

도수표(frequency table) 자료 집합 내 모든 값의 도수를 보여주는 표. 도수분포표는 자료를 값의 계급으로 구성함

동위각(corresponding angles) 2개의 평행선을 교차하는 교차선의 동일한 측면에 있는 두 각. 동위각은 동일함

둔각(obtuse angle) 90°와 180° 사이의 각도

둘레(perimeter) 도형의 가장자리 주변의 거리

등비수열(geometric sequence) 각 항이 첫 번째 항 다음에 동일한 수(공비)를 곱하여 얻는 수열

등차수열(arithmetic sequence) 첫 번째 항 이후 각 항이 매번 같은 양을 더해 얻는 수열

등차수열 급수(arithmetic series) 등차수열의 항들의 합

마름모(rhombus) 두 쌍의 평행한 변과 모든 네 변의 길이가 같은 사변형

막대그래프(bar chart) 다른 길이의 직사각형 막대로 자료를 나타내는 도표

맞꼭지각(vertically opposite angles) 두 교차하는 선의 반대편에 있는 각. 맞꼭지각은 같음

면적(area) 2차원 도형 내부의 공간 양. 제곱 단위로 측정함

모집단(population) 통계에서 자료가 수집된 대상 집합

무리수(surd) 제곱근, 세제곱근 또는 기타 루트 형태로 남아 있는 무리수

무한(infinite) 한계나 끝이 없는 것

반사각(reflex angle) 180°와 360° 사이의 각도

반올림(rounding) 숫자를 가장 가까운 정수 또는 주어진 소수 자릿수로 근사화하는 것

반지름(radius) 원의 중심에서 원주까지의 선분

방위각(bearing) 북쪽으로부터 시계 방향으로 측정된 각도

방정식(equation) 무엇이 무엇과 같다는 것을 나타내는 식. 예로 $x + 2 = 4$를 들 수 있음

배반사건(mutually exclusive events) 동시에 참이 될 수 없는 2개 이상의 사건

백분율(percentage) 100 중 몇 개의 부분. % 기호로 나타냄

범위(range) 1. 자료 집합의 가장 작은 값과 가장 큰 값 사이의 차이. 2. 함수의 가능한 출력값

범자연수(whole number) 0 이상의 정수 또는 0을 포함한 자연수

벡터(vector) 크기와 방향을 모두 가진 양

벤 다이어그램(Venn diagram) 2개 이상의 겹치는 원으로 자료 집합을 나타내는 다이어그램

변수(variable) 알려지지 않거나 변할 수 있는 값. 대수학에서 변수는 일반적으로 문자로 나타냄

변화율(rate of change) 한 변수가 다른 변수와 관련하여 어떻게 변하는지에 대한 비율

변환(transformation) 위치, 크기 또는 방향을 변경하는 것. 반사, 회전, 확대 및 평행이동이 모두 변환임

보각(supplementary angles) 더해서 180°인 두 각도

복리 이자(compound interest) 이전에 얻은 이자를 포함한 원금에 기반하여 계산되는 이자

복합 도형(compound shape) 더 간단한 2차원 또는 3차원 도형으로 분해할 수 있는 도형

볼록다각형(convex polygon) 180°보다 큰 각을 가지지 않는 다각형

부등변삼각형(scalene triangle) 모든 변의 길이와 모든 각도가 다른 삼각형

부등식(inequality) 두 식 또는 항의 크기 관계를 나타내는 식. 가능한 해 집합을 가짐

부채꼴(sector) 2개의 반지름과 호 사이의 원의 영역

부피(volume) 3차원 물체 내부의 공간 양. 세제곱 단위로 측정함

분모(denominator) 분수의 하단 수. $2/3$의 분모는 3임

분수(fraction) 정수가 아닌 수. $3/4$과 같이 전체의 일부로 표현되는 수

분자(numerator) 분수의 상단 수. $2/3$의 분자는 2임

분포(distribution) 확률 및 통계에서 분포는 가능한 값 범위와 그들의 확률을 제공함

분포(spread) 자료 집합이 범위에 분포되는 방식에 대한 설명

비율(proportion) 다른 부분 또는 전체에 대한 관계로 표현된 두 양 사이의 관계

비율(ratio) 두 양이 서로 몇 배인지 나타내는 수

빗변(hypotenuse) 직각삼각형에서 직각 반대편에 있는 변. 직각삼각형의 가장 긴 변임

빼기(subtraction) 한 값을 다른 값에서 빼는 작업. − 기호로 나타냄

사다리꼴(trapezium) 한 쌍의 대변이 평행한 사각형

사변형(quadrilateral) 4개의 변과 4개의 각을 가지는 2차원 도형

사분위수(quartiles) 통계에서 정렬된 자료 집합을 4개의 동일한 부분으로 나누는 지점. 제1 사분위수는 $1/4$ 지점, 중간은 중앙값, 제3 사분위수는 $3/4$ 지점을 나타냄

사인(sine) 직각삼각형에서 특정 각도에 대한 높이와 빗변 사이의 비율

산포도(scatter graph) 두 변수 간의 관계를 나타내기 위해 그림으로 나타낸 점을 사용한 그래프

삼각법(trigonometry) 삼각형과 그들의 변과 각도의 비율에 대한 연구

상관관계(correlation) 두 변수 간에 한 변수의 변화가 다른 변수의 변화를 일으키는 경우 상관관계가 있다고 함

상대 도수(relative frequency) 실험에 의해 찾아진 확률의 추정

상수(constant) 고정값을 가진 숫자나 용어

상자 그림(box plot) 통계 자료의 분포를 나타내는 도표

선대칭이동(reflection) 원본 객체의 거울상 대칭 객체를 생성하는 변형

선분(segment) 두 끝점을 가진 선

세제곱근(cube root) 한 숫자의 세제곱근은 해당 수를 두 번 자기 자신과 곱하면 원래 수를 얻는 수를 말함. 기호 $\sqrt[3]{\ }$로 나타냄

세제곱수(cube number) 어떤 수를 세 번 반복하여 곱한 결과

소수(decimal) 1보다 작은 부분을 포함한 수. 1보다 작은 부분은 소수점이라는 점으로 구분하여 표시됨

소수(prime number) 1을 제외한 수 중 1과 자기 자신만을 약수로 갖는 수

속도(velocity) 특정 방향으로의 속력의 측정값

수식(expression) 등호가 포함되지 않은 숫자, 기호 그리고/또는 알려지지 않은 변수의 조합

수열(sequence) 규칙을 따르는 숫자나 모양의 목록

수직(perpendicular) 한 선이 다른 선과 직각을 이루면 수직임

수형도(tree diagram) 2개 이상의 사건의 결합 확률을 찾는 데 사용되는 그림

순환소수(recurring decimal) 최종 숫자로 끝나지 않는 반복되는 소수. 소수 부분은 영원히 일부 숫자를 반복함

스칼라(scalar) 크기는 있지만 방향은 없는 양

시계열(time series) 시간 동안 양의 일련의 측정

실험적 확률(experimental probability) ○ 상대 도수(relative frequency) 참조

압력(pressure)　특정 표면적에 가해지는 힘의 측정

양수(positive number)　0보다 큰 수

양적 자료(quantitative data)　숫자 형태의 자료

엇각(alternate angles)　한 쌍의 평행선을 교차하는 교차선의 서로 다른 측면에 있는 각도

여각(complementary angles)　합이 90°가 되는 두 각

역수(reciprocal)　어떤 수의 역수는 1을 그 수로 나눈 것으로, 즉 5의 역수는 ⅕임. 분수의 역수는 분수의 분자와 분모를 바꿔서 얻은 것으로, 즉 ⅔의 역수는 ³⁄₂임

연립방정식(wimultaneous equations)　동일한 변수를 포함하고 함께 해결되는 2개 이상의 방정식

연산(operation)　숫자에 대한 작업. 덧셈 또는 나눗셈과 같은 것

연산 순서(order of operations)　계산에서 연산을 수행하는 관행적인 순서. 약어 BIDMAS는 괄호, 지수, 나눗셈/곱셈, 덧셈/뺄셈이라는 순서를 기억하기 위해 사용됨

연속형 자료(continuous data)　범위 내에서 어떤 값을 가질 수 있는 숫자 자료

예각(acute angle)　0°와 90° 사이의 각도

오목다각형(concave polygon)　적어도 하나의 180°보다 큰 각을 가지는 다각형

오차 구간(error interval)　측정값의 가능한 값 범위

외각(exterior angle)　다각형의 외부에서 변이 외부로 연장될 때 형성되는 각도

우각(density)　단위 부피당 질량

원그래프(pie chart)　도수를 원의 부분으로 나타내는 그림

원에 내접하는 사각형(cyclic quadrilateral)　네 꼭짓점이 각각 원의 둘레에 위치하는 사각형

원주(circumference)　원의 가장자리를 따라 이동하는 거리

원주율(pi)　어떤 원의 둘레를 지름으로 나눈 값은 항상 같으며 이를 원주율이라고 함. 그리스 문자 π로 나타냄

음의 수(negative number)　0보다 작은 수

이등분(bisect)　선분이나 각도를 2개의 동일한 부분으로 나누는 것

이산형 자료(discrete data)　특정 정확한 값을 가질 수 있는 숫자 자료

이자(interest)　돈을 투자할 때 벌어들인 금액 또는 빌릴 때 부과되는 금액

이차수열(quadratic sequence)　일반항이 이차식으로 표현되는 수열

이차식/이차방정식(quadratic expression/equation)　가장 높은 차수가 2인 식이나 방정식. 예로 $x^2 + 5x + 6 = 0$을 들 수 있음

인수(factor)　어떤 수를 정확하게 나눌 수 있는 정수

인수분해(factorization)　수나 식을 인수의 곱으로 다시 쓰는 것

일반항(nth term)　수열의 임의의 항을 나타내는 표현

자료(data)　가설을 테스트하기 위해 수집된 숫자, 사실 및 통계와 같은 정보

자연수(natural number)　1에서 무한대까지의 셀 수 있는 수

점근선(asymptote)　곡선에 접근하지만 결코 만나지 않는 직선

접선(tangent)　한 점에서 곡선에 접하는 직선

정비례(direct proportion)　두 수가 동일한 비율로 변할 때 서로의 비율이 동일하게 유지되면 정비례 관계에 있다고 함

정삼각형(equilateral triangle)　3개의 동일한 변과 3개의 동일한 각을 가지는 삼각형

정수(integer)　양의 정수, 음의 정수 그리고 0을 포함하는 수

정의역(domain)　함수의 가능한 입력값

정점(apex)　도형의 꼭대기 꼭짓점

정확도 한계(bounds of accuracy)　측정값의 가장 낮은 값과 가장 높은 값

제곱근(square root)　한 숫자의 제곱근은 해당 수를 자신과 곱하면 원래 수를 얻는 수를 의미함. 기호 $\sqrt{\ }$로 나타냄

제곱수(square number)　어떤 정수를 두 번 곱한 결과

조각별 그래프(piecewise graph)　2개 이상의 다른 부분 또는 함수로 구성된 그래프

조건부 확률(conditional probability)　하나의 사건의 확률이 다른 사건에 영향을 받는 경우 두 사건을 조건부로 설명함

좌표(coordinates)　점, 선 또는 도형의 위치를 설명하는 숫자 쌍

지름(diameter)　원 또는 구의 중심을 통과하는 두 점 사이의 직선

지수(exponent)　● 지수(power) 참조

지수(index)　● 지수(power) 참조

지수(power)　값이 몇 번 곱해지는지를 나타내는 숫자

지수적 성장(exponential growth)　급격한 증가의 경향

직각(right angle)　90°를 측정하는 각

직각삼각형(right-angled triangle)　한 각이 90°인 삼각형

진분수(proper fraction)　분자가 분모보다 작은 분수

질적 자료(qualitative data)　숫자 형태가 아닌 자료. 일반적으로 단어 형태로 나타남

집계(tally marks)　셀 수 있는 항목의 수를 기록

283

하는 데 도움을 주기 위해 그린 선

추정(estimation)   올바른 답에 가까운 답을 찾는 것. 종종 하나 이상의 수를 반올림하거나 버림으로써 수행됨

축척도(scale drawing)   길이가 표현 대상과 비례한 그림

코사인(cosine)   직각삼각형에서 주어진 각에 대한 밑변과 빗변 사이의 비율

탄젠트(tangent)   직각삼각형에서 주어진 각에 대한 높이와 빗변 사이의 비율

통계(statistics)   모집단의 특정 측면을 더 잘 이해하기 위해 자료를 다루는 것

편향(bias)   표본 중 한 그룹이 과소 또는 과대 대표되는 표본

평면(plan)   위에서 보는 3차원 도형의 2차원 표현

평행(parallel)   항상 같은 거리를 유지하며 만나지 않는 2개 이상의 선

평행사변형(parallelogram)   대변이 평행하고 길이가 같은 사변형

평행이동(translation)   크기, 모양 또는 방향을 변경하지 않고 물체를 이동시키는 것

표면적(surface area)   3차원 도형의 면적 합계

표본(sample)   통계 조사에서 자료가 수집된 모집단의 일부

표본 공간 표(sample space diagram)   확률 실험의 가능한 결과를 나타내는 표

표준편차(standard deviation)   평균으로부터의 편차 양을 보여주는 분포의 측정값. 표준편차가 낮으면 자료가 평균에 가깝고, 높으면 자료가 넓게 분포함

표준 형식(standard form)   일반적으로 매우 크거나 작은 숫자를 1과 10 사이의 숫자에 10의 거듭제곱을 곱하여 나타낸 것

피보나치 수열(fibonacci sequence)   처음 두 항이 1이고 각 후속 항이 이전 두 항을 더한 수열

피타고라스 정리(Pythagoras's theorem)   직각삼각형의 빗변의 길이의 제곱이 다른 두 변의 제곱의 합과 같음을 나타내는 규칙. $a^2 + b^2 = c^2$으로 나타냄

픽토그램(pictogram)   도수를 나타내기 위해 그림을 사용하는 차트 유형

함수(function)   입력에 작용하여 출력을 생성하는 수학적 표현

합동(congruent)   크기와 모양이 같은 기하학적 도형

항(term)   1. 대수학에서 수, 문자, 또는 둘 다의 조합. 2. 수열 또는 급수의 수

현(chord)   원의 둘레 위의 두 점을 연결하는 직선

호(arc)   원의 둘레 일부로 이루어지는 곡선

확대(enlargement)   도형의 크기를 변경하면서

도형의 각도나 변의 비율을 변경하지 않는 과정

확률(probability)   어떤 일이 발생할 가능성

확률분포(probability distribution)   그래프, 차트 또는 표로 표시되는 실험의 가능한 결과의 확률을 제공하는 수학 함수

환산율(scale factor)   수나 물체가 확대 또는 축소되는 비율

활꼴(segment)   현과 호로 둘러싸인 원의 일부

회전(rotation)   점을 기준으로 회전하는 변환

횡단선(transversal)   2개 이상의 평행한 선을 교차하는 선

히스토그램(histogram)   막대의 면적이 도수를 나타내는 막대형 그래프 유형

2차원(2-D)   너비와 길이만 있는 평평한 모양을 설명하는 용어

3차원(3-D)   높이, 너비 및 깊이를 가진 물체를 설명하는 용어

x**축**(x axis)   그래프의 가로축

y**절편**(y intercept)   그래프에서 선이 y축을 교차하는 지점의 y좌표

y**축**(y axis)   그래프의 세로축

찾아보기

감사의 말

이 책의 준비 과정에 도움을 주신 분들께 감사드립니다.
편집 지원: Tina Jindal, Mani Ramaswamy, Amanda Wyat
디자인 지원: Rabia Ahmad, Nobina Chakravorty, Meenal Goel, Arshti Narang, Anjali Sachar
기술 지원: Anita Yadav
추가 컨설팅: Allen Ma, Amber Kuang
표지: Priyanka Sharma, Saloni Singh
교정: Victoria Pyke
찾아보기: Helen Peters

이미지 복제를 허락해 주신 분들께 감사드립니다.

보기: (a)-위, (b)-아래/하단, (c)-중앙, (f)-먼쪽, (l)-왼쪽, (r)-오른쪽, (t)-상단

66 123RF.com: 29mokara (fbr).
Dorling Kindersley: Mattel INC (cr). Dreamstime.com: Naruemon Mondee (br); Maxim Sergeenkov (cra)
71 Dreamstime.com: Ken Cole
73 Dreamstime.com: Yuri Parmenov Yuri Parmenov

82 Dreamstime.com: Elena Tumanova (cr)
90 Dorling Kindersley: Jerry Young (ca)
92 Getty Images / iStock: DonNichols / E+ (cr)
126 Dreamstime.com: Tomas Griger (ca)
150 Dreamstime.com: Sergeyoch
160 Dreamstime.com: Bakerjim (crb, clb).
Shutterstock.com: New Africa (cra, cla)

251 Dreamstime. com: Chernetskaya (cl); Serezniy (c); Hin255 (b)
278 Dreamstime.com: Irochka
279 Dreamstime.com: Sergio Bertino / Serjedi

나머지 이미지는
ⓒ Dorling Kindersley,
추가 정보는 www.dkimages.com
에서 확인할 수 있습니다.